신뢰성 이론과 수명분포 응용

박동호 · 임재학 · 남경현 · 정기문 지음

자유아카데미

머리말

수명은 일반적으로 어느 개체의 시작에서부터 끝날 때까지의 기간을 나타내는 용어로 사용되고 있다. 그러나 수명에 대한 개념은 개체에 따라, 또는 시작과 끝에 대한 정의에 따라 매우 다르게 해석되어야 한다. 만일 개체가 인간을 포함한 생명체인 경우에는 수명은 태어나서부터 죽을 때까지의 기간을 의미하는 것이 보통이나, 경우에 따라서는 주어진 사건(예를 들면 어느 질병의 신난) 이후 정해신 결과(예를 들면 질병의 완쾌 또는 사망)까지의 기간으로 해석될 수도 있다. 한편 시스템이나 부품의 수명은 설치(또는 출하)시점부터 첫 번째 고장 또는 폐기되는 시점까지의 기간을 의미한다. 따라서 수명에 대한 개념은 개체의 성격이나 정의되는 기간에 따라 각각 다른 의미를 가지게 되며, 또한 상이한 여러 분야에 응용될 수 있다.

이 책에서는 특히 공학 분야에서 많이 응용되는 제품의 수명분포에 관한 개념을 학부 및 대학원 과정에서 사용하기에 적합한 수준으로 기술하였다. 제품의 수명분포에 관한 정보는 평균수명과 신뢰도 등에 관한 제품의 특성을 제공할 뿐만 아니라 이러한 정보는 제품의 품질관리, 신뢰성 분석 및 재고관리 등의 분야에 광범위하게 적용될 수 있다. 따라서 수명분포에 관한 대학교육이 보험통계학, 의학통계학, 품질공학, 신뢰성공학 등과 관련된 통계학과와 산업공학과 등을 중심으로 시행되고 있다.

필자들은 과거 20여 년 이상 공학통계 분야에서의 강의와 연구를 통하여 수명분포에 대한 교육의 중요성을 인식하게 되었으며, 학부 및 대학원 학생들을 위한 이 분야의 적합한 교과서의 필요성을 느끼게 되어 필자들의 다년간의 강의노트와 최근의 연구결과 등을 정리하여 이 책을 집필하게 되었다. 대부분의 통계이론 교과서에서 다양한 형태의 확률분포에 대한 소개와 특성 등을 다루고 있으나, 수명분포에 관한 전문 교과서의 부족으로 인하여 이 분야의 교육에 사용될 수 있는 교과서의 필요성이 절실하였다. 이 책이 현재까지의 불편함의 해소에 조금이라도 도움이 되고 수명분포의 교육에 유익한 교과서가 되었으면 한다.

이 책은 통계와 확률에 대한 기초 지식을 가진 학부 학생들과 대학원생들을 대상으로 하는 공학통계와 신뢰성 분야의 교과서로 사용될 수 있으며, 산업현장의 신뢰성 분야 종사자들에게도 귀중한 참고서 역할을 하게 될 것으로 생각한다. 특히 이 책에서는 수학적인 이론이나 증명보다는 수명분포의 개념, 성질 및 추론방법에 대한 기본적인 설명과 소개를 강조하였으며, 특히 최근의 연구에서 새로 개발된 수명분포들을 가급적 많이 포함하려고 노력하였고, 특히 학생들의 이해를 돕기 위하여 각 절마다 많은 연습문제를 포함시켰다. 공학통계의 중요 분야인 신뢰성 분야에 수명분포가 어떻게 활용되는지에 대하여 중점적으로 설명하려고 노력하였으며, 따라서 신뢰성 이론을 이해하고 공부하려는 학생들에게 훌륭한 안내서 역할을 하게 되기를 기대한다. 출간 후에라도 수정사항이 있을 경우에는 자유아카데미 홈페이지(www.freeaca.com) 자료실에 제공할 예정이다

끝으로 이 책의 출판을 도와주신 자유아카데미 여러분의 수고에 진심으로 감사드린다.

2015. 10

한림대학교 朴 東 浩
한밭대학교 林 栽 學
경기대학교 南 景 鉉
경성대학교 鄭 璣 文

차 례

1장 서론

2장 확률변수와 분포

3장 신뢰성 척도함수

4장 모수적 추정방법

5장 고장자료의 분류

6장 지수분포의 분석

7장 와이블분포의 분석

8장 감마분포의 분석

9장 기타 수명분포

10장 다 부품 시스템의 수명분포

11장 비모수적 군들에 대한 가설검정

12장 수명분포의 부분 순서화

부록

1장

서론

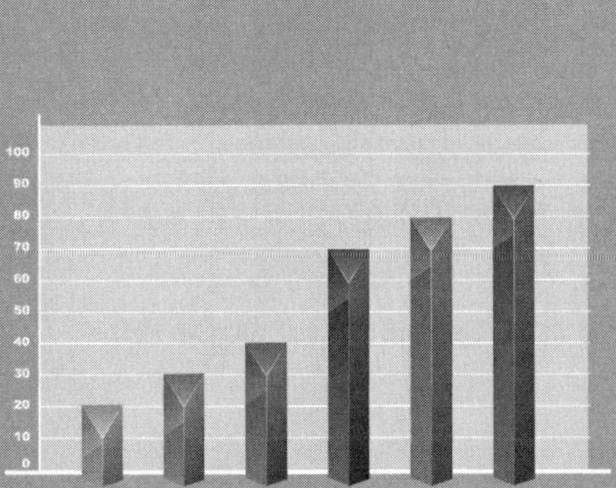

1.1 이 책의 구성

이 책은 확률과 통계의 기초이론에 대한 지식을 가진 공학통계 분야의 학부생과 대학원생을 대상으로 작성되었으며, 특히 신뢰성 공학을 전공하는 학생이나 제품의 신뢰성분석에 관심이 있는 생산현장의 엔지니어나 연구원들에게도 매우 유익한 참고도서가 될 수 있도록 가급적 많은 예제를 포함하여 구성하였다. 대부분의 통계이론 교재에서 다루고 있는 확률분포에서는 정규분포를 중점적으로 취급하는 것에 반하여 이 책은 제품의 수명을 나타내는 확률변수에 대한 수명분포에 관한 내용을 담고 있으며, 또한 공학통계에서 많이 사용되는 특정한 관심모수에 대한 통계적 분석방법을 중점적으로 논의한다.

이 책은 독자들이 확률 및 통계에 관한 기초 지식을 가지고 있다고 가정하고 있으나 그렇지 못한 경우에도 스스로 학습이 가능하도록 확률변수의 개념과 분포, 조건부 확률 등을 비교적 상세하게 소개하고 모든 수명분포에 적용되는 관심모수들에 대한 정의와 특성을 전체적으로 살펴본다. 또한 수명분포에 대한 통계적 분석과 추론을 위하여 수집되는 실제적인 수명자료의 종류와 특성에 대하여도 포괄적으로 다룬다. 특히 여러 가지 형태의 불완전 수명자료를 이용한 분석방법은 기존의 일반적인 통계이론 책에서는 비교적 적게 다루어졌던 내용으로, 완전 수명자료에 비하여 보다 현실적인 방법이다.

이 책은 모두 12장으로 구성되어 있는데 각 장에 가급적 그래프와 표를 많이 제시하여 그 자체로 이해될 수 있도록 하였고 각 장의 끝에는 독자들의 이해를 돕기 위하여 연습 문제를 제공하였다. 각 장에서 취급하는 개략적인 내용은 다음과 같다.

2장에서는 확률변수를 정의하고 확률밀도함수, 조건부 확률 등 기초통계 및 확률의 개념에 대한 설명과 확률분포의 일반적인 성질을 기술한다. 3장에서는 공학통계 분야에서 많이 사용되는 제품의 노화에 따르는 수명패턴의 변화를 측정하는 여러 가지 관심모수들을 정의하고, 이러한 모수들의 특성 및 상호관계 등을 중점적으로 논의한다. 이러한 모수들은 수명분포를 특정지어 주는 값들로서, 특히 신뢰성 공학에서 매우 중요한 역할을 하는 신뢰성 척도이다.

4장에서는 일반적인 확률분포의 모수적 분석방법에 대하여 개략적인 설명을 제공하며, 특히 정규분포의 성질에 대하여 논의한다. 정규분포는 비록 수명분포의 범주에 속하지는 않으나 중심극한정리에 의하여 표본평균의 극한분포를 나타내며, 따라서 대표본인 경우에 수명분포의 분석방법에 응용된다. 또한 이 장에서는 모수들의 점추정을 위한 대표적인 추정방법인 최우도추정법에 대하여도 소개한다. 5장에서는 수명자료의 형태에 대하여 논의한다. 크게는 완전 수명자료와 불완전 수명자료로 분류하며 각 수명자료를 이용하여 수명분포를 추정하는 방법을 설명한다.

6장부터 9장까지에서는 현재까지 문헌에서 소개된 다양한 형태의 수명분포들을 소개하고 각 분포의 특성과 추정방법을 논한다. 제품의 수명은 이산확률변수에 의하여 측정되는 경우도 있으나 대부분의 경우에는 연속확률변수에 의하여 측정되고 있다. 따라서 이 책에서는 특별한 경우를 제외하고는 연속 수명분포를 다루며, 필요한 경우 이항분포나 포아송분포 등은 별도로 정의한다. 이 책에서 중점적으로 다루는 수명분포는 지수분포, 와이블분포, 감마분포 및 대수정규분포 등의 잘 알려진 분포를 비롯하여 선형증가 고장률분포, 메이크햄분포나 딜론분포 등 공학통계에서 사용되고 있는 비교적 새로운 분포들도 소개된다. 각 수명분포에 대해서는 수명자료를 이용한 모수들의 추정방법, 신뢰성 척도의 유도 및 비모수적 분류방법 등에 관하여 논의하며 각 분포들의 성질에 대하여도 자세하게 살펴본다.

10장에서는 비수리 시스템의 수명분포에 대하여 논한다. 비수리 시스템은 일단 고장이 발생하면 수리가 불가능하거나 또는 비용 등의 이유로 폐기되고 새로운 것으로 교체되는 시스템으로서 수리 가능한 경우와 구별한다. 이 장에서는 시스템을 구성하는 각 부분품이 서로 독립이며, 각 부분품의 수명분포가 알려진 경우를 고려한다. 특수한 구조를 가지는 비교적 간단한 시스템을 먼저 살펴보고 일반적인 응집구조를 가진 시스템에 대하여도 논의한다. 11장에서는 모집단의 수명분포가 특정한 비모수적 군(class)에 속하는지에 대한 비모수적 검정방법을 다룬다. 완전자료를 이용하여 지수분포의 귀무가설과 IFR, NBU, DMRL, NBU$-t_0$ 등의 대립가설을 검정하기 위한 비모수적 방법의 유도과정을 살펴보고 검정통계량의 형태에 대하여 상세하게 설명한다. 12장에서는 수명분포의 부분 순서화(partial ordering)에 대하여 소개한다. 먼저 수명분포의 비모수적 군을 정의하는 여러 가지 형태의 부분 순서화를 정의하고 이러한 부분 순서화의 성질을 이용하여 비모수적 군들의 상호관계를 규명한다. 11장과 12장은 수명분포 군의 수학적 모형과 장래 신뢰성이론의 연구에 관심이 많은 독자들에게는 특히 흥미 있는 내용을 제공하리라고 생각되며, 이 분야에 관한 보다 상세한 정보를 위하여 가급적 많은 참고문헌을 포함시키려고 노력하였다.

1.2 수명분포의 개념과 정의

수명은 일반적으로 시작점에서부터 끝점까지의 기간을 의미하는 용어이다. 이러한 용어는 인간의 수명에서부터 어떤 사건의 지속기간에 이르기까지의 광범위한 분야에서 사용되고 있다. 예를 들면 커패시터나 밸브 등 부품들의 수명에서부터 기계설비나 전자제품 등의 완제품들의 수명, 의학에서의 어느 환자의 발병 시점부터 완쾌(또는 사망)까지의 지속기간, 경제학에서의 파업의 지속기간 또는 실업기간 등이 모두 수명의 개념으로 간주될 수 있다.

개체의 수명에 대한 통계적 분석이 가능하기 위해서는 이 개체의 수명이 어떻게 분포하는지에 대한 지식이 필수적이다. 따라서 이 책의 주요목표는 현재까지 문헌에서 소개된 다양한 형태의 수명분포에 관한 통계적 모형과 분석방법을 소개하며, 특히 신뢰성 공학에서 다루어지는 이론과 응용 분야를 중점적으로 기술하려고 한다. 그러나 이 책에서 기술되는 수명분포이론과 분석방법은 공학통계 분야뿐만 아니라 생물통계와 보험통계 등의 분야에도 직접적인 적용이 가능하다.

일반적인 확률변수의 분포는 많은 통계이론 책에서 다루어지고 있고 확률밀도함수의 형태에 따라 각각 특정분포로 분류되고 있다. 수명분포는 특정 개체의 수명을 나타내는 확률변수의 분포를 의미한다. 수명분포에서 사용되는 용어들은 일반적인 확률분포에서 사용되는 용어와 대부분 동일하나 수명을 대표하는 확률변수는 음의 값을 취할 수 없다는 점을 고려하여야 한다. 이러한 관점에서 주요 확률분포인 정규분포는 수명분포의 범주에 속하지 않으며 지수분포를 비롯하여 감마분포 및 대수정규분포 등이 주요 수명분포로 간주되고 있고, 이 책에서도 이러한 분포에 대한 중점적인 설명이 주어진다. 수명분포에 대한 또 다른 특성은 수명은 무한히 길어질 수 있다는 가정이다. 따라서 수명분포의 확률밀도함수는 오른쪽으로 긴 꼬리를 가지게 되며 수명이 유한인 특별한 경우에는 일정 시점에서 절단되는 분포를 고려할 수 있으나 이 책에서는 그러한 경우는 배제하였다.

특히 의학 분야에서의 인간의 수명에 관한 연구, 공학 분야에서의 부품이나 시스템의 수명에 관한 연구, 보험 분야에서의 생명표(life table)의 필요성, 생물통계 분야에서의 각종 수명연구 등이 활발해지면서 수명분포에 대한 관심과 중요성이 필연적으로 증대되었다. 이러한 측면에서 지난 20여 년 동안 수명분포에 관한 이론과 응용 분야는 괄목할 만한 많은 발전을 이루었으며, 현재는 많은 분야의 학부 과정에 수명분포에 관한 과목이 개설되어 있다. 또한 수명분포에 관한 이론의 개발과 함께 이러한 분포를 특징지어 주는 모수들에 대한 효과적인 통계적 분석방법 등이 개발되어 현실적으로 응용되고 있으며, 이러한 분석을 위한 수명자료의 종류와 수집방법 등에 대하여도 이 책에서 자세하게 다룬다. 최근에 와서는 특히 공학 분야에서 제품의 수명이 길어짐에 따라 수명자료의 수집이 매우 중요한 과제로 등장하게 되어 가속 수명시험 등의 기법이 적용되고 있다.

이 책에서는 기존에 알려져 있던 수명분포뿐만 아니라 최근에 개발된 분포에 대하여도 가급적 자세하게 다루려고 하며 여러 가지 형태의 수명자료를 이용하여 수명분포의 관심모수를 추정하는 통계적방법도 함께 논의한다.

2장

확률변수와 분포

2.1 확률의 개념

일상생활에서는 주어진 행동의 결과가 불확실한 경우가 많이 있다. 만일 여섯 개의 면을 가지고 있는 주사위를 던졌을 때 윗면에 나타나는 숫자를 예측하는 것은 불확실성을 가진다. 이 경우 1, 2, 3, 4, 5, 6의 숫자 중에서 한 개가 나타나는 것은 확실하게 알 수 있으나, 어떤 숫자인지를 정확하게 알 수는 없고, 다만 "어느 특정한 숫자가 나타나는 확률은 얼마일 것이다."라고 하는 것이 보통이다. 확률은 주어진 환경 아래에서 시행된 실험 결과에 대한 불확실성을 해석하고 분석하기 위하여 사용되는 개념으로서 일반적으로 0과 1 사이의 값으로 정의된다.

확률의 정의는 먼저 불확실한 결과를 만들어 내는 실험을 이해함으로써 시작된다. 만일 실험이 시행될 때마다 동일한 결과를 얻는다면 그 실험은 우리에게 관심이 있는 불확실성의 요소를 잃게 된다. 이마도 가장 간단한 실험은 동전을 던지는 실험일 것이다. 이 경우의 가능한 결과는 앞면이나 뒷면이지만 결과가 무엇일지는 불확실하며, 따라서 확률적 요소를 가지는 실험이다.

확률의 기원은 17세기의 도박으로부터 유래한다. 도박의 결과는 미리 예측할 수 없는 불확실성을 가지고 있기 때문에 게임을 이기기 위해서나 또는 이기는 가능성을 높이기 위해 자연스럽게 확률의 개념이 도입되었으며 그 이후 많은 현실 문제들이 게임의 형태로 해석되어 확률적 분석을 통하여 해결되어 왔다.

결과가 불확실한 통계적 실험을 통하여 얻어질 수 있는 모든 가능한 실험결과들의 집합을 표본공간(sample space)이라고 하고 표본공간의 부분집합을 사건(event)이라고 한다. 표본공간 자체나 공집합도 사건의 특별한 경우이다.

예제 2.1

주사위를 한 번 던지는 실험에서 표본공간은 $\{1,2,3,4,5,6\}$이며 이것의 부분집합들인 $\{1,3,5\}$, $\{5,6\}$, ϕ(공집합)은 모두 특정 사건을 표시한다.

일반적으로 S는 표본공간을 나타내고 사건은 영문 알파벳의 대문자인 $A, B, C, \cdots$ 등으로 표시한다. 주어진 사건 A의 확률은 정의역이 표본공간 S 인 함수로서 $P(A)$로 표시하며, 다음의 조건을 만족하여야 한다.

i) 모든 $A \subset S$에 대하여 $0 \leq P(A) \leq 1$

ii) $P(S)=1$

iii) 상호배반인 사건 $A_1, A_2, \cdots$에 대하여 $P(\bigcup_{i=1}^{\infty} A_i) = \sum_{i=1}^{\infty} P(A_i)$

여기에서 조건 i)은 확률의 치역은 구간 [0, 1]의 실수인 것을 나타내며, 조건 ii)는 실험의 표본공간은 항상 발생한다는 사실을 의미하고 동시에 $P(\phi)=0$도 성립한다. 조건 iii)은 서로 배반인 사건들의 합에 대한 확률은 각각의 확률의 합으로 계산된다는 것을 보여 준다.

예제 2.2

앞면과 뒷면의 확률이 같은 동전을 두 번 던지는 실험을 고려하자. 이 경우 표본공간은 4개의 가능한 결과를 가지게 된다. 여기에서 H는 앞면, T는 뒷면을 나타낸다.

$$S=\{(H,H),(H,T),(T,H),(T,T)\}$$

만일 두 개의 사건 A와 B를 각각

$$A=\{(H,H),(H,T)\},\ B=\{(H,T),(T,H)\}$$

라고 정의하면 $P(H)=P(T)=\frac{1}{2}$이므로 다음과 같이 확률을 구할 수 있다.

$$P(A)=P(B)=\frac{1}{2},\ P(A\cup B)=\frac{3}{4}$$

예제 2.3

여섯 개의 면을 가지고 있는 주사위를 던졌을 때 홀수가 나오는 확률이 짝수가 나오는 확률의 2배라고 가정하자. 이러한 주사위를 한 번 던졌을 때 윗면에 4보다 작은 수가 나오는 확률을 구하려고 한다. 이 경우 표본공간은

$$S=\{1,2,3,4,5,6\}$$

이며 각 결과에 대한 확률은 $P(1)=P(3)=P(5)=\frac{2}{9}$, $P(2)=P(4)=P(6)=\frac{1}{9}$이다. 따라서 사건 $E=\{1,2,3\}$에 대하여 $P(E)=\frac{5}{9}$를 얻는다.

예세 2.2의 경우에는 표본공간의 모든 결과들이 같은 확률을 가지고 발생하며, 따라서 이 경우에 주어진 사건 A의 확률은 A에 있는 결과의 개수의 S에 있는 결과의 개수에 대한 비율로 계산된다. 일반적으로 만일 표본공간이 N개의 같은 확률을 가지는 결과를 가지고 있다면 각 결과들이 일어나는 확률은 $\frac{1}{N}$이다. 따라서 주어진 사건 A의 확률은 다음과 같이 계산된다.

$$P(A) = \frac{\text{사건 } A\text{에 포함된 결과의 갯수}}{N}$$

만일 표본공간에 있는 실험결과들이 발생하는 확률이 서로 다른 경우에는 각 결과에 배정되는 확률이 먼저 고려되어야 한다. 이러한 확률은 과거의 실험결과나 사전지식에 의하여 결정되며 통계적으로는 과거의 반복되는 실험에 의한 상대빈도수의 극한수렴값으로 정의된다. 즉 결과 a에 배정되는 확률은

$$P(a) = \lim_{n \to \infty} \frac{a\text{의 빈도수}}{n}$$

에 의하여 결정되며, 여기에서 n은 반복되는 실험의 횟수를 나타낸다. 일단 각 결과에 대한 확률이 결정되면 사건 A의 확률은 A에 있는 결과들에 배정된 확률의 합으로 계산될 수 있다. 예제 2.3이 이러한 경우를 설명한다.

2.2 조건부 확률 및 독립성

2.2.1 조건부 확률

표본공간 S에서 정의된 두 개의 사건 A와 B를 고려하자. 만일 사건 A가 이미 발생하였거나 또는 앞으로 발생할 것이 확실하다는 것이 알려져 있다면 이러한 정보가 사건 B가 발생할 확률에 영향을 미칠 것인가? 영향을 미친다면 어떻게 그 영향을 B의 확률 계산에 반영할 것인가? 이러한 의문을 해결하여 주는 것이 조건부 확률의 개념이다.

조건부 확률 두 사건 $A \subset S, B \subset S$에 대하여 B가 주어졌을 때의 A의 조건부 확률 $P(A \mid B)$는 다음과 같이 정의된다.

$$P(A \mid B) = \frac{P(A \cap B)}{P(B)}, \text{ 단 } P(B) > 0\text{인 경우}$$

[그림 2.1]은 두 개의 사건 A와 B를 표본공간 S에 표시한 벤다이어그램이다.

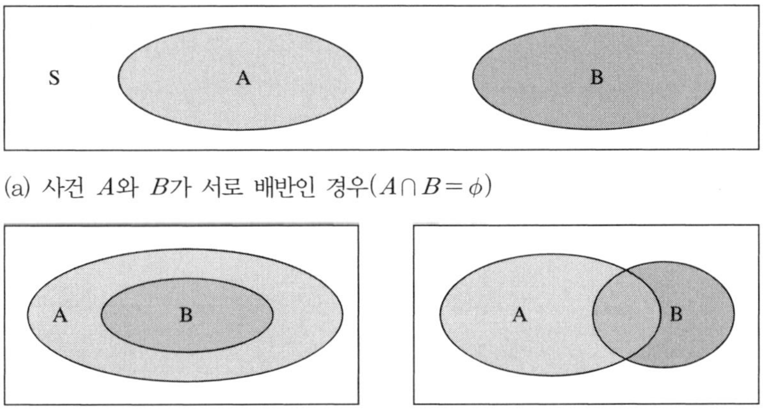

(a) 사건 A와 B가 서로 배반인 경우($A \cap B = \phi$)

(b) A가 B를 포함하는 경우 ($A \cap B = B$)

(c) $A \cap B \neq \phi$인 경우

그림 2.1 사건 A와 B의 관계

[그림 2.1]의 (a)인 경우에는 B가 주어지면 A는 일어날 수 없으므로 $P(A \mid B) = 0$이 성립되고 (b)인 경우에는 B가 주어지면 A는 반드시 일어나므로 $P(A \mid B) = 1$이 된다. (c)의 경우에는 $P(A \mid B)$은 $P(A \cap B)$와 $P(B)$의 값에 따라서 결정된다.

예제 2.4

두 개의 서로 다른 주사위를 동시에 던지는 실험을 고려하자. 이 경우의 표본공간은 36개의 서로 다른 결과를 가진다.

$$S = \{(1,1), (1,2), \cdots, (6,5), (6,6)\}$$

사건 A는 두 값의 합이 7이 되는 결과이고 사건 B는 정확하게 하나의 주사위 값이 3이 되는 결과를 나타낸다고 하자. 그러면 모든 결과가 같은 확률을 가지고 발생하

기 때문에

$$P(A) = \frac{\text{사건}A\text{에 포함된 결과의 수}}{36} = \frac{6}{36}$$

$$P(B) = \frac{10}{36},\ P(A \cap B) = P(\{(3,4), (4,3)\}) = \frac{2}{36}$$

이다. 따라서 다음과 같다.

$$P(A \mid B) = \frac{P(A \cap B)}{P(B)} = \frac{2/36}{10/36} = \frac{2}{10},$$

$$P(B \mid A) = \frac{P(A \cap B)}{P(A)} = \frac{2/36}{6/36} = \frac{2}{6}$$

조건부 확률 $P(\cdot \mid A)$는 확률이 되기 위한 다음과 같은 3가지 조건을 만족한다.

i) 모든 $B \subset S$에 대하여 $P(A \cap B) \le P(A)$이므로 $0 \le P(B \mid A) \le 1$이다.

ii) $P(S \mid A) = \dfrac{P(S \cap A)}{P(A)} = \dfrac{P(A)}{P(A)} = 1$

iii) 서로 배반인 사건 $B_1, B_2, B_3, \cdots$ 에 대하여

$$P(\bigcup_i B_i \mid A) = \frac{P((\bigcup_i B_i) \cap A)}{P(A)} = \frac{P(\bigcup_i (B_i \cap A))}{P(A)}$$

$$= \frac{\sum_i P(B_i \cap A)}{P(A)} = \sum_i P(B_i \mid A)$$

조건부 확률의 정의로부터 다음과 같은 대등한 관계가 성립된다.

$$P(A \cap B) = P(A)P(B \mid A)$$

$$P(A \cap B) = P(B)P(A \mid B)$$

이 관계를 확률의 곱셈법칙이라고 하며 확률의 계산에 매우 유용하게 사용된다.

2.2.2 베이즈 정리(Bayes' Theorem)

어느 대학교의 수학과 통계학을 전공하는 전체 학생 중에서 60%는 남학생이고, 또한 남학생의 70%와 여학생의 60%는 수학을 전공한다고 한다. 만일 임의로 선택한 학생이 통계학을 전공한다면 그 학생이 여학생일 확률은 얼마일까? 이 문제를 풀기 위해서 어느 학생이 통계학을 전공하는 사건을 A, 여학생일 사건을 B라고 할 때 조건부 확률 $P(B \mid A)$을 계산하여야 한다. 이러한 조건부 확률을 계산하기 위한 효과적인 방법이 베이즈 정리로 알려져 있다.

베이즈 정리 표본공간을 분할하는 서로 배반인 사건을 $B_1, B_2, B_3, \cdots, B_n$ 이라고 하자. 즉 $B_1 \cup B_2 \cup \cdots \cup B_n = S$이다. 임의의 사건 $A \subset S$에 대하여

$$P(B_k \mid A) = \frac{P(A \mid B_k)P(B_k)}{\sum_{i=1}^{n} P(A \mid B_i)P(B_i)}, \quad k = 1, 2, \cdots n$$

이다. 위의 식은 $P(A) = \sum_{i=1}^{n} P(A \mid B_i)P(B_i)$을 이용하며 이 관계는 전 확률정리 (total probability theorem)로 알려져 있다.

[그림 2.2]는 표본공간의 분할과 사건 A의 벤다이어그램을 나타낸다.

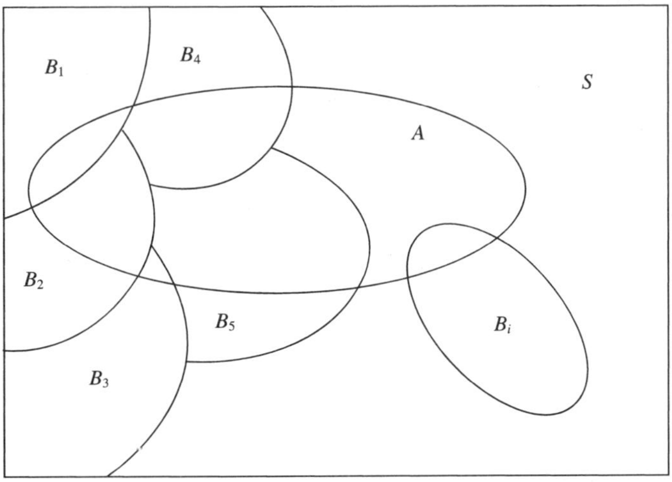

그림 2.2 표본공간의 분할

예제 2.5

위에서 제기된 문제에서 $B_1 = \{\text{남학생}\}$과 $B_2 = \{\text{여학생}\}$은 표본공간의 분할이다. $P(B_1) = 0.6$, $P(B_2) = 0.4$, $P(A \mid B_1) = 0.3$, $P(A \mid B_2) = 0.4$이므로 베이즈 정리에 의하여 다음과 같이 나타낼 수 있다.

$$P(B_2 \mid A) = \frac{P(A \mid B_2)P(B_2)}{P(A \mid B_1)P(B_1) + P(A \mid B_2)P(B_2)}$$

$$= \frac{0.4 \times 0.4}{0.3 \times 0.6 \ + \ 0.4 \times 0.4} = \frac{16}{34} = \frac{8}{17}$$

예제 2.6

다음 표는 3개의 상자에 들어 있는 빨간 공, 노란 공, 검은 공의 개수를 나타낸다.

구분	상자 1	상자 2	상자 3
빨간 공	3	5	2
노란 공	4	4	2
검은 공	3	3	6

같은 확률을 가지고 선택된 상자로부터 임의로 추출된 공이 빨간 공이면 이 공이 상자 2로부터 추출되었을 확률을 구하려고 한다. 이 경우 표본공간의 분할 B_1, B_2, B_3를 각각 추출된 공이 상자 1, 2, 3으로부터 추출된 사건이라고 하고 빨간 공인 사건을 A라고 하자. 베이즈 정리에 의하여 다음과 같이 나타낼 수 있다.

$$P(B_2 \mid A) = \frac{P(A \mid B_2)P(B_2)}{P(A \mid B_1)P(B_1) + P(A \mid B_2)P(B_2) + P(A \mid B_3)P(B_3)}$$

$$= \frac{\frac{5}{12} \times \frac{1}{3}}{\frac{3}{10} \times \frac{1}{3} + \frac{5}{12} \times \frac{1}{3} + \frac{2}{10} \times \frac{1}{3}} = \frac{\frac{5}{12}}{\frac{11}{12}} = \frac{5}{11}$$

2.2.3 사건의 독립성

조건부 확률의 기본적인 개념은 사건 A의 발생에 관한 사전지식이 다른 사건 B의 발생에 어떤 정보를 제공한다는 것으로, 이것은 두 개의 사건 A와 B가 상호 간에 영향을 미친다는 것을 가정하는 것이다. 만일 두 사건 A와 B가 독립이라면 사건 A의 발생 여부가 사건 B의 발생 확률에 영향을 미치지 않는다는 것을 의미한다. 따라서 두 사건 A와 B가 독립이라면 사건 A가 발생하였다는 조건 아래 사건 B가 발생할 조건부 확률은 사건 B가 발생할 확률과 같다.

예제 2.7

예제 2.4에서 $P(A)=\dfrac{6}{36}$이고 $P(A \mid B)=\dfrac{2}{10}$이다. 따라서 $P(A)$와 $P(A \mid B)$는 서로 다른 값을 가지며, 이것은 사건 B가 A의 발생 확률에 영향을 미친 것으로 간주할 수 있다. 또한 $P(B)=\dfrac{10}{36}$, $P(B \mid A)=\dfrac{2}{6}$로서 $P(B) \neq P(B \mid A)$이므로 사건 A도 B의 발생 확률에 영향을 미친다.

독립 사건 1 두 사건 A와 B가 독립(independence)이 되기 위한 필요충분조건은 다음의 세 조건 중 하나이다.

i) $P(A \cap B)=P(A)P(B)$
ii) $P(A \mid B)=P(A)$, $P(B)>0$
iii) $P(B \mid A)=P(B)$, $P(A)>0$

위의 세 조건은 서로 동등한 관계로서 한 개의 조건이 성립되면 다른 두 개의 조건은 자동적으로 성립한다. 두 사건 A와 B가 독립이 아니면 이들은 종속(dependence)의 관계를 가진다고 한다.

두 개 이상의 사건에 대한 경우에는 독립의 개념이 보다 복잡하다. 다음의 예제를 먼저 고려하자.

예제 2.8

어느 상자에 각각 1, 2, 3, 4가 기록된 4개의 똑같은 모양의 공이 들어 있다. 이 상자로부터 1개의 공을 임의로 선택하고 그 공에 기록된 번호를 관측하는 실험을 고려한다. 이 경우 사건 A, B, C를 각각 다음과 같이 정의하자.

$$A = \{1, 4\},\ B = \{2, 4\},\ C = \{3, 4\}$$

그러면

$$P(A) = P(B) = P(C) = \frac{1}{2},\ P(A \cap B) = P(A \cap C) = P(B \cap C) = \frac{1}{4},$$

$$P(A \cap B \cap C) = \frac{1}{4}$$

이다. 따라서

$$P(A \cap B) = P(A)P(B) = \frac{1}{4}$$
$$P(A \cap C) = P(A)P(C) = \frac{1}{4}$$
$$P(B \cap C) = P(B)P(C) = \frac{1}{4}$$

은 성립되나 $P(A \cap B \cap C) \neq P(A)P(B)P(C)$이 된다.

위의 예제에서와 같이 두 개의 사건들은 각각 독립이나 세 개의 사건은 동시에 독립의 조건을 만족하지 않는다. 따라서 두 개 이상의 사건들이 독립되기 위해서는 다음의 조건을 만족하여야 한다.

독립 사건 2 n개의 사건 $A_1, A_2, \cdots, A_n$ 이 독립이 되기 위한 필요충분조건은 다음과 같다.

n개 사건의 모든 부분집합 $i_1, i_2, \cdots, i_p, p \geq 2$ 에 대하여

$$P(A_{i_1} \cap A_{i_2} \cap \cdots \cap A_{i_p}) = P(A_{i_1})P(A_{i_2}) \cdots P(A_{i_p})$$

이다. ●

따라서 세 개의 사건 A, B, C 가 독립이 되기 위해서는

$$P(A \cap B) = P(A)P(B)$$
$$P(A \cap C) = P(A)P(C)$$
$$P(B \cap C) = P(B)P(C)$$
$$P(A \cap B \cap C) = P(A)P(B)P(C)$$

의 조건이 만족되어야 한다. 결국 예제 2.8의 경우에는 두 개의 사건들은 서로 독립이나, 세 개의 사건 A, B, C는 독립이 아니다.

2.3 확률변수

확률변수(random variable)는 실험결과에 사용된 용어를 실수로 변환시키는 기법이다. 간단한 예로서 동전을 던지는 실험을 생각하자. 앞면이 나오는 결과를 H, 뒷면이 나오는 결과를 T로 표시하면 표본공간은 $S=\{H, T\}$로 나타낸다. 이것은 표본공간을 실험의 용어로 표시한 것으로 수학적으로 다루는 데에는 불편한 경우가 많다. 확률변수는 이러한 실험 용어를 실수의 부분집합으로 대응시키는 것으로, 동전의 예로부터 동전의 앞면에는 1을, 뒷면에는 0을 대응시키면 이 경우의 표본공간은 $S=\{0,1\}$로 표시된다.

보다 복잡한 실험으로 동전을 세 번 연속해서 던지는 실험을 고려해 보자. 이 경우 표본공간은 8개의 서로 다른 실험결과를 가지며 실험 용어를 이용하면 $S=\{HHH, HHT, HTH, THH, HTT, THT, TTH, TTT\}$으로 표시된다. 이 경우 만일 각 결과에 대하여 앞면이 나타나는 횟수에 관심이 있다면 HHH에는 3, HHT, HTH, THH에는 2, HTT, THT, TTH에는 1, TTT에는 0이 대응되며, 따라서 표본공간은 $S=\{0,1,2,3\}$으로 표시된다. 이 경우 앞면이 나타나는 횟수는 표본공간을 정의역으로 하고 $\{0, 1, 2, 3\}$을 치역으로 하는 일대일 함수로 간주되며 한 개의 확률변수를 이룬다. 이러한 확률변수는 이산확률변수(discrete random variable)의 한 예이다.

다른 형태의 확률변수의 예는 어느 제품의 수명을 나타내는 확률변수이다. 이 경우의 표본공간은 $S=\{t : 0 \le t < \infty\}$로 표시된다. 이러한 확률변수는 연속확률변수의 예이다. 이산확률변수와 연속확률변수에 대하여는 다음 절에서 상세하게 논의할 것이다.

확률변수 확률변수는 실험의 표본공간을 정의역으로 하고 표본공간에 포함된 각각의 실험결과에 정확하게 한 개의 실수를 대응시키는 함수이다. ●

실험의 표본공간 S의 원소 $w \in S$ 에 실수 $x \in R$(R은 실수의 집합)가 대응된다면 확률변수 $X(w)=x$로 표시된다. 위의 동전을 세 번 던지는 실험에서 확률변수

$X(w)$를 w에 포함된 앞면의 수로 정의하년 $X(HHH)=3$, $X(HHT)=X(HTH)$ $=X(THH)=2$, $X(HTT)=X(THT)=X(TTH)=1$, $X(TTT)=0$ 등이 된다.

특별한 이유가 없는 한 확률변수를 표시할 때 w를 생략하는 것이 보통이며, 일반적으로 확률변수는 X, Y, Z 등의 대문자로 나타낸다.

예제 2.9

어느 상자에 1부터 4까지의 숫자가 적혀 있는 네 개의 동일한 공이 들어 있다. 이 상자로부터 임의로 두 개의 공을 동시에 추출하여 그 합에 해당하는 금액을 상금으로 지급하는 게임을 한다고 가정하자. 이 게임의 표본공간은

$$S=\{(1,2),(1,3),(1,4),(2,3),(2,4),(3,4)\}$$

으로 표시된다. 여기에서 $X(w)$를 w의 상금의 크기로 정의하면 $X(w)$는 S를 정의역으로 하고 $\{3,4,5,6,7\}$을 치역으로 하는 함수로서 확률변수이다. 또한 $Y(w)$를 w의 두 개의 수의 곱으로 정의하면 $Y(w)$는 S를 정의역으로 하고 $\{2,3,4,6,8,12\}$를 치역으로 하는 함수로서 또 다른 확률변수이다.

예제 2.9에서는 주어진 실험에 대하여 두 개의 확률변수 X와 Y를 동일한 표본공간에서 정의하였으며, 이러한 경우의 확률분포 및 X와 Y의 관계를 설명하는 모수에 대하여는 2.7절에서 상세하게 기술한다.

2.4 이산확률변수

이산확률변수를 정의하기 위하여 먼저 다음과 같은 예제를 고려하자.

예제 2.10

어느 생산라인에서 제조되는 완제품의 불량률을 추정하기 위하여 불량품이 발견될 때까지 완제품을 하나씩 검사하는 실험을 시행한다고 하자. 첫 번째 불량품이 발견되는 즉시 실험을 중단한다고 할 때 이 실험에서 검사된 완제품의 개수를 확률변수 X로 정의한다. 이 경우 X가 취할 수 있는 치역은 $\{1,2,3,\cdots,\infty\}$ 으로 무한개의 서로 다른 값을 취할 수 있다.

위의 예제 2.9와 2.10에서 정의된 확률변수 X와 Y는 그 변수들이 취할 수 있는 치역의 값들이 유한개이거나 또는 무한개인 경우에도 셀 수 있는(countable) 값들을 가진다. 이러한 성질을 가진 확률변수를 이산확률변수라고 하며 다음과 같이 정의한다.

이산확률변수 이산확률변수는 취할 수 있는 값이 유한개이거나 무한개이더라도 셀 수 있는 확률변수이다. ●

"셀 수 있다"의 의미는 무한개의 서로 다른 값을 취하더라도 그 값들이 각각 자연수 $1, 2, 3, \cdots$ 에 대응한다는 것을 의미한다. 만일 확률변수 X가 하루에 어느 음식점을 방문하는 손님의 수를 나타낸다고 하자. 이 경우 X가 취할 수 있는 값은 $\{0, 1, 2, \cdots\}$ 으로서 무한개이나 셀 수 있는 경우로서 이산확률변수이다. 이산확률변수의 예는 다음과 같다.

i) 50명이 수강하는 과목에서 학점 A를 받는 학생의 수
ii) 3개의 검은 공과 2개의 빨간 공을 가진 상자로부터 복원추출에 의하여 10개의 공을 선택하였을 때 검은 공이 선택되는 횟수
iii) 내년 일 년 동안 어떤 기계의 고장 발생 횟수
iv) 하루 동안 어느 교차로를 통과하는 자동차 수

이산확률변수는 다만 유한개$(x_1, x_2, \cdots, x_n)$이거나 셀 수 있는 무한개의 서로 다른 값$(x_1, x_2, \cdots)$ 만을 취하기 때문에 0이 아닌 확률을 가지는 사건은 $(X = x_i)$뿐이다. 따라서 이산확률변수 X의 확률적 성질을 정의하기 위하여는 다음과 같은 함수 $p_X(x)$를 정의하는 것이 편리하다.

$$p_X(x) = \begin{cases} P(X = x_i), i = 1, 2, \cdots \\ 0, \text{ 기타} \end{cases}$$

만일 이 함수가 모든 실수 x에 대하여 다음의 조건을 만족하면 확률분포함수(probability distribution function)라고 부르며, 경우에 따라서는 확률밀도함수(probability density function)라고 부르기도 한다.

i) $p_X(x) \geqq 0$

ii) $\sum_{x} p_X(x) = 1$

또한 취급하는 확률변수를 구별할 필요성이 없을 때에는 $p_X(x)$ 대신에 단순히 $p(x)$로 표시하는 것이 보통이나 이 책에서는 경우에 따라서 $p_X(x)$ 또는 $p_Y(y)$ 등도 함께 사용한다. 이산확률변수 X의 확률분포가 구해지면 $a < b$에 대하여

$$P(a \le X \le b) = \sum_{a \le x \le b} p(x)$$

에 의하여 계산된다.

예제 2.11

빨간 공 3개와 검은 공 2개를 가진 상자로부터 임의로 한 개씩의 공을 추출하여 색깔을 기록하고 상자에 다시 넣은 후 두 번째 공을 같은 방식에 의하여 추출한다. 이러한 추출방식을 복원추출이라고 하며 이 방법에 의하여 다섯 번에 걸쳐서 공을 추출한다. 이 실험에서 추출된 빨간 공의 횟수에 대한 확률분포를 구하기 위하여 먼저 확률변수 X를 다음과 같이 정의한다.

X: 다섯 번의 추출에서 기록된 빨간 공의 횟수

이 경우 X가 취할 수 있는 값은 $\{0, 1, 2, 3, 4, 5\}$이며 각 값에 대응하는 확률을 구하여야 한다. 매번의 시행에서 빨간 공이 추출되는 확률은 $\frac{3}{5}$으로 일정하며, 따라서

$$p_X(x) = \binom{5}{x}\left(\frac{3}{5}\right)^x\left(\frac{2}{5}\right)^{5-x}, \quad x = 0,1,2,3,4,5$$

에 의하여 계산된다. 이 식에 x의 값을 대입함으로써 다음과 같은 X의 확률분포가 얻어진다.

x	0	1	2	3	4	5
$p_X(x)$	$\frac{32}{3125}$	$\frac{240}{3125}$	$\frac{720}{3125}$	$\frac{1080}{3125}$	$\frac{810}{3125}$	$\frac{243}{3125}$

예제 2.11에 주어진 X의 확률분포를 이용하면 다음과 같이 사건에 대한 확률을 구할 수 있다.

$$P(1 \le X \le 3) = \frac{240}{3125} + \frac{720}{3125} + \frac{1080}{3125} = \frac{2040}{3125}$$

$$P(X \le 1) = \frac{32}{3125} + \frac{240}{3125} = \frac{272}{3125}$$

다음의 [그림 2.3]은 예제 2.11에 주어진 X의 확률분포를 확률 히스토그램으로 나타낸 것이다.

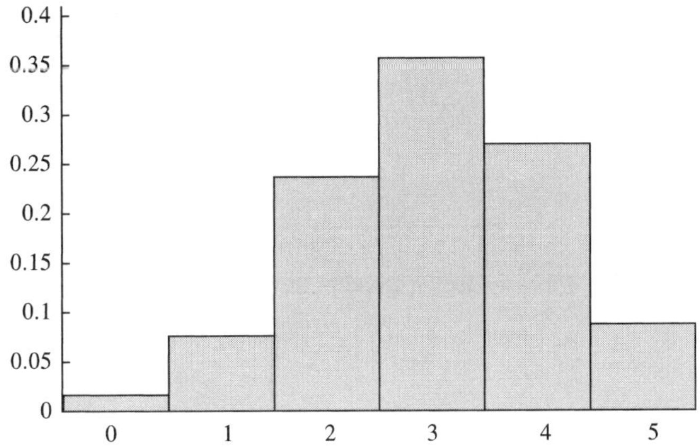

그림 2.3 확률 히스토그램

확률변수 X의 누적분포함수(cumulative distribution function, cdf)는 X가 특정한 값 x보다 작거나 같은 값을 취하는 누적확률로서 정의되며 일반적으로 $F(x)$에 의하여 표현된다. 즉 다음과 같다.

$$F(x) = P(X \le x) = \sum_{t \le x} p(t)$$

예제 2.12

예제 2.11의 결과를 이용하여 X의 누적분포함수를 구하면 다음과 같다.

$$F(x)=\begin{cases} 0, & x<0 \\ \dfrac{32}{3125}, & 0\le x<1 \\ \dfrac{272}{3125}, & 1\le x<2 \\ \dfrac{992}{3125}, & 2\le x<3 \\ \dfrac{2072}{3125}, & 3\le x<4 \\ \dfrac{2882}{3125}, & 4\le x<5 \\ 1, & x\ge 5 \end{cases}$$

위에서 $2\le x<3$인 경우에 $F(x)$는 다음과 같이 구해진다.

$$F(x)=p(0)+p(1)+p(2)=\frac{32}{3125}+\frac{240}{3125}+\frac{720}{3125}=\frac{992}{3125}$$

이산확률변수의 누적분포함수는 계단함수(step function)의 모양을 가지며, [그림 2.4]는 예제 2.12의 누적분포함수의 그래프를 나타낸다.

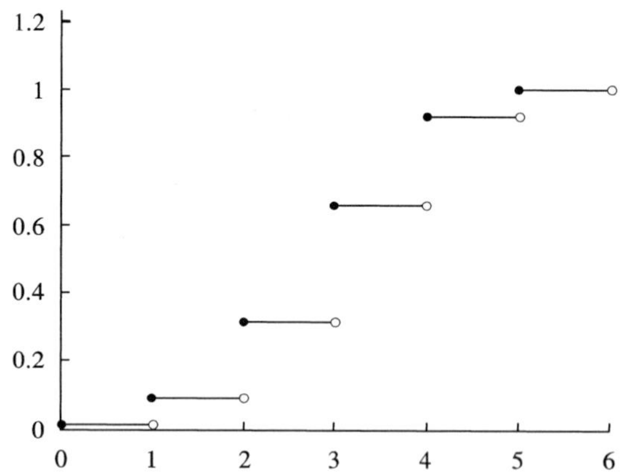

그림 2.4 예제 2.12의 누적분포함수

2.5 연속확률변수

만일 확률변수 X가 어떤 제품이 고장 날 때까지의 기간을 나타낸다고 하면 X가 취할 수 있는 서로 다른 값은 이산확률변수에서와 같이 셀 수 있는 것이 아니고, 다만 구간 $[0, \infty)$의 모든 값들이다. 따라서 이와 같은 경우에는 X의 확률을 이산확률변수의 확률분포와 같이 표시하는 것이 불가능하며 임의의 실수값 x에 대하여 $P(X=x)$은 아무런 의미를 갖지 못한다. 이러한 성질을 가진 확률변수를 연속확률변수(continuous random variable)라고 부르며 다음과 같이 정의한다.

연속확률변수 연속확률변수는 셀 수 없는(uncountable) 무한개의 서로 다른 값을 취하는 확률변수로서 일반적으로 이러한 값들은 구간에 의하여 표시된다. ●

연속확률변수의 예는 다음과 같다.

i) 어떤 사람의 키나 무게
ii) 어떤 제품의 수명의 길이
iii) 제품의 불량률
iv) 주어진 과제를 완성할 때까지 걸리는 시간

위에서 주어진 예는 모두 무한개의 셀 수 없는 값들을 취하는 확률변수로서 iii)의 경우에는 0과 1 사이의 값을 취한다.

연속확률변수의 확률적 성질을 논의하기 위해서는 먼저 확률밀도함수를 정의하여야 한다. 연속확률변수는 셀 수 없는 서로 다른 값들을 취하기 때문에 확률 분포를 구하기 위하여 각각의 값에 대한 확률을 계산하여 표의 형태로 표시하는 것이 불가능하다. 특히 연속확률변수가 어느 특정한 값을 취하는 확률은 0이기 때문에 연속확률변수의 확률변수는 특정한 값에 대한 확률 대신에 일정구간에 대한 확률, 즉 $a<b$에 대하여 $P(a<X<b)$, $P(X \le a)$ 등을 고려한 특정한 그래프의 형태로 표시된다. 이러한 그래프를 가지는 함수를 연속확률변수의 확률밀도함수(probability density function)라고 하며, 경우에 따라서는 단순히 밀도함수라고 하기도 한다.

연속확률변수는 일정한 구간의 연속성의 표본공간에서 정의되기 때문에 셀 수 있는 개수의 불연속점을 가지는 것이 가능하다. 그러나 실제적인 대부분의 경우에 확률밀도함수는 연속함수로서 다양한 형태를 가지게 된다. 몇 가지 형태의 확률 밀도함수의 그래프가 [그림 2.5]에 주어져 있다.

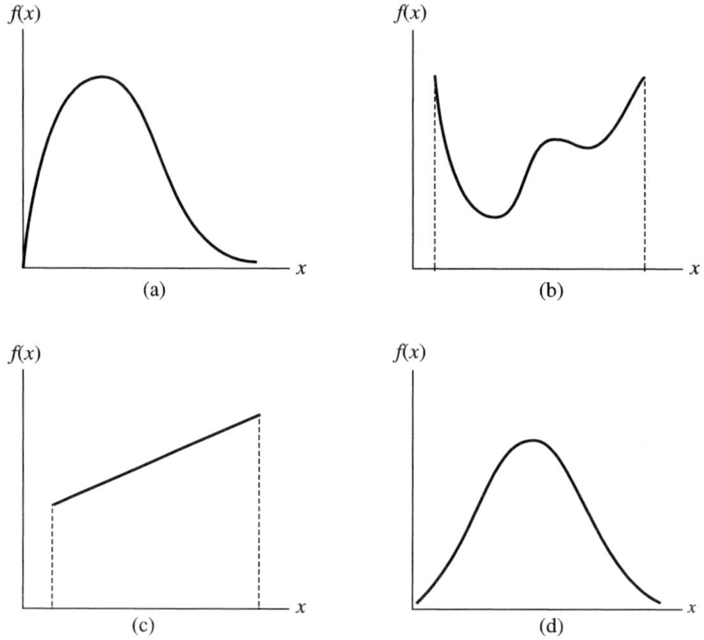

그림 2.5 전형적인 확률밀도함수의 그래프

확률밀도함수는 세분된 부분구간별 상대도수에 대한 히스토그램을 부분구간의 길이를 0에 매우 가깝게 하였을 때 접근하는 형태의 그래프로서 특정한 값 a에서의 확률은 0이지만 a를 포함한 매우 짧은 구간에서의 확률은 그 구간에서의 그래프의 면적으로 정의된다. 즉 $P(X=a)=0$이나 $P(a-\epsilon < X < a+\epsilon)$은 [그림 2.6]의 그래프의 빗금 친 부분의 면적에 의하여 계산된다.

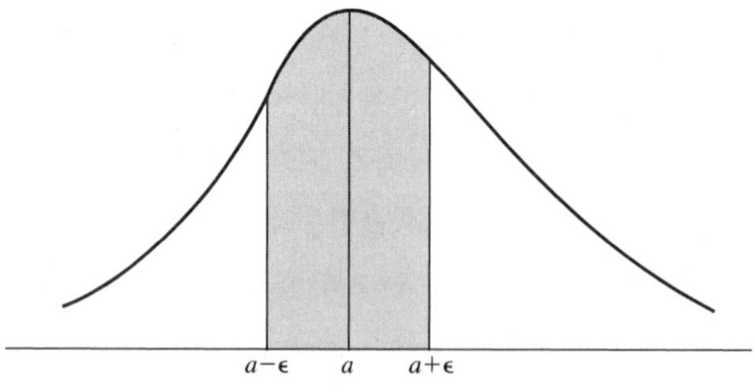

그림 2.6 X의 확률밀도함수와 $P(a-\epsilon < X < a+\epsilon)$

확률밀도함수는 보통 $f(x)$로 표시되는데 x축과 $f(x)$ 사이의 면적은 1이 되어야 하며, $f(x)$는 항상 0보다 크거나 같은 값을 취한다. 즉 함수 $f(x)$가 연속확률변수의 확률밀도함수가 되기 위해서는 다음의 조건을 만족하여야 한다.

i) $f(x) \geq 0, \ -\infty < x < \infty$

ii) $\int_{-\infty}^{\infty} f(x)dx = 1$

어떤 연속확률변수 X의 확률밀도함수가 $f(x)$로 주어지면 $P(a < X < b)$는 $x = a$와 $x = b$ 사이의 그래프의 면적으로 다음과 같이 정의된다.

$$P(a < X < b) = \int_{a}^{b} f(x)dx$$

연속확률변수의 특정한 값에서의 확률은 0이므로 $P(a < X < b) = P(a \leq X < b) = P(a < X \leq b) = P(a \leq X \leq b)$의 관계는 항상 성립된다.

누적분포함수 연속확률변수 X의 누적분포함수(cumulative distribution function)는 다음과 같이 정의된다.

$$F(x) = P(X \leq x) = \int_{-\infty}^{x} f(u)du.$$

누적분포함수 $F(x)$는 다음과 같은 성질을 가진다.

i) $F(x)$의 값은 항상 0과 1 사이에 있다.

ii) $F(x)$는 x의 비 감소(nondecreasing)함수이다.

iii) $\lim_{x \to \infty} F(x) = 1$이고 $\lim_{x \to -\infty} F(x) = 0$이다.

iv) $F(x)$는 우측으로부터의 연속함수이다.

확률밀도함수 연속확률변수 X의 확률밀도함수 $f(x)$는 만일 $F(x)$의 일차도함수가 존재하면

$$f(x) = \frac{dF(x)}{dx}$$

에 의하여 정의된다.

예제 2.13

연속확률변수 X가 다음과 같은 확률밀도함수를 가진다고 하자.

$$f(x) = \begin{cases} \frac{x^2}{3}, & -1 < x < 2 \\ 0, & \text{기타} \end{cases}$$

(a) $\int_{-1}^{2} \frac{x^2}{3} dx = \frac{x^3}{9}\Big|_{-1}^{2} = \frac{8}{9} + \frac{1}{9} = 1$ 이고 모든 x에 대하여 $f(x) \geq 0$이므로 $f(x)$는 확률밀도함수이다.

(b) $P(0 \leq X \leq 1) = \int_{0}^{1} \frac{x^2}{3} dx = \frac{x^3}{9}\Big|_{0}^{1} = \frac{1}{9}$

(c) $-1 < x < 2$에 대하여

$$F(x) = \int_{-1}^{x} \frac{u^2}{3} du = \frac{u^3}{9}\Big|_{-1}^{x} = \frac{x^3}{9} + \frac{1}{9}$$

이다. 따라서 누적분포함수 $F(x)$는 다음과 같다.

$$F(x) = \begin{cases} 0, & x \leq -1 \\ \frac{x^3}{9} + \frac{1}{9}, & -1 < x < 2 \\ 1, & x \geq 2 \end{cases}$$

[그림 2.7]은 예제 2.13에 주어진 $f(x)$와 $F(x)$의 그래프를 표시한다.

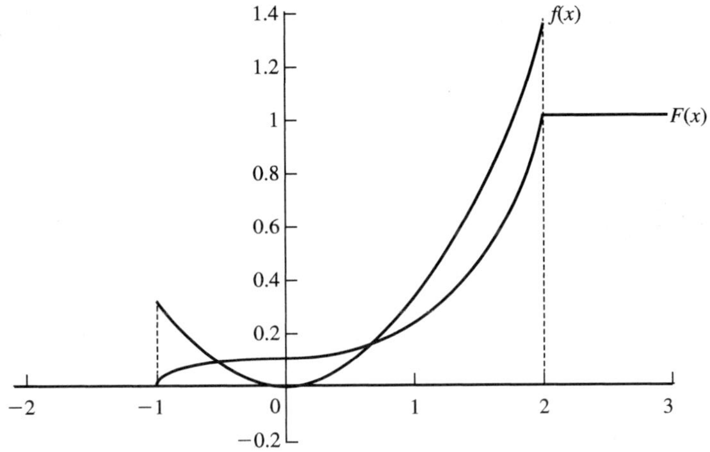

그림 2.7 $f(x)$와 $F(x)$의 그래프

2.6 기댓값

기댓값은 확률변수 X, 또는 X의 함수에 대하여 기대되는 값을 의미한다. 예를 들어 X에 대한 기댓값은 동일한 실험을 무한히 반복하고 매 시험마다 측정된 X의 값에 대한 평균값이다. 앞면과 뒷면이 나오는 확률이 각각 $\frac{1}{2}$인 동전을 세 번 던져서 나오는 앞면의 횟수를 확률변수 X라고 하면 X에 대한 기댓값은 1.5가 된다. 따라서 X의 기댓값은 반드시 X가 취할 수 있는 값과 같아질 필요는 없다.

예제 2.14

앞면과 뒷면이 나오는 확률이 각각 $\frac{1}{2}$인 동전을 세 번 던지는 실험에서 나오는 앞면의 횟수를 X라고 하면 X의 확률밀도함수는 다음과 같다.

x	0	1	2	3
$f(x)$	$\frac{1}{8}$	$\frac{3}{8}$	$\frac{3}{8}$	$\frac{1}{8}$

이 경우의 기댓값은 $E(X)=0\times\frac{1}{8}+1\times\frac{3}{8}+2\times\frac{3}{8}+3\times\frac{1}{8}=\frac{12}{8}=1.5$로 계산된다.

기댓값 $f(x)$가 확률변수 X의 확률밀도함수를 나타낸다고 하자. X의 기댓값은 $E(X)$로 표시하고 다음과 같이 정의된다.

i) 이산확률변수: $E(X)=\sum_x xf(x)$

ii) 연속확률변수: $E(X)=\int_{-\infty}^{\infty} xf(x)dx$

위 기댓값의 정의에서 $\sum_x$는 모든 x에 대한 합을 의미하며 X의 기댓값은 X의 평균(mean)으로 부르기도 하며 μ_X로 표시하기도 한다.

예제 2.15

연속확률변수 X의 확률밀도함수가 다음과 같이 주어져 있다.

$$f(x)=\begin{cases} e^{-x}, & x\ge 0, \\ 0, & x<0 \end{cases}$$

이 경우 X의 기댓값은 다음과 같다.

$$\begin{aligned} E(X) &= \int_0^{\infty} xe^{-x}dx = \int_0^{\infty} xd(-e^{-x}) = x(-e^{-x})\Big|_0^{\infty} - \int_0^{\infty}(-e^{-x})dx \\ &= \int_0^{\infty} e^{-x}dx = -e^{-x}\Big|_0^{\infty} = 1 \end{aligned}$$

X의 함수 $u(X)$에 대한 기댓값도 같은 방법으로 정의된다. 즉 X의 확률밀도함수를 $f(x)$라고 표시하면 $u(X)$의 기댓값, $E(u(X))$ 또는 $\mu_{u(X)}$는 다음과 같이 정의된다.

i) 이산확률변수: $E(u(X))=\sum_x u(x)f(x)$

ii) 연속확률변수: $E(u(X)) = \int_{-\infty}^{\infty} u(x)f(x)dx$

특정한 확률밀도함수 $f(x)$에 대하여 위에서 정의된 $E(u(X))$의 값이 무한대인 경우가 있다. 이러한 경우에는 $u(X)$의 기댓값이 존재하지 않는다고 정의하나 이 책에서는 특별히 언급되지 않는 한 기댓값이 존재하는 경우만을 고려하기로 한다.

a, b를 상수, $u(x), v(x)$를 x의 함수라고 하면 기댓값은 다음과 같은 성질을 가지며 기댓값의 정의로부터 쉽게 증명될 수 있다.

i) $E(a) = a$

ii) $E(aX \pm b) = aE(X) \pm b$

iii) $E(u(X) \pm v(X)) = E(u(X)) \pm E(v(X))$

iv) 모든 x에 대하여 $m \le u(x) \le n$이면 $m \le E(u(X)) \le n$

v) 모든 x에 대하여 $u(x) \le v(x)$이면 $E(u(X)) \le E(v(X))$

❑ 유익한 기댓값의 예

다음과 같은 기댓값을 정의하기 위하여 X의 확률밀도함수를 $f(x)$로 가정한다.

(a) 적률(moment)

X의 k차 적률(k-th moment)은 다음과 같이 정의된다.

$$E(X^k) = \begin{cases} \sum_x x^k f(x), & X\text{가 이산확률변수일 때} \\ \int_{-\infty}^{\infty} x^k f(x)dx, & X\text{가 연속확률변수일 때} \end{cases}$$

(b) 분산(variance)

X의 분산(variance)은 $u(X) = (X - \mu_X)^2$에 대한 기댓값으로 다음과 같이 정의되며 $Var(X)$, $V(X)$ 또는 σ_X^2로 표시한다.

$$\begin{aligned} \sigma_X^2 &= E(X - \mu_X)^2 \\ &= \begin{cases} \sum_x (x - \mu_X)^2 f(x), & X\text{가 이산확률변수일 때} \\ \int_{-\infty}^{\infty} (x - \mu_X)^2 f(x)dx, & X\text{가 연속확률변수일 때} \end{cases} \end{aligned}$$

여기서 $\mu_X = E(X)$이며 대상 확률변수에 대한 혼동의 여지가 없을 때에는 μ_X, σ_X^2에서 아래첨자 X를 생략하고 단순히 μ, σ^2 등으로 표시하는 것이 일반적이다. 이 책에서도 이러한 표기방법을 따르기로 한다.

분산을 계산하기 위하여 보다 편리한 공식은 다음과 같이 유도된다.

$$\begin{aligned} E(X-\mu)^2 &= E(X^2 - 2\mu X + \mu^2) = E(X^2) - 2\mu E(X) + E(\mu^2) \\ &= E(X^2) - 2\mu^2 + \mu^2 = E(X^2) - \mu^2 \end{aligned}$$

그리고 a와 b를 상수라고 하자. 그러면

$$\begin{aligned} \sigma_{aX+b}^2 &= Var(aX+b) = E(aX+b-E(aX+b))^2 = E(aX-aE(X))^2 \\ &= a^2 E(X-E(X))^2 = a^2 Var(X) = a^2 \sigma_X^2 \end{aligned}$$

이다. 마찬가지 방법으로 $Var(aX-b) = a^2 Var(X)$이 성립됨을 증명할 수 있다.

X의 표준편차(standard deviation)는 분산의 양의 제곱근으로 다음과 같이 정의된다.

$$\sigma_X = s.d.(X) = \sqrt{\sigma_X^2}$$

예제 2.16

예제 2.14에서 정의된 확률변수 X의 분산과 표준편차는 다음과 같이 계산된다. $E(X^2)$이

$$E(X^2) = 0^2 \times \frac{1}{8} + 1^2 \times \frac{3}{8} + 2^2 \times \frac{3}{8} + 3^2 \times \frac{1}{8} = \frac{24}{8} = 3$$

이고, $\mu = 1.5$이므로 X의 분산과 표준편차 각각 다음과 같이 구해진다.

$$\sigma^2 = 3 - 1.5^2 = 0.75, \quad \sigma = \sqrt{0.75} = 0.866$$

(c) 적률생성함수(moment generating function)

X의 적률생성함수는 $u(X) = e^{tX}$에 대한 기댓값으로 다음과 같이 정의되며 $M_X(t)$로 표시한다.

$$M_X(t) = E(e^{tX})$$
$$= \begin{cases} \sum_x e^{tx} f(x), & X\text{가 이산확률변수일 때} \\ \int_{-\infty}^{\infty} e^{tx} f(x)dx, & X\text{가 연속확률변수일 때} \end{cases}$$

예제 2.17

연속확률변수 X의 확률밀도함수가 다음과 같다.

$$f(x) = \begin{cases} e^{-x}, & x \ge 0 \\ 0, & x < 0 \end{cases}$$

이때 X의 적률생성함수는 다음과 같이 계산된다.

$$M_X(t) = \int_0^{\infty} e^{tx} e^{-x} dx = \int_0^{\infty} e^{-(1-t)x} dx = \frac{-1}{1-t} e^{-(1-t)x} \Big|_0^{\infty}$$
$$= \frac{1}{1-t}, 1-t > 0$$

$M_X(t)$는 X의 적률을 계산하는 데 이용될 수 있다. $M_X(t)$의 k차 도함수를 구하면 다음과 같다.

$$M_X^{(k)}(t) = \frac{d^{(k)}}{dt^{(k)}} M_X(t) = \frac{d^{(k)}}{dt^{(k)}} \sum_x e^{tx} f(x)$$
$$= \sum_x \frac{d^{(k)}}{dt^{(k)}} e^{tx} f(x)$$
$$= \sum_x x^k e^{tx} f(x)$$

$t = 0$에서의 $M_X^{(k)}(t)$의 값은 X의 k차 적률과 같게 된다. 즉

$$M_X^{(k)}(0) = \sum_x x^k f(x) = E(X^k)$$

이다. X가 연속확률변수인 경우에도 동일한 방법으로 증명할 수 있다.

예제 2.18

예제 2.17의 적률생성함수를 이용하면 X의 평균과 분산은 다음과 같이 계산된다.

$$\frac{d}{dt}M_X(t) = \frac{d}{dt}(1-t)^{-1} = (1-t)^{-2}, \qquad \frac{d^2}{dt^2}(1-t)^{-1} = 2(1-t)^{-3}$$

따라서 $t=0$을 대입하면

$$E(X) = (1-t)^{-2}|_{t=0} = 1, E(X^2) = 2(1-t)^{-3}|_{t=0} = 2$$

이 되며, $\sigma^2 = 2-1 = 1$이 얻어진다.

2.7 두 개 이상의 확률변수

지금까지는 표본공간에서 정의된 한 개의 확률변수만을 고려하였다. 그러나 두 개 또는 그 이상의 확률변수를 동시에 정의하고 그들의 상호관계를 고려해야 되는 경우가 많이 있다. 예를 들면 어느 제품의 수명의 길이를 X라고 하고 제품의 가격을 Y라고 표시하면 X와 Y 사이에는 어느 정도의 상호관계가 존재하는 것이 가능하며, 이러한 관계를 규명하기 위해서는 X와 Y의 변화를 동시에 설명해 주는 확률적 모형이 정의되어야 한다. 두 개 이상의 확률변수가 동시에 취할 수 있는 값들에 대한 확률적 관계를 결합확률분포(joint probability distribution)라고 부른다.

2.7.1 결합확률분포

만일 X와 Y가 이산확률변수이면 X와 Y의 동시발생 확률을 각 (x,y)에 대하여 $f(x,y) = P(X=x, Y=y)$으로 표시하며, 이 함수가 모든 실수 (x, y)에 대하여 다음의 조건을 만족하면 $f(x,y)$를 확률변수 X와 Y의 결합확률분포 또는 결합확률밀도함수라고 부른다.

i) $f(x,y) \geq 0$

ii) $\sum_x \sum_y f(x, y) = 1$

결합확률분포는 고려되는 확률변수들을 확실하게 하기 위하여 $f_{X,Y}(x,y)$로 표시하기도 하나 이 책에서는 특별히 언급되는 경우가 아니면 그냥 $f(x,y)$로 표기하기로 한다. A가 $f(x,y)$의 정의역의 부분집합이고, X와 Y가 이산확률변수인 경우 (X, Y)가 A에 속하는 확률은 다음과 같이 계산된다.

$$P((X, Y) \in A) = \sum\sum_{(x,y)\in A} f(x,y)$$

예제 2.19

어느 상자에 빨간 공이 3개, 파란 공이 2개, 노란 공이 3개 들어 있다. 이 상자로부터 두 개의 공을 비복원 추출하는 실험을 고려한다. 이 실험에서 확률변수 X와 Y가 각각 추출된 빨간 공과 파란 공의 개수를 나타낸다고 할 때 X와 Y의 결합확률분포는 다음과 같이 계산된다.

$$f(x,y) = \frac{\binom{3}{x}\binom{2}{y}\binom{3}{2-x-y}}{\binom{8}{2}}, \quad x = 0,1,2;\ y = 0,1,2;\ 0 \le x+y \le 2$$

이 공식을 이용하면 각 (x, y)에 대하여 다음과 같은 확률을 구할 수 있다.

x \ y	0	1	2
0	3/28	9/28	3/28
1	3/14	3/14	0
2	1/28	0	0

X와 Y의 결합확률분포를 이용하면 다음과 같다.

$$\begin{aligned} P(X+Y \le 1) &= f(0,0) + f(0,1) + f(1,0) \\ &= \frac{3}{28} + \frac{3}{14} + \frac{9}{28} = \frac{9}{14} \end{aligned}$$

만일 X와 Y가 연속확률변수이면 모든 실수 (x, y)에 대하여 다음의 조건을 만족하는 xy평면에서 정의되는 함수 $f(x, y)$를 X와 Y의 확률밀도함수라고 부른다.

i) $f(x, y) \geq 0$

ii) $\int_{-\infty}^{\infty}\int_{-\infty}^{\infty} f(x,y)dxdy = 1$

xy평면의 부분집합 A에 대한 확률은 다음과 같이 계산된다.

$$P((X, Y) \in A) = \int\int_{(x,y)\in A} f(x,y)dxdy$$

예제 2.20

확률변수 X와 Y의 결합확률밀도함수가 다음과 같이 주어져 있다.

$$f(x,y) = \begin{cases} 4xy, & 0 \leq x \leq 1, 0 \leq y \leq 1 \\ 0, & \text{기타} \end{cases}$$

(a) $P(0 \leq X \leq \frac{3}{4},\ 0 \leq Y \leq \frac{1}{2}) = \int_0^{\frac{1}{2}}\int_0^{\frac{3}{4}} 4xydxdy$

$= \int_0^{\frac{1}{2}} \frac{9}{8}ydy = \frac{9}{16} \times \frac{1}{4} = \frac{9}{64}$

(b) $P(Y > X) = \int\int_{\{(x,y):y>x\}} 4xydxdy = \int_0^1\int_0^y 4xydxdy$

$= \int_0^1 2y^3dy = \frac{1}{2}$

두 개의 확률변수 X와 Y의 결합확률변수가 주어지면 각 확률변수의 주변확률분포(marginal probability distribution)와 조건부 확률분포(conditional probability distribution)는 각각 다음과 같이 정의된다.

i) 주변확률분포

- X와 Y가 이산확률변수인 경우

$$\begin{cases} X \text{ 의 주변확률분포} : g(x) = P(X = x) = \sum_y f(x,y) \\ Y \text{ 의 주변확률분포} : h(y) = P(Y = y) = \sum_x f(x,y) \end{cases}$$

• X와 Y가 연속확률변수인 경우

$$\begin{cases} X\text{의 주변확률분포}: g(x) = \int_{-\infty}^{\infty} f(x,y)dy \\ Y\text{의 주변확률분포}: h(y) = \int_{-\infty}^{\infty} f(x,y)dx \end{cases}$$

ii) 조건부 확률분포

$X(Y)$가 주어졌을 때의 $Y(X)$의 조건부 확률밀도함수는 $f(y \mid x)(f(x \mid y))$으로 표기하며 다음과 같이 정의된다.

$$\begin{cases} f(y \mid x) = \dfrac{f(x,y)}{g(x)}, & g(x) > 0\text{일 때} \\ f(x \mid y) = \dfrac{f(x,y)}{h(y)}, & h(x) > 0\text{일 때} \end{cases}$$

위의 정의는 X와 Y가 이산이나 연속인 경우에 모두 적용되며 이산확률변수인 경우에는 $f(y \mid x) = P(Y = y \mid X = x), f(x \mid y) = P(X = x \mid Y = y)$으로 해석되지만 연속확률변수인 경우에는 $f(y \mid x)(f(x \mid y))$는 xy평면상의 고정된 직선 $X = x(Y = y)$에서 $Y(X)$의 확률밀도(probability density)로 해석되어야 한다.

예제 2.21

연속확률변수 X와 Y의 결합확률밀도함수가 다음과 같이 주어져 있다.

$$f(x,y) = \begin{cases} 8xy, & 0 \le x \le 1,\ 0 \le y \le x \\ 0, & \text{기타} \end{cases}$$

이 경우 X와 Y의 확률밀도함수는 각각 다음과 같이 얻어진다.

$$g(x) = \int_0^x 8xydy = 4xy^2\Big|_{y=0}^{y=x} = 4x^3,\ 0 \le x \le 1$$

$$h(y) = \int_y^1 8xydx = 4x^2y\Big|_{x=y}^{x=1} = 4y(1-y^2),\ 0 \le y \le 1$$

따라서 X와 Y의 조건부 확률밀도함수는 각각 다음과 같다.

$$f(y \mid x) = \frac{f(x,y)}{g(x)} = \frac{8xy}{4x^3} = \frac{2y}{x^2},\ \ 0 \le y \le x,$$

$$f(x \mid y) = \frac{f(x,y)}{h(y)} = \frac{8xy}{4y(1-y^2)} = \frac{2x}{1-y^2},\ \ y \le x \le 1$$

2.7.2 공분산(covariance)과 상관계수(correlation coefficient)

확률변수 X와 Y의 공분산은 두 변수 사이의 관계를 설명하는 하나의 척도이다. 만일 X가 커지면 Y도 커지고 X가 작아지면 Y도 작아지는, 즉 X와 Y가 양의 관계(positive relation)를 가진다면 $(X-\mu_X)(Y-\mu_Y)$는 양의 값을 가지게 되며 만일 X가 커지면 Y는 작아지고 X가 작아지면 Y는 커지는, 즉 X와 Y가 음의 관계(negative relation)를 가진다면 $(X-\mu_X)(Y-\mu_Y)$는 음의 값을 가지게 될 것이다. 이러한 성질을 이용하여 X와 Y의 공분산은 다음과 같이 정의된다.

공분산 X와 Y의 기댓값을 각각 μ_X와 μ_Y라고 하자. X와 Y의 공분산은 σ_{XY} 또는 $Cov(X, Y)$로 표기하며 다음과 같이 정의된다.

$$\sigma_{XY} = E(X-\mu_X)(Y-\mu_Y)$$ ●

만일 $\sigma_{XY} > 0$이면 X와 Y는 양의 관계, $\sigma_{XY} < 0$이면 X와 Y는 음의 관계를 가지며, 만일 $\sigma_{XY} = 0$이면 X와 Y는 무관계(no relation)를 의미한다. σ_{XY}의 계산을 위해서는 다음의 공식이 보다 편리하다.

$$\begin{aligned}\sigma_{XY} &= E(X-\mu_X)(Y-\mu_Y) = E(XY-\mu_X Y-\mu_Y X+\mu_X\mu_Y) \\ &= E(XY)-\mu_X\mu_Y-\mu_Y\mu_X+\mu_X\mu_Y \\ &= E(XY)-\mu_X\mu_Y\end{aligned}$$

X와 Y의 공분산은 비록 X와 Y의 관계에 대한 정보를 제공하는 유용한 척도이기는 하지만 σ_{XY}의 크기는 X와 Y의 관계의 강도를 설명하지는 못한다. 즉 σ_{XY}의 값은 X와 Y의 값을 측정하는 단위에 의존하기 때문에 X와 Y의 값이 크다는 것이 X와 Y의 관계가 강하다는 것을 의미하지는 않는다. 이러한 약점을 보강하기 위하여 단

위에 의존하지 않는 상관계수가 통계학에서 많이 사용되고 있으며 다음과 같이 정의된다.

$$Corr(X, Y) = \rho_{XY} = \frac{\sigma_{XY}}{\sigma_X \sigma_Y}$$

여기에서 σ_X 와 σ_Y는 각각 X와 Y의 표준편차를 나타낸다. ρ_{XY}의 값은 항상 -1과 1 사이에 있으며 ρ_{XY}의 절댓값이 커질수록 X와 Y에 대한 강한 상관관계를 나타내며 $\rho_{XY} = \pm 1$인 경우에는 Y는 X의 양 또는 음의 함수이다.

2.7.3 확률변수들의 독립성

만일 조건부 확률밀도함수 $f(x \mid y)$가 y에 의존하지 않으면 확률변수 Y의 결과가 X의 결과에 영향을 미치지 않는다는 것을 의미한다. 이러한 경우 확률변수 X와 Y는 서로 독립이라고 부르며 다음과 같은 성질을 가진다.

두 확률변수의 독립 확률변수 X와 Y(이산형 또는 연속형)의 결합확률밀도함수를 $f(x, y)$, 주변 확률밀도함수를 각각 $g(x)$와 $h(y)$라고 할 때 X와 Y가 독립이 되기 위한 필요충분조건은 모든 (x, y)에 대하여 다음이 성립된다.

$$f(x,y) = g(x)h(y)$$

예제 2.22

예제 2.19에 주어진 이산확률변수 X와 Y의 $f(x,y)$, $g(x)$, $h(y)$ 등은 다음과 같다.

x \ y	0	1	2	$g(x)$
0	$\frac{3}{28}$	$\frac{9}{28}$	$\frac{3}{28}$	$\frac{15}{28}$
1	$\frac{3}{14}$	$\frac{3}{14}$	0	$\frac{3}{7}$
2	$\frac{1}{28}$	0	0	$\frac{1}{28}$
$h(y)$	$\frac{5}{14}$	$\frac{15}{28}$	$\frac{3}{28}$	1

X와 Y가 서로 독립이 되기 위해서는 모든 $\{(x,y), x=0,1,2, y=0,1,2\}$에 대하여 $f(x,y)=g(x)h(y)$가 성립되어야 한다. 그러나 $f(2,2)=0$은 $g(2)h(2)=\frac{1}{28}\times\frac{3}{28}$과 같지 않기 때문에 X와 Y는 서로 독립이 아니다.

예제 2.21의 경우에도 $f(x,y)\neq g(x)h(y)$이므로 X와 Y는 서로 독립이 아니다.

만일 X와 Y가 독립이면 다음과 같은 성질이 성립한다.

i) X와 Y가 독립이면 $Cov(X,Y)=0$
그러나 역은 성립되지 않는다.

ii) 상수 a, b에 대하여

$$Var(aX\pm bY)=a^2\,Var(X)+b^2\,Var(Y)$$

이다. 만일 X와 Y가 독립이 아니면

$$Var(aX\pm bY)=a^2\,Var(X)\pm 2ab\,Cov(X,Y)+b^2\,Var(Y)$$

이다.

iii) X와 Y의 함수인 $u(X)$와 $v(Y)$에 대하여

$$E(u(X)v(Y))=E(u(X))E(v(Y))$$

이다.

iv) $M_X(t)$, $M_Y(t)$, $M_{X+Y}(t)$를 각각 X, Y, $X+Y$의 적률생성함수라고 하면

$$\begin{aligned}M_{X+Y}(t)&=E(e^{t(X+Y)})=E(e^{tX}e^{tY})=E(e^{tX})E(e^{tY})\\&=M_X(t)M_Y(t)\end{aligned}$$

이다.

연습 문제

1. 공정한 동전을 4번 연속해서 독립적으로 던지는 실험을 고려하자.

① 표본공간 S의 원소를 나열하라

② 사건 A, B, C, D를 각각 다음과 같이 정의한다.

A : 최소한 3개의 앞면

B : 많아야 2개의 앞면

C : 세 번째에 앞면

D : 한 번의 앞면과 3번의 뒷면

만일 표본공간의 각 결과가 같은 확률을 가진다고 할 때 다음의 확률을 구하라.

a) $P(A)$　b) $P(A \cap B)$　c) $P(B)$

d) $P(A \cap C)$　e) $P(D)$　f) $P(A \cup C)$

g) $P(B \cap D)$

2. $P(A) = \frac{3}{4}$, $P(B) = \frac{5}{6}$인 두 사건 A와 B가 다음의 조건을 만족할 때 $P(A \cap B)$를 구하라.

a) A와 B가 서로 독립	b) $P(B\|A) = \frac{1}{2}$
c) $P(A\|B) = \frac{1}{3}$	d) $P(A\|B) = P(A)$

3. 숫자 0, 1, 2, 3, 4에서 3개의 숫자를 각각 한 번씩 선택해서 세 자리 숫자를 만들려고 한다. 단, 백 단위 숫자는 0 이외의 숫자가 되어야 한다.

① 표본공간 S에는 몇 개의 원소들이 있는가?

② 320보다 큰 숫자는 몇 개인가?

③ 110보다 큰 짝수는 몇 개인가?

4. 두 사람 A와 B가 어느 특정한 TV 프로그램을 시청하는 확률은 각각 0.4와 0.5이고 A가 그 프로그램을 시청할 때 B도 시청할 확률은 0.7이다.

① 두 사람이 동시에 그 프로그램을 시청할 확률은 얼마인가?

② B가 그 프로그램을 시청할 때 A도 시청할 확률은 얼마인가?

③ 두 사람 중 적어도 한 사람이 그 프로그램을 시청할 확률은 얼마인가 ?

④ A와 B가 프로그램을 시청하는 사건은 서로 독립인가? 또는 서로 배반적인 사건인가?

5. 세 개의 상자 A, B, C가 있다. 상자 A에는 검은 공 3개와 흰 공 2개가 들어 있고 상자 B에는 검은색 공 2개와 흰 공 4개, 상자 C에는 검은 공만 4개 들어 있다. 임의로 한 개의 상자를 선택하고 그 상자로부터 임의로 한 개의 공을 선택한다고 하자.

① 선택된 공이 검은 공일 확률을 구하라.

② 만일 흰 공이 선택되었다면 그 공이 상자 A로부터 나왔을 확률은 얼마인가?

6. 어떤 중고차 시장에 진열된 차 중에서 A, B, C 회사의 차가 각각 50%, 30%, 20%를 차지하며 그중에서 각각 15%, 40%, 60%는 소형차이다. 임의로 한 대의 차를 선택하였을 때

① 선택된 차가 소형차가 아닐 확률을 구하여라.

② 만일 소형차가 선택되었다면 그 차가 B 회사의 차일 확률은 얼마인가?

7. 두 개의 주사위를 연속해서 던지는 실험을 고려하자.

① 만일 첫 번째 주사위가 4일 때 두 번째 주사위는 5가 될 확률은 얼마인가?

② 만일 한 개의 주사위가 4일 때 다른 주사위는 5가 될 확률은 얼마인가?

③ 두 주사위의 합이 7 이상이 될 확률을 구하여라.

8. 불량품이 10개, 합격품이 40개로 구성되어 있는 로트에서 5개의 제품을 추출한다고 하자. 다음의 경우에 4개의 합격품과 1개의 불량품이 추출될 확률을 구하여라.

① 비복원 추출인 경우

② 복원 추출인 경우

9. 문제 8에서 복원 추출에 의하여 5개의 제품을 추출하였을 때 뽑힌 불량품의 개수를 확률변수 X라고 하자.

① X의 확률분포함수를 구하여라.

② X의 평균과 분산을 구하여라.

③ $P(1 \le X < 3)$을 구하여라.

10. 연속확률변수 X의 확률밀도함수가 다음과 같이 주어져 있다.

$$f(x) = \begin{cases} kx, & 0 \le x \le 2 \\ 0, & \text{기타} \end{cases}$$

① 상수 k의 값을 결정하라

② X의 누적분포함수 $F(x)$를 구하여라.

③ $P\left(\frac{1}{2} \le X < \frac{3}{2} \mid X \le 1\right)$을 구하여라.

④ X의 중앙값(median)을 구하여라.

11. 각 부품이 정상적으로 작동할 확률이 0.9이고 각 부품들은 서로 독립적으로 작동한다고 가정하자. 다음과 같은 두 개의 시스템이 있을 때, 각 시스템의 작동 확률을 구해 비교하라.

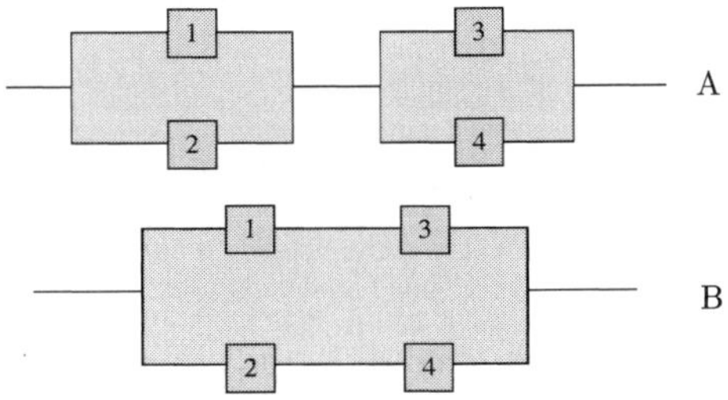

12. 다음과 같은 X의 확률밀도함수 $f(x)$가 주어져 있다.

$$f(x) = \begin{cases} \frac{1}{x^2}, & 1 \le x < \infty \\ 0, & \text{기타} \end{cases}$$

① $f(x)$가 확률밀도함수인 것을 검증하라

② X의 기댓값은 얼마인가?

13. 연속확률변수 X의 확률밀도함수 $f(x)$가 다음과 같이 주어져 있다.

$$f(x) = \begin{cases} k(4x - 2x^2), & 0 < x < 2 \\ 0, & \text{그밖의 경우} \end{cases}$$

① $P(X>1)$을 구하라.

② X의 평균과 표준편차를 구하라.

14. 어떤 업무를 끝내는 데 걸리는 시간 X(단위: 100시간)의 확률밀도함수가 다음과 같다.

$$f(x)=\begin{cases} x, & 0<x<1 \\ 2-x, & 1\le x<2 \\ 0, & \text{기타} \end{cases}$$

① X의 누적분포함수 $F(x)$를 구하여라.

② 이 업무가 120시간 이내에 끝날 확률은 얼마인가?

③ 이 업무를 끝내는 시간이 50시간과 100시간 사이일 확률을 구하라

15. 어느 빌딩 앞에 설치된 한 대의 공중전화를 이용하러 오는 사람에 대해 관찰하였다. 특정한 시간에 전화를 사용 중이거나 기다리는 사람이 N명일 확률 $P(n)$은 다음과 같이 주어진다.

$$P(n)=\begin{cases} \left(\dfrac{1}{2}\right)^n P(0), & 0\le n\le 5 \\ 0, & n\ge 6 \end{cases}$$

특정한 시간에 이 전화를 이용 중이거나 기다리는 사람 수에 대한 기댓값을 구하여라.

16. 어느 전자부품의 수명을 나타내는 확률변수 T가 다음과 같은 확률밀도함수를 가진다.

$$f(t)=\begin{cases} \dfrac{1}{10}e^{-\frac{1}{10}t}, & 0\le t<\infty \\ 0, & t<0 \end{cases}$$

① $P(T\ge 2)$와 $P(T\ge 5\,|\,T\ge 3)$을 비교하여라.

② T의 적률생성함수를 유도하여라.

③ ②의 결과를 이용하여 T의 k차 적률을 구하여라.

17. 확률변수 X의 적률생성함수가 다음과 같이 주어져 있다.

$$M_X(t)=\frac{1}{3}e^{-t}+\frac{1}{6}e^{2t}+\frac{1}{2}$$

① X의 분산을 구하여라.

② $P(X \leq 1)$ 을 구하여라.

18. 이산확률변수 X가 다음과 같은 이항분포를 따른다고 하자.

$$P(X=x)=\binom{n}{x}p^{x}(1-p)^{n-x},\ \ x=0,1,\cdots,n$$

① X의 적률생성함수를 유도하여라.

② ①의 결과를 이용하여 X의 표준편차를 구하여라.

19. 확률변수 X와 Y의 결합 확률밀도함수가 다음과 같이 주어져 있다.

$$f(x,y)=\begin{cases}2, & 0 \leq x \leq 1, 0 \leq y \leq 1, 0 \leq x+y \leq 1 \\ 0, & \text{그밖의 경우}\end{cases}$$

다음의 물음에 답하여라.

① $P\left(X \leq \frac{3}{4},\ Y \leq \frac{3}{4}\right)$

② $P\left(X \leq \frac{1}{2} \mid Y < \frac{1}{2}\right)$

③ 확률변수 X와 Y에 대한 주변확률밀도함수를 구하여라.

④ X와 Y는 독립인가?

⑤ $P\left(X > \frac{1}{2} \mid Y = \frac{1}{4}\right)$

⑥ $Z=X+Y$라고 할 때 Z의 평균과 분산을 구하여라.

20. X, Y, Z가 서로 독립인 확률변수이고 $U=\frac{1}{3}X-\frac{2}{3}Y+2Z$로 정의되었다고 하자. 만약 $E(X)=0$, $E(Y)=16$, $E(Z)=25$, $V(X)=5$, $V(Y)=9$, $V(Z)=7$일 때 확률변수 U의 평균과 분산을 구하여라.

21. 확률변수 X와 Y의 결합 확률밀도함수가 다음과 같이 주어져 있다.

$$f(x,y)=\begin{cases}\dfrac{1}{y}, & 0 \le x \le y,\ 0<y<1 \\ 0, & \text{그밖의 경우}\end{cases}$$

이때 $P\left(X+Y>\dfrac{1}{2}\right)$을 계산하여라.

22. 확률변수 X와 Y의 결합 확률밀도함수가 다음과 같다.

$$f(x,y)=\begin{cases}e^{-y}, & 0 \le x \le y < \infty \\ 0, & \text{그밖의 경우}\end{cases}$$

$E(X \mid Y=y)$와 $E(Y \mid X=x)$을 계산하라

23. 확률변수 X와 Y가 각각 두 개의 전자부품의 수명을 나타내고 결합 확률밀도함수가 다음과 같이 주어져 있다.

$$f(x,y)=\begin{cases}\dfrac{1}{2}xy, & 0<x<2,\ 0<y<x<2 \\ 0, & \text{그밖의 경우}\end{cases}$$

① $P\left(\dfrac{1}{2}<Y<\dfrac{3}{2} \mid X=1\right)$을 계산하여라.

② X와 Y의 상관계수 ρ_{XY}를 계산하여라.

24. 확률변수 X와 Y에 대한 결합확률밀도함수가 다음과 같이 주어져 있을 때, X와 Y의 상관계수를 구하여라.

$$f(x,y)=\frac{x+2y}{18},\quad x=1,2,\ \ y=1,2$$

25. 확률변수 X와 Y가 독립이면 $Cov(X,Y)=0$이다. 그러나 역은 성립하지 않음을 예를 들어 증명하여라.

3장

신뢰성 척도함수

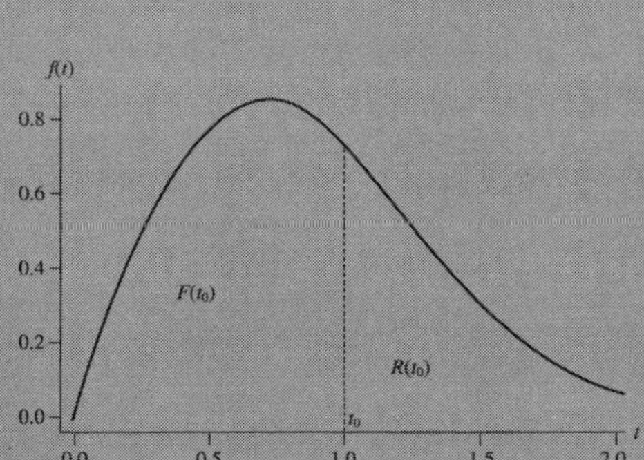

이 장에서는 부품이나 시스템의 수명을 나타내는 연속확률변수 T의 확률분포인 수명분포에 대하여 중점적으로 살펴볼 것이다. 그리고 이러한 분포로부터 노화(aging)에 따르는 부품이나 시스템의 열화(deterioration) 또는 향상(improvement)을 정량적으로 측정하는 몇 가지 척도함수들을 정의하고, 이러한 함수들의 특성과 상호관계 등에 대하여 상세하게 설명한다. 수명분포는 비음(nonnegative)의 값만을 취하는 확률변수 T의 분포로서 이 경우에는 $t \le 0$에 대하여 $F(t)=0$을 만족한다. 복사기의 수명과 같은 사용횟수에 의하여 수명이 정의되는 시스템의 이산수명분포도 가능하나 이 책에서는 연속확률변수의 경우만을 고려하려고 한다.

연속확률변수 T가 시스템의 수명을 나타낸다고 하고 $F(t)$와 $f(t)$를 각각 T의 누적분포함수와 확률밀도함수라고 하자. 여기에서는 시점 $t=0$에서의 시스템은 가동상태임을 가정하며, 따라서 불량품이나 가동불능 시스템은 고려대상에서 제외한다. 시스템의 수명은 비음의 값만을 취하기 때문에 이 경우 $F(t)$는 다음과 같은 조건을 만족한다.

i) $F(t)=P(T \le t)$는 시스템이 시점 t 이전에 고장 나는 확률이며 $\lim_{t\to\infty} F(t)=1$을 만족한다.

ii) 모든 $t \le 0$에 대하여 $F(t)=0$. 즉 시스템은 음의 수명을 가질 수 없다.

iii) $t_1 < t_2$이면 $F(t_1) \le F(t_2)$이다.

만일 $F(t)$가 미분가능하면 확률밀도함수는 $f(t)=\dfrac{dF(t)}{dt}$에 의하여 구해진다.

예제 3.1

여기에서 주어지는 예제는 시점 t_0와 t_1 사이에서 고장 나는 시스템의 수명분포에 관한 것으로써 확률변수 T의 분포함수 $F(t)$가 다음과 같다고 하자. 단 $0 < t_0 < t_1 < \infty$을 가정한다.

$$F(t)=\begin{cases} 0, & t \le t_0 \\ 2\left(\dfrac{t-t_0}{t_1-t_0}\right)^2, & t_0 \le t \le \dfrac{t_0+t_1}{2} \\ 1-2\left(\dfrac{t_1-t}{t_1-t_0}\right)^2, & \dfrac{t_0+t_1}{2} \le t \le t_1 \\ 1, & t \ge t_1 \end{cases}$$

[그림 3.1]은 $t_0 = 100$, $t_1 = 400$에 대한 $F(t)$의 그래프이다. 이때 확률밀도함수 $f(t)$는 $F(t)$의 일차 도함수이며 다음과 같이 얻어진다.

$$f(t) = \begin{cases} 0, & t \le t_0, t \ge t_1 \\ \dfrac{4}{(t_1 - t_0)^2}(t - t_0), & t_0 \le t \le \dfrac{t_1 + t_0}{2} \\ \dfrac{4}{(t_1 - t_0)^2}(t_1 - t), & \dfrac{t_1 + t_0}{2} \le t \le t_1 \end{cases}$$

함수 $f(t)$는 구간$(t_0,\ t_1)$에서 정의되는 삼각형의 함수이며, 구간의 중간점 $\dfrac{t_0 + t_1}{2}$에 대하여 대칭이다.

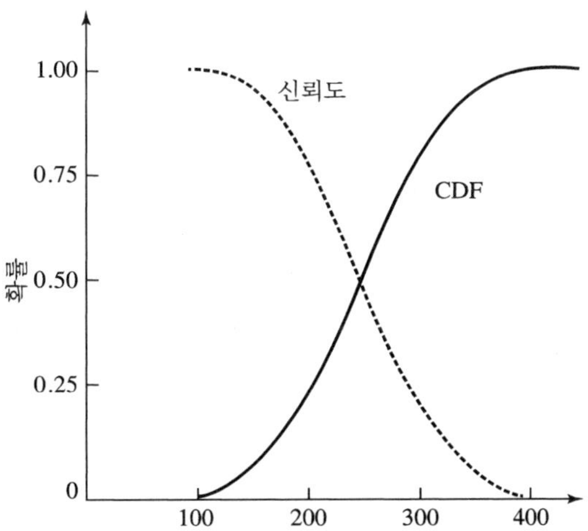

그림 3.1 $F(t)$의 그래프$(t_0 = 100, t_1 = 400)$

시스템의 수명분포는 위에서 정의된 $F(t)$와 $f(t)$뿐만 아니라 다른 함수에 의해서도 특징지어진다. 이러한 함수에는 신뢰도함수, 고장률함수와 평균잔여수명함수 등이 있다. 또한 평균수명(mean life length)이나 백분위수(percentiles) 등은 그 자체로 수명분포를 완전하게 묘사할 수는 없으나 수명에 관한 전체적인 경향을 설명할 수 있는 척도로서 사용되고 있으며 시스템의 수명에 관한 정량적인 대푯값이다. 이러한 함수와 척도에 대한 정의와 성질 등을 다음에 자세하게 기술한다.

3.1 신뢰도함수

수명분포의 신뢰도함수(reliability function)는 확률변수 T가 t의 값보다 커지는 확률로 정의되며, 이것은 나이가 t인 시스템이 아직도 가동되고 있는 확률이다. 신뢰도함수는 일반적으로 $R(t)$로 표시되며

$$R(t) = P(T > t) = 1 - F(t)$$

이다. 의학 분야에서는 이 함수를 $S(t)$로 표기하고 생존함수라고도 부른다.

따라서 어떤 시스템에 대하여 '$R(1) = 0.98$'은 시스템이 1년 이상 가동되는 확률은 0.98이 되는 것을 의미한다. $R(t)$의 성질은 다음과 같다.

i) $R(0) = 1$

ii) $\lim_{t \to \infty} R(t) = 0$

iii) $t_1 < t_2$이면 $R(t_1) \ge R(t_2)$이다. 즉 $R(t)$는 비 증가함수이다.

또한 $R(t)$의 t에 대한 일차도함수의 음의 값이 확률밀도함수 $f(t)$가 된다.

예제 3.2

어느 시스템의 수명 T가 다음의 확률밀도함수를 갖는다고 하자.

$$f(t) = \begin{cases} \dfrac{2}{t^3}, & t \ge 1 \\ 0, & t < 1. \end{cases} \quad \text{(단위: 연)}$$

이때 이 시스템의 신뢰도함수는 $t \ge 1$에 대해서 다음과 같이 계산된다.

$$R(t) = \int_t^{\infty} \frac{2}{u^3} du = \left. \frac{-1}{u^2} \right|_t^{\infty} = \frac{1}{t^2}$$

=> $t < 1$에 대해서는 $R(t) = 1$이다. 그리고 $R(2) = 0.25$이므로 2년 된 시스템의 신뢰도는 0.25이다.

일반적으로 통계학에서는 $F(t) = 1 - R(t)$를 누적분포함수라고 하나 신뢰성 공학에서는 신뢰도함수에 대응하여 불신뢰도함수(unreliability function)로 부르기도 한다. 따라서 신뢰도함수와 불신뢰도함수의 합은 모든 t에 대하여 1이며, [그림 3.2]는 시점 t_0에서의 신뢰도와 불신뢰도를 비교한 것이다.

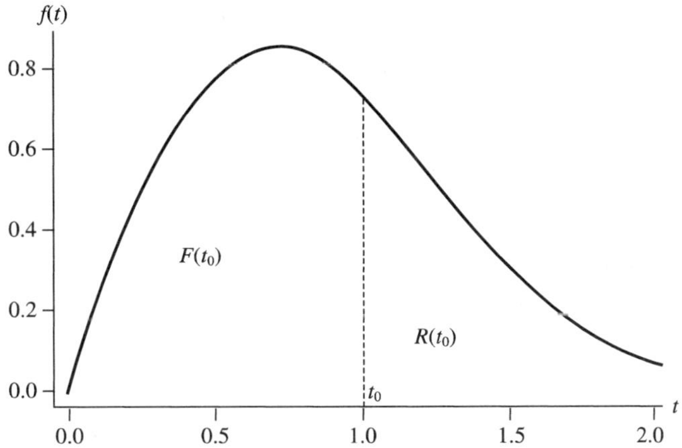

그림 3.2 $F(t)$와 $R(t)$의 관계

3.2 고장률함수

3.2.1 정의와 해석

고장률함수(failure rate, hazard rate)는 나이가 t인 시스템이 가지는 고장 발생의 위험정도를 정량적으로 표시하는 함수이다. 이것은 수명패턴을 묘사하는 모형 중에서 가장 많이 사용되는 척도함수로서 신뢰성 공학에서 매우 중요한 비중을 차지하고 있다. 고장률함수는 주어진 나이에서 시스템이 그 다음 매우 짧은 시간 동안의 단위 고장발생률을 의미하며 양의 실수 값을 가진다.

고장률함수는 조건부 확률을 이용하여 다음과 같이 유도된다. 먼저 시스템이 구간 $(t, t+\Delta t]$에 고장이 발생하는 확률은 다음과 같다.

$$P(t < T \le t+\Delta t) = \int_t^{t+\Delta t} f(u)du = F(t+\Delta t) - F(t)$$

시스템이 시점 t에 가동된다는 것이 주어지면

$$P(t < T \le t+\Delta t \mid T > t) = \frac{P(t < T \le t+\Delta t)}{P(T > t)} = \frac{F(t+\Delta t) - F(t)}{R(t)}$$

이다. 이 값을 Δt로 나누어서 구간 $(t, t+\Delta t]$에서의 평균 조건부 확률을 구하면

$$\frac{P(t < T \le t+\Delta t \mid T > t)}{\Delta t} = \frac{F(t+\Delta t) - F(t)}{\Delta t \; R(t)}$$

이 얻어진다. 고장률함수 $h(t)$는 $\Delta t \to 0$을 취한 평균 조건부 확률이며 다음과 같이 정의된다.

$$\begin{aligned} h(t) &= \lim_{\Delta t \to 0} \frac{F(t+\Delta t) - F(t)}{\Delta t \, R(t)} \\ &= \frac{1}{R(t)} \lim_{\Delta t \to 0} \frac{F(t+\Delta t) - F(t)}{\Delta t} = \frac{f(t)}{R(t)}, \quad t \ge 0 \end{aligned}$$

따라서 고장률함수는 확률밀도함수의 신뢰도함수에 대한 비율이며 그 자체는 확률이 아니라는 점에 유의하여야 한다. 그러나 매우 작은 Δt에 대하여

$$h(t)\Delta t \approx P(t < T \le t+\Delta t \mid T > t)$$

는 나이가 t인 시스템이 그 다음 길이 Δt 안에 고장이 발생하는 확률로 해석된다.

$h(t)$는 $\lim_{t \to \infty} R(t) = 0$이 성립되어야 하므로 다음의 두 가지 조건을 만족하여야 한다.

i) $h(t) \ge 0, \; t \ge 0$

ii) $\int_0^\infty h(t)dt = \infty$

예제 3.3

예제 3.1에서 정의된 불 신뢰도함수로부터 얻어지는 고장률함수는 다음과 같다.

$$h(t)=\begin{cases}0, & t\le t_0\\ \dfrac{4(t-t_0)}{(t_1-t_0)^2-2(t-t_0)^2}, & t_0\le t\le \dfrac{t_0+t_1}{2}\\ \dfrac{2}{t_1-t}, & \dfrac{t_0+t_1}{2}\le t\le t_1\\ \infty, & t_1\le t\end{cases}$$

$t_0=100$(시간), $t_1=400$(시간)인 경우의 고장률함수의 그래프가 [그림 3.3]에 그려져 있다. 이 경우 고장률함수는 t의 증가함수로서 사용기간이 많아짐에 따라 순간적인 고장 위험이 커진다는 것을 의미하며, 모든 시스템이 400시간의 가동시간 안에 고장이 발생한다는 것을 보여 준다.

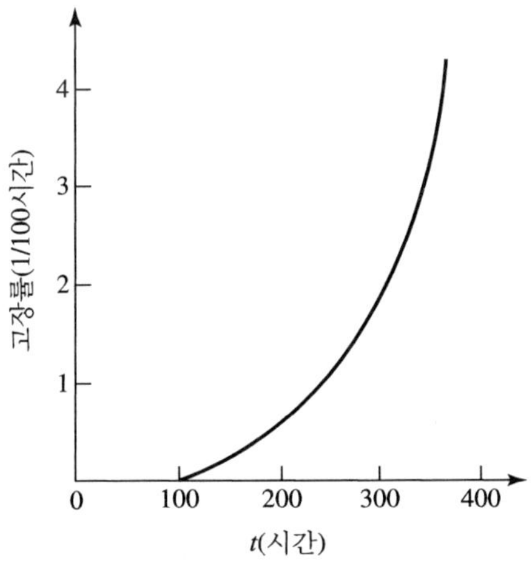

그림 3.3 $h(t)$의 그래프

3.2.2 누적고장률함수

누적고장률함수는 시점 0부터 t까지의 누적된 고장률을 의미하며, 다음과 같이 정의된다. 즉

$$H(t)=\int_0^t h(u)du$$

가 누적고장률함수이며, 수명분포의 비모수적 분류에 유용하게 사용되는 척도이다.

$H(t)$는 다음과 같은 성질을 가진다.

i) $H(0)=0$

ii) $\lim_{t \to \infty} H(t) = \infty$

iii) $H(t)$는 t의 비 감소함수

iv) $\frac{dH(t)}{dt} = h(t)$, 즉 누적고장률함수의 일차 도함수가 고장률함수

3.2.3 고장률함수와 신뢰도함수의 일대일 대응

고장률함수가 신뢰성 공학에서 매우 중요한 척도 함수로 사용되고 있는 이유 중의 하나는 신뢰도함수와의 일대일 대응관계가 성립한다는 것이다. 이러한 성질은 고장률함수에 대한 지식과 신뢰도함수에 대한 지식은 동치라는 것을 의미하며, 경우에 따라서는 신뢰도함수에 대한 직접적인 추정 대신에 고장률함수에 대한 추정을 수행함으로써 수명분포에 대한 분석을 하게 된다.

고장률함수가 주어지면 신뢰도함수는 다음과 같이 계산된다.

$$h(t) = \frac{f(t)}{R(t)} = \frac{-R'(t)}{R(t)}$$

여기에서 $R'(t)$는 $R(t)$의 일차 도함수를 나타낸다. 양변을 0부터 t까지 적분하면 $R(0)=1$이므로

$$\begin{aligned}\int_0^t h(u)du &= \int_0^t \frac{-R'(u)}{R(u)} du = -\ln R(u)|_0^t \\ &= -\ln R(t)\end{aligned}$$

이 된다. 이 관계로부터 다음과 같은 공식을 얻는다.

$$R(t) = e^{-\int_0^t h(u)du}$$

이 공식을 역 공식(inversion formula)이라고 부르며 고장률함수와 신뢰도함수의 일대일 관계를 나타낸다. 누적고장률함수 $H(t)$를 이용하면 역 공식은 다음과 같이 표시된다.

$$R(t) = e^{-H(t)}$$

여러 가지 형태의 고장률함수에 대한 신뢰도함수를 역 공식을 이용하여 구해 보자.

(a) 고장률함수가 상수인 경우($h(t) = \lambda,\ \lambda > 0$)

$$\int_0^t h(u)du = \int_0^t \lambda du = \lambda t$$

이며, 따라서 $R(t) = e^{-\lambda t}$가 얻어진다. 이 수명분포는 지수분포로 알려져 있으며 신뢰성 공학에서 가장 중심적인 역할을 하는 분포이다.

(b) 고장률함수가 선형 증가인 경우($h(t) = \alpha t + \beta,\ \alpha > 0,\ \beta > 0$)

$$\int_0^t h(u)du = \int_0^t (\alpha u + \beta)du = \frac{1}{2}\alpha t^2 + \beta t$$

이며 $R(t) = e^{-\frac{1}{2}\alpha t^2 + \beta t}$가 얻어진다. 이러한 신뢰도함수를 가지는 수명분포는 선형증가 고장률 분포(linearly increasing failure rate distribution)로 알려져 있다.

(c) 고장률함수가 멱함수인 경우($h(t) = \alpha t^{\beta - 1},\ \alpha > 0,\ \beta > 0$)

$$\int_0^t h(u)du = \int_0^t \alpha u^{\beta - 1}du = \frac{\alpha}{\beta}t^{\beta}$$

이며 신뢰도함수는 $R(t) = e^{-\frac{\alpha}{\beta}t^{\beta}}$이다. 이러한 형태의 수명분포는 와이블분포로 잘 알려져 있으며 신뢰성 공학에서 매우 광범위하게 활용되는 중요한 분포로서 7장에서 자세하게 논의할 것이다.

(d) 욕조모양(bathtub-shaped)의 고장률함수인 경우

일반적으로 대부분의 시스템에 대한 고장률함수는 초기의 짧은 기간 동안 감소하게 된다. 이것은 부품의 결함이나 제조, 공정상의 실수 및 설계상의 오류 등으로 인한 초기의 높은 고장률에 기인하는 것으로, 이 기간은 영아 사망기간

(infant mortality region) 또는 초기 고장기간(early failure region)으로 부른다.

초기 고장기간이 끝나게 되면 일정한 고장률에 도달하게 되며, 그 이후 일정기간 동안에는 고장은 우연히 발생하게 되며 비교적 시스템의 나이에 영향을 받지 않는다. 마지막 구간은 마모구간(wear-out region)으로 시스템의 나이가 많아짐에 따라 고장률이 급속도로 증가하게 된다. 이러한 마모구간의 진행을 최소화하기 위하여 예방보전이나 대체정책 등을 적용하게 된다. [그림 3.4]는 일반적인 욕조 모양의 고장률함수의 경향을 나타낸다.

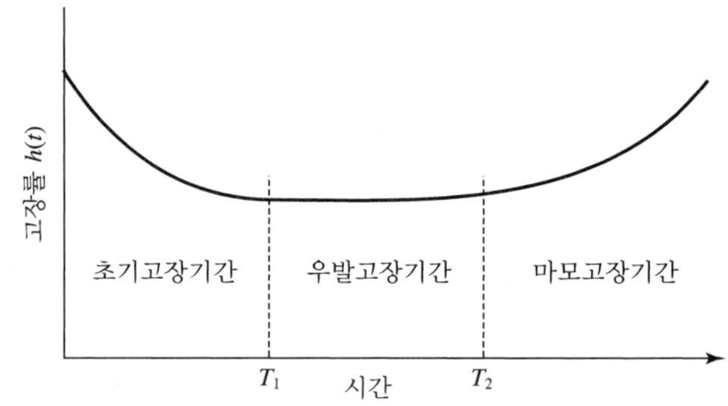

그림 3.4 욕조 모양의 고장률함수

(e) **고장률함수가 지수적으로 증가하는 경우**($h(t)=\alpha e^{\beta t}$, $\alpha>0$, $\beta>0$)

이러한 고장률함수는 초기에는 정상적인 상태에서 가동되나 시간이 지남에 따라 과열이나 균열 등의 다른 원인에 의하여 고장률이 급속도로 증가하는 경우에 적용되며 주로 관심의 대상은 분포의 꼬리 부분에 대한 것이다. 이 경우에 신뢰도함수와 확률밀도함수는 각각 다음과 같이 얻어진다.

$$f(t)=\alpha e^{\beta t}e^{-\frac{\alpha}{\beta}(e^{\beta t}-1)},\quad R(t)=e^{-\frac{\alpha}{\beta}(e^{\beta t}-1)}$$

이 수명분포는 극한값분포(extreme value distribution)로서 Gompertz 분포로 알려져 있다.

3.3 평균잔여수명과 가용도함수

3.3.1 평균잔여수명함수

평균잔여수명함수(mean residual life function)는 시스템이 나이 t까지 가동된다는 것이 주어져 있을 때 앞으로의 잔여수명에 대한 기댓값으로 정의된다. 새로운 시스템의 평균수명은 $t=0$에서의 평균잔여수명이다. 평균잔여수명함수는 $m(t)$로 표시하며

$$m(t)=E(T-t \mid T>t)$$

으로 정의된다. 이러한 기댓값에 대한 공식을 유도하기 위해서는 먼저 $T>t$가 주어졌을 때 다음과 같은 T의 조건부 확률밀도함수가 필요하다.

$$f_{T \mid T>t}(u)=\frac{f(u)}{R(t)},\ u>t$$

따라서 조건부 기댓값은 다음과 같이 계산된다.

$$\begin{aligned} m(t) &= E(T-t \mid T>t) \\ &= \int_t^{\infty}(u-t)f_{T \mid T>t}(u)du=\int_t^{\infty}(u-t)\frac{f(u)}{R(t)}du \\ &= \frac{1}{R(t)}\int_t^{\infty}uf(u)du-t \end{aligned}$$

부분적분을 이용하면 이 공식은 다음과 같이 표현할 수도 있다.

$$m(t)=\frac{\int_t^{\infty}R(u)du}{R(t)}=\frac{\int_0^{\infty}R(u+t)}{R(t)}$$

예제 3.4

어느 제품의 수명 T가 다음과 같은 확률밀도함수를 가진다고 하자.

$$f(t)=\frac{1}{2}e^{-\frac{1}{2}t},\ t\ge 0$$

T의 신뢰도함수, 고장률함수 및 평균잔여수명함수는 각각 다음과 같다.

$$R(t)=\int_t^\infty \frac{1}{2}e^{-\frac{1}{2}u}du=-e^{-\frac{1}{2}u}\Big|_t^\infty=e^{-\frac{1}{2}t}\quad t\geq 0,$$

$$h(t)=\frac{f(t)}{R(t)}=\frac{\frac{1}{2}e^{-\frac{1}{2}t}}{e^{-\frac{1}{2}t}}=\frac{1}{2},$$

$$m(t)=\frac{\int_t^\infty R(u)du}{R(t)}=\frac{\int_t^\infty e^{-\frac{1}{2}u}du}{e^{-\frac{1}{2}t}}=\frac{-2e^{-\frac{1}{2}u}\Big|_t^\infty}{e^{-\frac{1}{2}t}}=\frac{2e^{-\frac{1}{2}t}}{e^{-\frac{1}{2}t}}=2$$

예제 3.4의 경우 고장률함수와 평균잔여수명함수는 상수로서 t와 무관하며 서로 역수의 관계를 가진다. 이러한 성질을 가진 수명분포는 지수분포로 알려져 있으며 6장에서 상세하게 설명된다.

평균수명이 유한값을 가지는 경우 평균잔여수명함수 $m(t)$는 모든 $t \geq 0$에 대하여 다음과 같은 성질을 가진다.

i) $m(t)\geq 0$

ii) $m'(t)\geq -1$

iii) $\int_0^\infty \frac{1}{m(t)}dt=\infty$

한편

$$m'(t)=\frac{R(t)\frac{d}{dt}\int_t^\infty R(u)du-\int_t^\infty R(u)du\,\frac{d}{dt}R(t)}{[R(t)]^2}$$

$$=\frac{-[R(t)]^2+f(t)\int_t^\infty R(u)du}{[R(t)]^2}=-1+\frac{f(t)\int_t^\infty R(u)du}{[R(t)]^2}$$

이므로

$$h(t) = \frac{f(t)}{R(t)} = \frac{1 + m'(t)}{m(t)}$$

이 성립된다. 따라서 $m(t)$와 고장률함수 $h(t)$는 다음과 같은 일대일 관계를 가진다. 더불어 신뢰도함수 $R(t)$와 고장률함수 $h(t)$가 일대일 관계를 갖기 때문에 $R(t)$와 $m(t)$ 역시 일대일 관계가 성립된다.

3.3.2 가용도함수

수리가능 시스템의 경우에는 현실적으로 수리나 보전에 일정한 시간이 걸리는 경우가 대부분으로, 수리시간을 고장시간과 별도로 모형화하는 것이 보다 합리적인 경우가 많다. 따라서 이러한 경우에는 시점 t에서 시스템이 실제로 가동상태에 있는지에 대하여 관심을 가지게 된다. 시점 t에서 수리가능 시스템의 상태함수를 다음과 같이 정의한다.

$$X(t) = \begin{cases} 0, \text{시스템이 시점 } t\text{에서 고장상태} \\ 1, \text{시스템이 시점 } t\text{에서 가동상태} \end{cases}$$

수리가능 시스템의 노화에 의한 성능평가를 위한 척도 중의 하나는 가용도로서 주어진 시점 t에서 시스템이 가동상태에 있는 확률로 정의된다. 가용도를 측정하는 척도에는 다음과 같은 것이 있다.

i) 가용도함수

$$A(t) = P[X(t) = 1] = E[X(t)], \quad t > 0$$

ii) 극한 가용도

$$A = \lim_{t \to \infty} A(t)$$

여기에서 $A(t)$는 시스템이 시점 t에서 가동되고 있는 확률을 나타내며 만일 수리불가능 시스템의 경우에는 $A(t)$는 신뢰도함수와 같아진다. 또한 만일 어느 시스템에 대하여 $A = 0.96$이면 장기적으로 그 시스템은 전체 기간의 96% 기간 동안 가동되고 있다는 것을 의미한다.

만일 시스템의 고장률과 수리율이 각각 상수인 λ와 μ이면 극한 가용도 A가 다음과 같이 계산된다는 것은 잘 알려져 있다.

$$A = \frac{\mu}{\lambda + \mu}$$

3.4 평균수명과 백분위수

평균수명과 백분위수는 고장률함수나 평균잔여수명함수와 같이 대응하는 수명분포를 완전하게 결정할 수는 없으나, 수명에 관한 전체적인 경향을 설명할 수 있는 척도로서 사용되고 있고, 시스템의 수명에 관한 정량적인 대푯값이라고 할 수 있다.

3.4.1 평균수명

평균수명은 시스템이 고장 날 때까지의 평균시간으로 수명 T의 기댓값으로 정의된다. 시스템의 평균수명은 시스템의 수명을 대표하는 가장 중요한 척도로서 분포의 무게중심에 관한 정량적인 값을 나타내며, 항상 양의 값을 취한다. 비수리 시스템의 경우에는 MTTF(Mean Time To Failure)로 부르고 수리 시스템의 경우에는 수리에 의하여 완전하게 복구될 수 있다는 가정에서 MTBF(Mean Time Between Failures)로 약칭된다. 평균수명은 3.3절에서 정의된 평균잔여수명함수에서 $t=0$인 경우로서 $m(0)$이다.

일반적으로 평균수명은 T의 확률밀도함수를 이용하여 다음과 같이 계산된다.

$$MTTF = E(T) = \int_0^\infty tf(t)dt$$

그러나 시스템의 수명을 나타내는 확률변수 T는 항상 비음의 값을 취하므로 만일 $E(T)$가 존재한다면, 즉 $E(T) < \infty$이면 MTTF의 계산을 위한 보다 편리한 공식을 다음과 같이 유도할 수 있다.

$$\begin{aligned} E(T) &= \int_0^\infty tf(t)dt = \int_0^\infty td(-R(t)) \\ &= t(-R(t))|_0^\infty - \int_0^\infty (-R(t))dt \\ &= -\lim_{y\to\infty} yR(y) + \int_0^\infty R(t)dt \end{aligned}$$

두 번째 줄은 부분적분을 이용한 결과이다. $E(T) < \infty$인 경우에는

$$yR(y) = y\int_y^\infty f(t)dt < \int_y^\infty tf(t)dt$$

이 성립되고 $\lim_{y\to\infty}\int_y^\infty tf(t)dt = 0$이므로 $\lim_{y\to\infty} yR(y) = 0$이 된다. 따라서 확률변수 T가 비음의 값만을 취하는 경우에는 다음과 같은 유익한 공식이 얻어진다.

$$MTTF = E(T) = \int_0^\infty R(t)dt$$

예제 3.5

어느 시스템의 수명(단위: 연) T가 다음의 확률밀도함수를 갖는다고 하자.

$$f(t) = \begin{cases} \dfrac{2}{t^3}, & t \ge 1 \\ 0, & t < 1 \end{cases}$$

$E(T)$를 계산하기 위하여 다음과 같은 두 가지 방법을 사용할 수 있다.

i) 확률밀도함수 $f(t)$를 이용

$$E(T) = \int_1^\infty tf(t)dt = \int_1^\infty t\frac{2}{t^3}dt = \int_1^\infty \frac{2}{t^2}dt = \left.\frac{-2}{t}\right|_1^\infty = 2$$

ii) 신뢰도함수 $R(t)$를 이용

예제 3.2로부터 $R(t) = \dfrac{1}{t^2}$, $t \ge 1$이고 $R(t) = 1$, $0 \le t < 1$이므로

$$E(T) = \int_0^\infty R(t)dt = \int_0^1 1dt + \int_1^\infty \frac{1}{t^2}dt = 1 + \left.\frac{-1}{t}\right|_1^\infty = 1 + 1 = 2$$

예제 3.6

[$MTTF$가 존재하지 않는 경우] 다음과 같은 T의 확률밀도함수를 고려하자.

$$f(t) = \begin{cases} \frac{1}{t^2}, & t \geq 1 \\ 0, & t < 1 \end{cases}$$

이 경우 $\int_1^\infty f(t)dt = 1$이고 모든 t에 대하여 $f(t) \geq 0$을 만족하므로 확률 밀도함수의 조건을 만족하나 $E(T) = \int_1^\infty t\frac{1}{t^2}dt = \int_1^\infty \frac{1}{t}dt = \infty$이므로 MTTF가 존재하지 않는다.

3.4.2 백분위수(percentile 또는 fractile)

시스템의 수명분포가 알려지게 되면 적률이나 백분위수에 대한 계산이 가능해진다. 이러한 척도는 수명분포 자체보다는 수명에 대하여 적은 정보를 제공하지만 수명분포의 전체적인 패턴을 요약하는 매우 유익한 대푯값이다.

수명분포와 함께 수명분포의 중심을 나타내는 또 다른 정량적인 척도에는 중앙값(median)과 최빈값(mode)이 있다. 이중 최빈값은 확률밀도함수가 최댓값을 취하는 시점을 나타내며 중앙값은 확률밀도함수의 면적을 정확하게 양분하는 시점을 나타낸다. 즉 $R(t) = 0.5$를 만족하는 t의 값이 분포의 중앙값이다.

확률밀도함수, 신뢰도함수 및 불 신뢰도함수를 각각 $f(t)$, $R(t)$ 및 $F(t)$로 표시하면 $100p$ 백분위수($100p$th percentile 또는 pth fractile)는 다음의 두 식을 만족하는 t의 값으로 정의되며 t_p로 나타낸다. 단 $0 < p < 1$이다.

$$P(T \leq t) \geq p, \ P(T \geq t) \geq 1-p$$

만일 T가 연속확률변수이면 위의 두 식은

$$p \leq F(t) \leq p + P(T=t) = p$$

이 되며, 따라서 $F(t_p) = p$ 또는 $R(t_p) = 1-p$이 성립된다. [그림 3.5]는 확률밀도함수와 $100p$백분위수의 관계를 보여 준다.

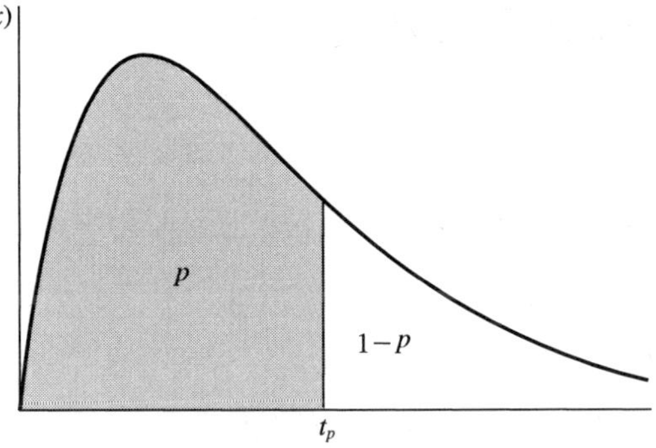

그림 3.5 확률밀도함수와 $100p$ 백분위수

예제 3.7

어느 부품의 수명분포는 다음과 같은 확률밀도함수를 가진다(단위: 시간).

$$f(t)=\begin{cases}\frac{1}{100}e^{-\frac{t}{100}}, & t\geq 0\\ 0, & t<0\end{cases}$$

이 경우 $R(t)=e^{-\frac{t}{100}}$, $t\geq 0$이 얻어지며, 따라서 $100p$ 백분위수는 다음과 같이 계산된다.

$$R(t_p)=e^{-\frac{t}{100}}=1-p$$

이 식을 t에 대해서 풀면 t_p는 다음과 같이 얻어진다.

$$t_p=-100\ln(1-p)$$

이를 이용하면 $t_{0.5}=69.3$, $t_{0.9}=230.26$ 등이 얻어진다. 이 값은 이 부품의 50%는 69.3시간 이내에, 90%는 230.26시간 이내에 고장 날 것으로 기대된다는 것을 의미한다.

3.5 분포의 비모수적 분류

확률분포의 모수적 분류는 확률밀도함수나 누적분포 함수의 형태에 의하여 이루어지는데 비하여 수명분포의 비모수적 분류는 수명분포를 특징지어 주는 신뢰도함수, 고장률함수나 평균잔여수명함수 등 여러 가지 척도함수들의 단조성(monotonicity) 또는 기타 성질에 의하여 분포의 형태와는 무관하게 수명분포를 여러 개의 그룹으로 구분하는 것이다. 비모수적 분류에서는 시스템의 노화(aging)가 성능 변화에 미치는 영향을 고려한 노화와 성능의 상호관계에 의하여 수명분포를 분류하는 것이 일반적으로, 연구자들에 의하여 많은 분류가 이루어져 있으나, 이 책에서는 그 중에서 현재 많이 활용되고 있는 일부 분류만을 고려하겠다.

3.5.1 비모수적 군

(1) 고장률함수 $h(t)$에 의한 분류

만일 $h(t)$가 $t \geq 0$의 비 감소함수이면 수명분포 F는 IFR(Increasing Failure Rate)에 속한다고 하고, 만일 $h(t)$가 $t \geq 0$의 비 증가함수이면 수명분포 F는 DFR(Decreasing Failure Rate)에 속한다고 한다. 그러나 이 정의는 불신뢰도함수 $F(t)$가 미분 불가능이면 적용되지 않는다. 따라서 보다 일반적인 정의는 다음과 같다. 만일 $F(0)=0$이고 모든 $0 \leq s \leq \infty$와 $t>0$에 대하여 $\dfrac{R(s+t)}{R(s)}$가 s의 비 증가(감소) 함수이면 F는 IFR(DFR)에 속한다.

(2) 누적고장률함수 $H(t)$에 의한 분류

누적고장률함수는 3.2.2절에서 정의하였다. 만일 $F(0)=0$이고 평균고장률 $\overline{H}(t)=\dfrac{1}{t}H(t)=\dfrac{1}{t}\displaystyle\int_0^t h(u)du$이 $t \geq 0$의 비 감소함수이면 수명분포 F는 IFRA(Increasing Failure Rate Average)에 속한다고 하고, 만일 $\overline{H}(t)$가 $t \geq 0$의 비 증가함수이면 수명분포 F는 DFRA(Decreasing Failure Rate Average)에 속한다고 한다. F가 미분 가능하지 않을 때에도 적용되는 보다 일반적인 정의는 다음과 같다. 만일 $F(0)=0$이고 $-\dfrac{1}{t}lnR(t)$가 비 감소(증가) 함수이면 F는 IFRA(DFRA)에 속한다.

IFRA는 IFR보다 큰 군으로서 만일 수명분포가 IFRA에 속하는 독립적인 부품들로 구성된 대부분의 시스템의 수명도 IFRA에 속한다. 그러나 이러한 성질은 IFR 군에는 적용되지 않는다.

(3) 평균잔여수명함수 $m(t)$에 의한 분류

a) 만일 $m(t)$가 $t \geq 0$의 비 증가함수이면 수명분포 F는 DMRL(Decreasing Mean Residual Life)에 속한다고 하고, $m(t)$가 $t \geq 0$의 비 감소함수이면 F는 IMRL(Increasing Mean Residual Life)에 속한다고 한다.

b) $\mu = E(T)$가 존재한다고 하자. 만일 모든 $t \geq 0$에 대하여

$$\int_t^{\infty} R(u)du \leq \mu R(t)$$

이 성립되면 F는 NBUE(New Better than Used in Expectation)에 속한다고 하고, 식의 부등식이 반대로 되면 NWUE(New Worse than Used in Expectation)에 속한다고 한다. 만일 F가 NBUE이면 나이 t의 중고 시스템의 평균잔여수명이 새로운 시스템의 평균수명보다 적다는 것을 의미한다.

c) $\mu = E(T)$가 존재한다고 하자. 만일 모든 $t \geq 0$에 대하여

$$\int_t^{\infty} R(u)du \leq \mu e^{-\frac{t}{\mu}}$$

이 성립되면 F는 HNBUE(Harmonic New Better than Used in Expectation)에 속한다고 하고, 식의 부등식이 반대로 되면 HNWUE(Harmonic New Worse than Used in Expectation)에 속한다고 한다.

(4) 신뢰도함수에 의한 분류

a) 모든 $s \geq 0$과 $t \geq 0$에 대하여 만일

$$R(s+t) \leq R(s)R(t)$$

이 성립되면 F는 NBU(New Better than Used)에 속한다고 하며, 식의 부등식이 반대로 되면 F는 NWU(New Worse than Used)에 속한다고 한다. 만일 F가 NBU이면 중고 시스템의 신뢰도는 나이에 관계없이 새로운 시스템의 신뢰도

에 비하여 적다는 것을 의미한다.

b) 고정된 $t_0 \geq 0$ 와 모든 $t \geq 0$에 대하여 만일

$$R(t+t_0) \leq R(t)R(t_0)$$

이 성립되면 F는 NBU$-t_0$(New Better than Used of age t_0)에 속한다고 하며, 식의 부등식이 반대로 되면 F는 NWU$-t_0$(New Worse than Used of age t_0)에 속한다고 한다. 만일 F가 NBU$-t_0$이면 나이 t_0의 중고 시스템의 신뢰도는 새로운 시스템의 신뢰도에 비하여 적다는 것을 의미한다.

3.5.2 비모수적 군들의 상호관계

위에서 정의된 수명분포들의 비모수적 군은 상호 간에 다음과 같은 관계를 갖는다.

IFR → IFRA → NBU → NBUE → HNBUE

DFR → DFRA → NWU → NWUE → HNWUE

IFR → DMRL → NBUE

DFR → IMRL → NWUE

NBU → NBU$-t_0$

NWU → NWU$-t_0$

연습 문제

1. 시스템의 수명을 나타내는 확률변수 T의 확률밀도함수가 다음과 같다.

$$f(t)=\begin{cases}\dfrac{1}{2}e^{-\frac{1}{2}t}, & 0 \le t < \infty \\ 0 & t < 0\end{cases}$$

① 신뢰도함수 $R(t)$를 구하여라.

② 시스템의 고장률은 얼마인가?

③ 시스템의 평균잔여수명은 얼마인가?

④ 시스템의 5% 백분위수는 얼마인가?

⑤ $P(T \le 5 \mid T > 2)$을 계산하여라.

2. 연속확률변수 T가 다음과 같은 확률밀도함수를 가진다.

$$f(t)=\begin{cases}\dfrac{1}{\theta}e^{-\frac{1}{\theta}(t-\delta)}, & 0 \le t < \infty, \theta > 0, \delta > 0 \\ 0, & t < 0\end{cases}$$

① T의 기댓값을 구하여라.

② 신뢰도함수 $R(t)$를 구하여라.

3. 어느 전자부품의 수명(단위: 월)에 대한 불신뢰도함수가 다음과 같이 주어져 있다.

$$F(t)=\begin{cases}\dfrac{t^3}{216}, & 0 \le t < 6 \\ 1, & t \ge 6\end{cases}$$

① 이 부품의 고장률함수를 구하여라.

② $MTTF$를 구하라.

③ 4개월 동안 사용한 부품의 신뢰도는 얼마인가?

4. 역 공식 $R(t) = e^{-\int_0^t h(u)\,du}$ 에 대한 다음의 설명 중 올바른 것을 골라라. 여기에서 $h(\bullet)$는 고장률함수, $R(\bullet)$은 신뢰도함수를 나타낸다.

① 지수분포의 경우에만 성립한다.

② 와이블분포의 경우에만 성립한다.

③ 모든 연속수명분포에 대해서 성립한다.

④ IFR 수명분포에 대해서만 성립한다.

5. 3년 동안 가동된 어떤 시스템의 신뢰도가 0.8이다. 즉 $R(3) = 0.8$이다. 다음의 설명 중 올바르게 설명한 것을 골라라.

① 이 시스템이 3년 이내에 고장 날 확률은 0.8이다.

② 이 시스템이 3년 동안 고장이 없을 확률은 0.8이다.

③ 10개의 이러한 시스템 중에서 8개는 3년 이내에 고장이 발생한다.

④ 10개의 이러한 시스템 중에서 8개는 3년 동안 고장이 없다.

6. 부품의 고장률에 관한 다음의 설명 중 틀린 것을 찾아라.

① 고장률은 부품의 고장이 발생하는 확률이다.

② 고장률은 항상 0과 1 사이의 값을 취한다.

③ 고장률을 알면 부품의 신뢰도를 계산할 수 있다.

④ 고장률을 알아도 부품의 신뢰도를 계산할 수 없다.

7. 다음의 내용 중 올바른 것은 무엇인가?

① IFR인 부품의 고장률은 항상 사용시간의 증가함수이다.

② IFR 부품의 신뢰도는 항상 사용시간의 증가함수이다.

③ 모든 부품의 신뢰도는 항상 사용시간의 증가함수이다.

④ 모든 부품의 $MTTF$는 고장률의 증가함수이다.

8. 어느 시스템의 신뢰도함수가

① $R(t) = \frac{1}{2}e^{-\frac{1}{2}t} + \frac{1}{2}e^{-\frac{1}{3}t}$ 일 때 시스템의 $MTTF$를 구하라.

② 시스템의 고장률함수를 구하고 $t = 1$일 때의 고장률을 구하라.

③ 시스템의 수명은 IFR에 속하는가? 또는 DFR에 속하는가?

9. 확률변수 X의 불신뢰도함수가 다음과 같이 주어져 있다.

$$F(x) = \begin{cases} 0 & x < 1 \\ \dfrac{\ln x}{\ln 5} & 1 \le x \le 5 \\ 1 & x > 5 \end{cases}$$

① X의 확률밀도함수 $f(x)$를 구하라.

② $100p$ 백분위수 $t_p = 5^p$, $0 < p < 1$임을 보이고, 특히 중위수가 $t_{0.5} = 5^{1/2} t_{0.5} = 5^{1/2} = 2.236$임을 확인하여라.

③ X의 k-차 적률 $\mu_k = \dfrac{5^k - 1}{k \ln 5}$임을 보이고, 이를 이용하여 X에 대한 평균과 표준편차를 구하라.

10. 연속확률변수 T의 고장률함수 $h(t)$가 다음과 같이 주어져 있다.

$$h(t) = 3\lambda^3 t^2,\ t \ge 0$$

역 공식을 이용하여 대응되는 신뢰도함수를 구하고 무슨 분포인지를 모수의 값과 함께 확인하여라.

11. 어떤 부품의 수명은 $MTTF$가 5년이고 지수분포를 따른다고 알려져 있다.

① 이 부품이 앞으로 2년 동안 고장이 없을 확률을 구하여라.

② 이 부품의 수명에 대한 0.75 백분위수를 구하여라.

12. 일정한 고장률을 가지는 어떤 기계시설이 100시간 이상을 고장 없이 사용할 수 있는 확률이 0.95가 되게 하려면 고장률은 얼마가 되어야 하는가?

13. 어떤 전기제품의 수명 T의 신뢰도함수가 다음과 같이 주어져 있다.

$$R(t) = e^{-\frac{1}{2}t}\left(1 + \frac{1}{2}t\right),\ t \ge 0$$

① 제품의 고장률함수를 구하라

② 이 제품의 수명이 IFR에 속하는지, 또는 DFR에 속하는지를 판별하고 그 이유를 설명하라.

③ $P(T\geq 3 \mid T\geq 2)$을 계산하여라.

14. 어떤 부품의 신뢰도함수가 다음과 같다.

$$R(t)=e^{-\left(\frac{t}{10}\right)^3},\ t\geq 0$$

① 부품의 고장률함수를 구하라.

② 이 부품의 $MTTF$는 얼마인가?

③ 이러한 부품 5개를 이용하여 다음과 같은 직렬시스템이 만들어졌다고 하자.

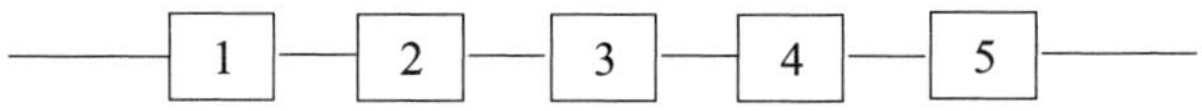

i) 직렬시스템의 수명에 대한 신뢰도함수를 구하여라.

ii) 직렬시스템의 $MTTF$를 구하여라.

15. 다음과 같은 신뢰도함수가 주어져 있다.

$$R(t)=e^{-t}+te^{-t}+\frac{1}{2}t^2e^{-t},\ t\geq 0$$

① 고장률함수를 구하라.

② $P(1\leq T\leq 4 \mid T\geq 2)$을 계산하여라.

③ 분포가 IFR에 속하는지, DFR에 속하는지, 또는 다른 형태인지를 판별하고 그 이유를 설명하여라.

16. 각각의 불 신뢰도함수가 $F_1(t)=1-e^{-\lambda_1 t}$ 와 $F_2(t)=1-e^{-\lambda_2 t}$인 서로 독립인 두 부품이 병렬로 연결된 시스템의 신뢰도함수는 $R(t)=1-(1-e^{-\lambda_1 t})(1-e^{-\lambda_2 t})$이 됨을 보이고, 고장률함수

$$h(t)=\frac{\lambda_1 e^{-\lambda_1 t}+\lambda_2 e^{-\lambda_2 t}-(\lambda_1+\lambda_2)e^{-(\lambda_1+\lambda_2)t}}{e^{-\lambda_1 t}+e^{-\lambda_2 t}-e^{-(\lambda_1+\lambda_2)t}}$$

는 $[0, t_0)$에서 증가하고, $[t_0, \infty)$에서 감소함을 보여라. 단 t_0는 λ_1과 λ_2에 종속되는 상수이다.

17. 만일 어느 시스템의 고장률과 수리율이 각각 상수인 λ와 μ라고 할 때 이 시스템의 극한 가용도는 $A = \frac{\mu}{\lambda + \mu}$임을 증명하여라.

18. 수명분포가 IFR에 속하면 또한 $IFRA$에도 속하는 것을 증명하라. 즉 IFR은 $IFRA$의 부분집합이다.

19. 수명분포가 IFR에 속하면 또한 NBU에도 속하는 것을 증명하라. 즉 IFR은 NBU의 부분집합이다.

20. 신뢰도함수가 $R(t) = \frac{\exp(-\delta t^2/2)}{(1+\beta t)^{\theta/\beta}}$일 때 고장률함수는 $h(t) = \delta t + \frac{\theta}{1+\beta t}$임을 보이고 다음을 증명하여라.

① $\delta = 0$이면 DFR

② $\delta \geq \theta\beta$이면 IFR

③ $\delta = \beta = 0$이면 고장률은 상수

4장

모수적 추정방법

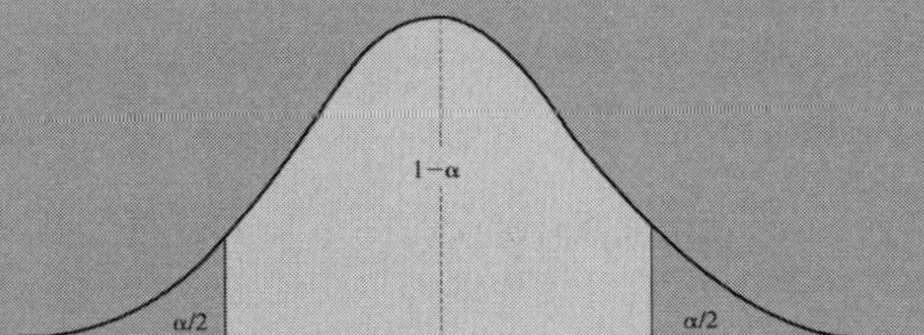

신뢰성분석을 위해서는 이 책에서 소개되는 주요 수명분포의 모수에 대한 추정이 필수적으로 요구된다. 이러한 목적을 위하여 이 장에서는 일반적으로 많이 사용되는 최대우도 추정방법에 대하여 자세하게 설명한다. 또한 분포이론의 가장 중요한 위치를 차지하고 있는 정규분포와 대표본인 경우에 표본평균의 분포를 결정해 주는 중심극한정리(central limit theorem)에 대하여도 깊이 있게 다룬다.

4.1절에서는 정규분포에 대하여 살펴보고 4.2절에서는 정규분포를 실제의 경우에 광범위하게 응용할 수 있도록 하는 가장 중요한 정리 중의 하나인 중심극한정리(central limit theorem)를 소개한다. 4.3절에서는 평균잔여수명함수을 구하는 방법을 예제와 함께 제시한다. 모수적 추정방법 중에서 가장 일반적으로 사용되는 것은 최대우도 추정방법으로, 여기에서 얻어지는 추정량은 충분통계량(sufficient statistics)의 함수이며, 불변성(invariance)을 가진다. 또한 평균잔여수명함수은 대표본의 경우 많은 바람직한 성질들을 가진다는 것이 잘 알려져 있다. 4.4절에서는 표본평균의 분포와 모평균의 점추정과 구간추정의 유도과정을 기술한다.

4.1 정규분포의 정의와 성질

통계학에서 다루어지는 가장 중요한 연속확률분포는 정규분포(normal distribution)이며, 정규곡선으로 불리는 정규분포의 확률밀도함수 그래프는 대칭인 종형곡선으로 광범위한 분야에서 생기는 많은 현상을 근사적으로 묘사한다는 것이 잘 알려져 있다. 예를 들면 어느 장소의 온도, 전국적인 시험의 성적, 어느 베어링의 직경 등은 정규분포에 의하여 충분히 설명되며, 또한 측정값의 오차도 정규분포에 의하여 매우 잘 설명된다. 1733년에 Abraham DeMoivre는 정규곡선의 수학적 방정식을 개발하였으며, 그 이후 Karl Friedrich Gauss도 같은 개체에 대한 반복적인 측정에서의 오차에 대한 연구로부터 같은 방정식을 유도하였는데, 이를 정규분포 또는 가우스분포라고 부르기도 한다.

정규분포는 평균 μ와 표준편차 σ에 의하여 특정지어지는 연속확률분포로서 확률밀도함수는 다음과 같이 정의된다.

$$f(t) = \frac{1}{\sqrt{2\pi}\,\sigma} e^{-\frac{1}{2\sigma^2}(t-\mu)^2}, \quad -\infty < \mu < \infty, \sigma > 0, -\infty < t < \infty$$

이러한 확률밀도함수를 가지는 확률변수 T는 $T \sim N(\mu, \sigma^2)$으로 표시하며 여기에서 μ는 위치모수(location parameter), σ는 형상모수(shape parameter)로서 μ는 정규곡선의 대칭점의 위치를 나타내고 σ는 정규곡선의 모양을 결정한다. [그림 4.1]은 $\mu = 0$, $\sigma = 1, 2, 3$인 경우의 정규곡선을 보여 준다.

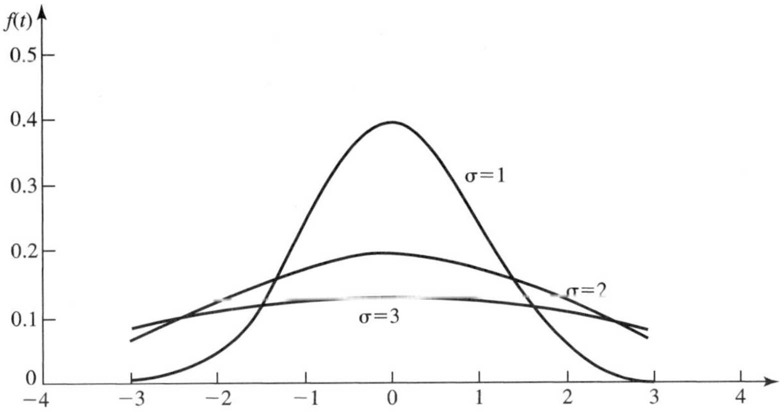

그림 4.1 $\mu = 0$이고 $\sigma = 1, 2, 3$인 경우의 정규곡선

$N(\mu, \sigma^2)$의 정규곡선은 다음과 같은 특성을 가진다.

i) 곡선의 최빈값(mode)은 $t = \mu$이다.
ii) 정규곡선은 $t = \mu$을 중심으로 대칭이다.
iii) 정규곡선은 $\mu \pm \sigma$에서 변곡점을 가지며 $\mu - \sigma < t < \mu + \sigma$에서 아래로 오목, 그 이외에는 위로 오목한 모양을 가진다.
iv) t의 값이 $\pm\infty$에 접근하면 곡선은 0에 수렴한다.
v) μ와 σ는 각각 해당 확률변수의 평균과 표준편차를 나타낸다.

$T \sim N(\mu, \sigma^2)$를 가정하고 다음과 같은 변수변환을 고려한다. 즉

$$Z = \frac{T - \mu}{\sigma}$$

으로 변환하면 이 확률변수 Z는 표준정규분포를 따르며 $Z \sim N(0, 1)$로 표시한다. 이 경우 Z의 확률밀도함수 $\phi(z)$와 누적분포함수 $\Phi(z)$는 각각 다음과 같다.

$$\phi(z) = \frac{1}{\sqrt{2\pi}} e^{-\frac{1}{2}z^2}, \quad -\infty < z < \infty$$

$$\Phi(z) = \int_{-\infty}^{z} \phi(u)du$$

부록의 〈표 1〉에 $-3.4 \le z \le 3.4$에 대한 $\Phi(z)$의 값이 주어져 있으며 $N(\mu, \sigma^2)$을 따르는 정규 확률변수 T에 대한 확률계산에 이용된다. 만일 $T \sim N(\mu, \sigma^2)$이면 두 실수 $a < b$에 대하여

$$P(a < T < b) = \int_a^b \frac{1}{\sqrt{2\pi}\,\sigma} e^{-\frac{1}{2\sigma^2}(t-\mu)^2} dt$$

에 의하여 계산되나 표준 정규 확률변수로의 변수변환과 $\Phi(z)$의 표를 이용하여 다음과 같이 T의 확률을 계산한다. 즉

$$\begin{aligned} P(a < T < b) &= P\left(\frac{a-\mu}{\sigma} < \frac{T-\mu}{\sigma} < \frac{b-\mu}{\sigma}\right) \\ &= P\left(\frac{a-\mu}{\sigma} < Z < \frac{b-\mu}{\sigma}\right) \\ &= \Phi\left(\frac{b-\mu}{\sigma}\right) - \Phi\left(\frac{a-\mu}{\sigma}\right) \end{aligned}$$

이 된다.

예제 4.1

어느 시험성적의 평균이 74점이고 표준편차가 6인 정규분포를 따른다고 할 때 전체의 몇 %가 62점과 83점 사이에 있는지를 구하라.

풀이 어느 학생의 성적을 T라고 하면 $T \sim N(\mu = 74, \sigma^2 = 36)$이다.

$$\begin{aligned} P(62 \le T \le 83) &= \Phi\left(\frac{83-74}{6}\right) - \Phi\left(\frac{62-74}{6}\right) \\ &= \Phi(1.5) - \Phi(-2) \\ &= 0.8849 - 0.0228 = 0.8621 \end{aligned}$$

참고로 정규분포에 관한 다음과 같은 기본성질을 증명 없이 나열한다. 자세한 증명을 위해서는 일반 통계학 책을 참고하기 바란다.

i) $T \sim N(\mu, \sigma^2)$이면 상수 a와 b에 대하여 $aT+b \sim N(a\mu+b.\, a^2\sigma^2)$

ii) $T \sim N(\mu, \sigma^2)$이면 T의 적률생성함수는 다음과 같다.

$$M_T(t) = e^{\mu t + \frac{1}{2}\sigma^2 t^2}$$

iii) $T_1 \sim N(\mu_1, \sigma_1^2)$와 $T_2 \sim N(\mu_2, \sigma_2^2)$이고 T_1과 T_2가 서로 독립이면 상수 a_1, a_2에 대하여 $a_1T_1 + a_2T_2 \sim N(a_1\mu_1 + a_2\mu_2,\, a_1^2\sigma_1^2 + a_2^2\sigma_2^2)$과 $a_1T_1 - a_2T_2 \sim N(a_1\mu_1 - a_2\mu_2, a_1^2\sigma_1^2 + a_2^2\sigma_2^2)$이 성립된다.

4.2 중심극한정리

통계학의 표본분포에서 가장 중요한 정리 중의 하나는 중심극한정리이다. 이 정리는 정규분포가 아닌 모집단으로부터 관찰된 표본에 의하여 추정된 경우에도 표본평균의 분포는 표본의 크기가 커짐에 따라 근사적으로 정규분포를 따른다는 정리로서 통계학의 발전에 결정적인 기여를 하고 있다.

4.2.1 중심극한정리(central limit theorem)

중심극한정리 평균이 μ이고 분산이 σ^2인 모집단으로부터 추출된 n개의 표본을 $X_1, \cdots, X_n$ 으로 표시하고 표본평균을 $\overline{X} = \frac{1}{n}\sum_{i=1}^{n} X_i$라고 하자. 이 경우 $n \to \infty$ 이면 확률분포에 관계없이

$$\frac{\overline{X} - \mu}{\sigma / \sqrt{n}} = \frac{\sum_{i=1}^{n} X_i - n\mu}{\sqrt{n}\,\sigma}$$

의 분포가 $N(0,1)$에 접근한다. ●

그러나 만일 모집단의 분포가 평균이 μ이고 분산이 σ^2인 정규분포를 따른다면 모든 $n \geq 1$에 대하여 $\dfrac{\overline{X}-\mu}{\sigma/\sqrt{n}} \sim N(0,1)$이 성립된다. 즉 $X_1, \cdots, X_n$이 $N(\mu, \sigma^2)$에서 추출된 표본이면 $\overline{X} \sim N\left(\mu, \dfrac{\sigma^2}{n}\right)$이 성립된다.

일반적으로 표본의 크기가 30개 이상이면 모집단의 분포에 관계없이 $\overline{X}$의 분포가 정규분포에 매우 근사하나 만일 표본의 크기가 30개 미만인 경우에는 모집단의 분포가 정규분포와 비슷한 경우에만 $\overline{X}$의 분포가 정규분포에 가깝다는 것이 알려져 있다. 따라서 표본의 크기가 30개 이상인 경우에는 모집단의 분포에 관계없이 $\overline{X}$에 대한 확률을 근사적으로 계산하기 위하여 $N(0,1)$를 이용한다.

예제 4.2

어느 전기회사에서 생산하는 형광등의 수명은 평균이 800시간이고 표준편차가 40시간으로 알려져 있다. 임으로 선택된 이러한 형광등 36개의 평균수명이 780시간보다 크고 810시간보다 적을 확률을 구하라.

풀이 모집단의 분포를 모르더라도 표본의 크기가 30보다 크므로 중심극한 정리를 이용하는 것이 가능하다. $\overline{X}$를 36개의 형광등의 평균수명이라고 하면

$$\begin{aligned} P(780 \leq \overline{X} \leq 810) &= P\left(\frac{780-800}{40/\sqrt{36}} \leq \frac{\overline{X}-\mu}{\sigma/\sqrt{n}} \leq \frac{810-800}{40/\sqrt{36}}\right) \\ &= P(-3.0 \leq Z \leq 1.5) \\ &= \Phi(1.5) - \Phi(-3.0) \\ &= 0.9332 - 0.0013 = 0.9319 \end{aligned}$$

4.2.2 이항분포의 정규근사

확률변수 X가 다음과 같은 확률밀도함수를 가지는 이항분포를 따른다고 하자.

$$\begin{aligned} f(x) &= P(X=x) \\ &= \binom{n}{x} p^x (1-p)^{n-x}, \ x = 0, 1, \cdots, n \end{aligned}$$

이 경우 $X \sim b(n,p)$로 표시한다. 만일 n이 충분히 크면 중심극한정리에 의하여 이항분포는 다음과 같이 표준정규분포에 의하여 근사될 수 있다. 즉 $n \to \infty$ 이면

$$\frac{X-np}{\sqrt{np(1-p)}}$$

은 근사적으로 $N(0,1)$를 따른다. 여기에서 np와 $np(1-p)$는 각각 X의 평균과 분산이다.

이항분포는 이산분포인데 비하여 정규분포는 연속확률분포이다. 따라서 이항분포를 정규분포에 의하여 근사시킬 때보다 정확한 근삿값을 구하기 위해서 연속성 수정(continuity correction)을 사용하는 것이 보통이다. 이 경우에는 이항분포의 확률에 대한 근삿값을 정규분포를 이용하여 다음과 같이 계산한다. 즉 만일 $X \sim b(n,p)$이고 $a < b$를 각각 정수라고 하면

$$\begin{aligned} P(a \le X \le b) &= P(a-0.5 < X < b+0.5) \\ &= P\left(\frac{a-0.5-np}{\sqrt{np(1-p)}} < Z < \frac{b+0.5-np}{\sqrt{np(1-p)}}\right) \\ &= \Phi\left(\frac{b+0.5-np}{\sqrt{np(1-p)}}\right) - \Phi\left(\frac{a-0.5-np}{\sqrt{np(1-p)}}\right) \end{aligned}$$

에 의하여 계산될 수 있다.

예제 4.3

어느 생산 공정은 약 10%의 불량품을 생산하는 것으로 알려져 있다. 이 공정에서 생산된 100개의 제품 중에서 불량품이 8개 이상이고 13개 미만일 확률을 구하라.

풀이 100개의 제품에 있는 불량품의 개수를 X라고 하면 $X \sim b(n=100, p=0.1)$이다. 따라서 $np = 100(0.1) = 10$, $np(1-p) = 100(0.1)(0.9) = 9$이다. $n = 100$이 충분히 크므로 정규분포를 이용하여 다음과 같이 이항확률을 구한다.

$$\begin{aligned} P(8 \le X < 13) = P(8 \le X \le 12) &= P(7.5 < X < 12.5) \\ &= \Phi\left(\frac{12.5-10}{\sqrt{9}}\right) - \Phi\left(\frac{7.5-10}{\sqrt{9}}\right) \\ &= \Phi(0.83) - \Phi(-0.83) \\ &= 0.7967 - 0.2033 = 0.5934 \end{aligned}$$

일반적으로 p의 값이 0이나 1에 매우 가까우면 일반적으로 정규근사를 사용하지 않으며 np와 $n(1-p)$의 값이 각각 5보다 같거나 큰 경우에는 이항분포의 정규근사는 매우 효과적인 것으로 알려져 있다. 따라서 p의 값이 0.5 근처이면 n의 값이 적더라도 이항확률에 대한 정규근사는 비교적 정확하다.

4.3 최대우도추정량

주어진 모집단의 분포에 대한 함수의 형태가 알려진 경우에는 모수값이 결정되면 그 분포가 완전히 결정된다. 이러한 경우에 모수를 추정하는 모수적 추정방법에는 여러 가지가 알려져 있으나, 그 중에서 최대우도 추정방법은 통계적으로 여러 가지 바람직한 성질들을 만족한다는 것이 증명되어 있으며 일반적으로 모수들의 점추정에 가장 많이 사용된다. 이 절에서는 일반적인 최대우도 추정방법을 소개하고 예제를 통하여 몇 가지 분포의 모수에 대한 평균잔여수명함수을 구해 본다.

확률밀도함수 $f(t)$를 가지는 모집단으로부터 서로 독립적인 관측값 $t_1, t_2, \cdots, t_n$이 얻어졌다고 하고, $f(t)$의 모수를 θ로 표시하자. θ는 벡터일 수도 있다. 여기에서 $f(t)$의 형태는 알려져 있으나 θ의 값은 알려져 있지 않은 경우로서 모집단으로부터 추출된 n개의 표본을 이용하여 추정되어야 한다. θ의 우도함수(maximum likelihood function)는 다음과 같이 정의된다.

$$L(\theta) = f(t_1, \theta) f(t_2, \theta) \cdots f(t_n, \theta)$$

즉 θ의 우도함수 L은 $t_1, t_2, \cdots, t_n$이 주어졌을 때 θ의 함수로 표현되며 이 함수를 최대로 하는 θ의 값을 최대우도추정량으로 정의하며, θ의 MLE(Maximum Likelihood Estimator)라고 부른다. 실제로 θ의 MLE를 구할 때에는 $\ln L(\theta)$가 $L(\theta)$의 단조 증가함수인 성질을 이용하여 $L(\theta)$ 대신에 $\ln L(\theta)$를 최대로 하는 θ의 값을 구하는 것이 일반적이다.

예제 4.4

관측값 $t_1, t_2, \cdots, t_n$이 다음의 확률밀도함수를 가지는 연속확률분포로부터의 표본일 때 모수 λ의 MLE를 구해 보자.

$$f(t;\lambda) = \lambda e^{-\lambda t},\ t \geq 0$$

풀이 이 경우 λ의 우도함수는

$$L(\lambda) = \lambda e^{-\lambda t_1} \lambda e^{-\lambda t_2} \cdots \lambda e^{-\lambda t_n}$$

로 표시되며 $L(\lambda)$를 최대로 하는 λ의 값을 구하기 위하여 양변에 대수함수를 취한다.

$$\ln L(\lambda) = n ln \lambda - \lambda \sum_{i=1}^{n} t_i$$

양변을 λ에 대하여 미분하고 0으로 놓으면

$$\frac{\partial\, L(\lambda)}{\partial\, \lambda} = \frac{n}{\lambda} - \sum_{i=1}^{n} t_i = 0$$

이 되고, 이 방정식을 λ에 대해서 풀면 λ의 MLE는 다음과 같이 얻어진다.

$$\hat{\lambda} = \frac{n}{\sum_{i=1}^{n} t_i}$$

최대우도추정량(MLE) 주어진 관측값에 대하여 우도함수를 최대로 하는 모수의 값으로 그러한 관측값이 발생할 가능성을 가장 크게 하는 통계량이다. ●

예제 4.5

관측값 $t_1, t_2, \cdots, t_n$이 $N(\mu, \sigma^2 = 1)$로부터 추출된 표본일 때 μ의 MLE는 다음과 같이 구해진다. 먼저 μ의 우도함수는 다음과 같다.

$$\begin{aligned} L(\mu) &= \prod_{i=1}^{n} \frac{1}{\sqrt{2\pi}} e^{-\frac{1}{2}(t_i - \mu)^2} \\ &= \left(\frac{1}{\sqrt{2\pi}}\right)^n e^{-\frac{1}{2}\sum_{i=1}^{n}(t_i - \mu)^2} \end{aligned}$$

양변에 대수함수를 취하면

$$\ln L(\mu) = n\ln\left(\frac{1}{\sqrt{2\pi}}\right) - \frac{1}{2}\sum_{i=1}^{n}(t_i-\mu)^2$$

이 된다. μ에 대하여 양변을 미분하고 0으로 놓으면

$$\frac{\partial \ln L(\mu)}{\partial \mu} = -\frac{1}{2}\times 2\sum_{i=1}^{n}(t_i-\mu)(-1) = \sum_{i=1}^{n}(t_i-\mu) = 0$$

을 얻는다. 이 방정식을 μ에 대해서 풀면 μ의 MLE는 다음과 같다.

$$\hat{\mu} = \frac{1}{n}\sum_{i=1}^{n} t_i = \bar{t}$$

MLE를 구하기 위해서는 우도함수의 대수함수를 미분하여 구하는 것이 보통이나 아래의 예제 4.6에서와 같이 다른 방법으로 MLE를 구해야 하는 경우도 있다.

예제 4.6

모집단의 확률밀도함수가

$$f(t) = \begin{cases} \dfrac{1}{\theta}, & 0 \le t \le \theta \\ 0, & \text{기타} \end{cases}$$

이고 관측값을 $t_1, t_2, \cdots, t_n$이라고 하자. 이 경우 θ의 우도함수는

$$L(\theta) = \left(\frac{1}{\theta}\right)^n, \ 0 < t_i \le \theta, \ i = 1, \cdots n$$

이고 이 함수의 최댓값은 미분에 의하여 구해질 수 없다. 그러나 $L(\theta)$는 θ의 값을 가능한 한 가장 작게 취하였을 때 최대가 되며, 따라서 θ의 MLE는

$$\hat{\theta} = \max t_i$$

가 된다.

4.4 모평균의 구간추정

모집단의 확률분포가 모수 θ에 의하여 결정되어지는 모수적 통계이론에서 θ에 대한 모수적 추정방법으로 점추정과 함께 가장 많이 사용되고 있는 것이 구간추정이다. 구간추정에는 신뢰구간(confidence interval), 허용구간(tolerance limit) 등이 사용되고 있으나 이 절에서는 신뢰구간의 의미와 유도방법에 대하여 간단하게 설명한다. 신뢰구간은 신뢰성 공학에서의 관심모수에 대한 추정방법으로 매우 유용하게 사용되고 있으며 여러 가지 형태의 고장자료에 의한 신뢰구간에 대해서는 이후의 장에서 자세하게 논의할 것이다.

모수 θ에 대한 신뢰구간은 $(\hat{\theta}_L, \hat{\theta}_U)$의 형태의 구간이며, 여기에서 $\hat{\theta}_L$과 $\hat{\theta}_U$는 추출된 표본으로부터 계산된 통계량 $\hat{\theta}_L$과 $\hat{\theta}_U$의 값이다. 통계량 $\hat{\theta}_L$과 $\hat{\theta}_U$은 일반적으로 모수 θ의 점추정의 표본 분포에 의하여 유도된 통계량으로, 미지의 값에 의존해서는 안 된다. 만일

$$P(\hat{\theta}_L < \theta < \hat{\theta}_U) = 1 - \alpha$$

이 성립되면 특정표본을 이용하여 계산된 구간 $(\hat{\theta}_L, \hat{\theta}_U)$이 θ의 참값을 포함하는 확률이 $1-\alpha$인 것을 의미하며, 이 경우 구간 $(\hat{\theta}_L, \hat{\theta}_U)$을 θ에 대한 $100(1-\alpha)\%$ 신뢰구간으로 정의하고 $1-\alpha$를 신뢰계수, $\hat{\theta}_L$과 $\hat{\theta}_U$는 각각 신뢰하한과 신뢰상한으로 부른다. 즉 $\alpha = 0.05$이면 95% 신뢰구간이 얻어지고 $\alpha = 0.1$이면 90% 신뢰구간이 유도된다.

4.4.1 정규분포의 모평균에 대한 신뢰구간

정규분포 $N(\mu, \sigma^2)$를 따르는 모집단으로부터 추출된 크기 n의 표본을 $X, \cdots, X_n$이라고 하고 $\overline{X} = \frac{1}{n}\sum_{i=1}^{n} X_i$를 표본평균이라고 하자. 이 경우 $\overline{X}$는 μ에 대한 MLE로서 가장 효과적인 점추정으로 알려져 있으며, 또한 $\overline{X}$의 표본분포는 평균이 μ이고 분산이 $\frac{\sigma^2}{n}$인 정규분포를 따른다. 따라서

이다.

$$\frac{\overline{X}-\mu}{\sigma/\sqrt{n}} \sim N(0,1)$$

μ에 대한 $100(1-\alpha)\%$ 신뢰구간을 유도하기 위하여 먼저 $z_{\alpha/2}$가 [그림 4.2]에서 보여 주는 것과 같이 $P(Z > z_{\alpha/2}) = \frac{\alpha}{2}$을 만족한다고 하자. 여기에서 $Z \sim N(0,1)$이며 정규곡선의 대칭성에 의하여 $P(Z \le -z_{\alpha/2}) = \frac{\alpha}{2}$을 만족한다. 따라서

$$\begin{aligned} 1-\alpha &= P(-z_{\alpha/2} < Z < z_{\alpha/2}) \\ &= P\left(-z_{\alpha/2} < \frac{\overline{X}-\mu}{\sigma/\sqrt{n}} < z_{\alpha/2}\right) \\ &= P\left(\overline{X} - z_{\alpha/2}\frac{\sigma}{\sqrt{n}} < \mu < \overline{X} + z_{\alpha/2}\frac{\sigma}{\sqrt{n}}\right) \end{aligned}$$

이 만족된다. 그러므로 만일 σ^2이 알려져 있으면 μ에 대한 $100(1-\alpha)\%$ 신뢰구간은 다음과 같다.

$$\left(\overline{X} - z_{\alpha/2}\frac{\sigma}{\sqrt{n}}, \overline{X} + z_{\alpha/2}\frac{\sigma}{\sqrt{n}}\right)$$

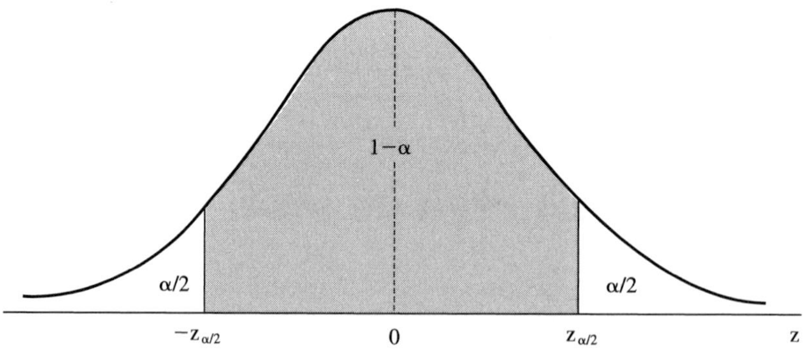

그림 4.2 $P(-z_{\alpha/2} < Z < z_{\alpha/2}) = 1-\alpha$

4.4.2 대표본인 경우의 모평균의 신뢰구간

평균이 μ이고 분산이 σ^2인 모집단으로부터 대표본이 추출된 경우에는 모집단의 분포에 관계없이 중심극한정리에 의하여 $\dfrac{\overline{X}-\mu}{\sigma/\sqrt{n}}$이 근사적으로 $N(0,1)$을 따른다. 따라서 4.4.1절에서와 마찬가지 방법으로 μ에 대한 $100(1-\alpha)\%$ 대표본 신뢰구간을 구할 수 있으며, σ^2이 알려져 있는 경우에는

$$\left(\overline{X}-z_{\alpha/2}\frac{\sigma}{\sqrt{n}},\ \overline{X}+z_{\alpha/2}\frac{\sigma}{\sqrt{n}}\right)$$

이고, 만일 σ^2을 모르는 경우에는 위의 식에서 σ 대신에 표본 표준편차 S를 대입한다. 여기에서 표본 표준편차 S는 다음과 같이 계산된다.

$$S=\sqrt{S^2}=\sqrt{\frac{1}{n-1}\sum_{i=1}^{n}(X_i-\overline{X})^2}$$

일반적으로 표본의 크기가 30 이상이면 대표본으로 간주하는 것이 보통이다. 또한 모집단의 분포에 따라 정확성에는 차이가 있으나 표본의 크기가 커질수록 신뢰구간의 정확도가 증가하는 것은 모집단의 분포에 관계없이 사실이다.

연습 문제

1. 표준정규분포표를 이용하여 다음의 값을 구하라. 여기에서 Z는 표준정규분포를 따르는 확률변수이다.

① $P(-1.2 \le Z \le 2.15)$

② $P(1.28 \le Z \le 5.20)$

③ $P(-3.25 \le Z \le -1.23)$

④ $P(z \le Z \le 2.15) = 0.7606$을 만족하는 z

⑤ $P(-z \le Z \le z) = 0.85$을 만족하는 z

2. 정규분포에 관한 다음의 설명 중 틀린 것을 골라라.

① 평균에 대하여 대칭인 분포를 가진다.

② 분산이 커질수록 양쪽의 꼬리가 가늘어진다.

③ 평균과 중앙값이 항상 같다.

④ 평균의 오른쪽 면적은 항상 $\frac{1}{2}$과 같다.

3. 중심극한정리에 관한 다음의 설명 중 틀린 것을 골라라.

① 표본평균의 분포에 관한 정리이다.

② 모집단의 분포에 관계없이 성립한다.

③ 표본분산의 분포에 관한 정리이다.

④ 표본의 크기에 관계없이 성립한다.

4. 평균이 μ이고 분산이 σ^2인 정규분포를 따르는 확률변수를 X라고 하자. 즉 $X \sim N(\mu, \sigma^2)$ 이다.

① X의 적률생성함수 $M_X(t)$를 유도하여라.

② $Y = 2X - 10$의 적률생성함수를 구하고 Y의 분포를 확인하고 모수값을 명시하여라.

③ $P(2\mu - \sigma < Y < 2\mu + 2\sigma)$을 구하여라.

5. 어느 대학교 학생들의 20%는 방학 동안에 해외연수를 다녀온다고 알려져 있다. 임의로 추출한 400명의 대학생 중에서 방학 동안 해외연수를 다녀온 학생의 수가 100명 이상이 될 확률을 구하여라.

6. 어느 대학교 남학생의 키는 평균이 174 cm이고 표준편차가 7.2 cm인 정규분포를 따른다고 하자. 키가 큰 순서로 상위 20%에 포함되려면 키가 적어도 얼마가 되어야 하는지를 계산하여라.

7. 어떤 전기모터의 수명이 평균이 800일이고 분산이 400일인 정규분포를 따른다고 하자.

① 수명이 767일과 830일 사이가 되는 전기모터의 비율은 얼마인가?

② 36개의 전기모터를 임의로 선택하였다고 하자. 이 전기모터들의 평균수명이 840일 이상이 될 확률을 구하여라.

③ ②에서 선택된 36개의 전기모터의 평균수명을 $\overline{X}$로 표시하자. 이때 $P(-k \le \overline{X} \le k) = 0.7960$을 만족하는 상수 k의 값을 찾아라.

8. 어느 항공회사의 최근 조사에 의하면 항공편을 예약한 승객 중 7%는 예정시간에 공항에 나타나지 않는다는 사실을 알게 되었다. 회사의 손실을 감소시킬 목적으로 이 회사가 200석의 좌석이 있는 항공편에 210건의 예약을 접수시켰다고 한다. 예약을 하고 탑승하기 위해 공항에 나온 승객 모두가 탑승할 확률에 대한 근사치를 구하여라.

9. 관측값 $t_1, t_2, \cdots, t_n$이 다음에 주어진 확률밀도함수를 가지는 분포로부터의 표본일 때 θ의 MLE를 구하여라.

① $f(t\,;\theta) = \dfrac{\theta^t e^{-\theta}}{t!}$, $t = 0, 1, 2, \cdots$, $0 \le \theta < \infty$

② $f(t\,;\theta) = \theta\, t^{\theta - 1}$, $0 < t < 1$, $0 \le \theta < \infty$

③ $f(t\,;\theta) = \dfrac{1}{\theta} e^{-\frac{t}{\theta}}$, $0 < t < \infty$, $-\infty < \theta < \infty$

④ $f(t\,;\theta) = e^{-(t-\theta)}$, $\theta \le t < \infty$, $-\infty \le \theta < \infty$

10. 관측값 $t_1, t_2, \cdots, t_n$ 이 다음의 확률밀도함수를 가지는 분포로부터의 얻어진 표본이라고 하자.

$$f(t\,;\theta_1, \theta_2) = \frac{1}{\theta_2} e^{-\frac{t-\theta_1}{\theta_2}}, \ \theta_1 \le t < \infty, \ -\infty \le \theta_1 < \infty, \ 0 < \theta_2 < \infty$$

θ_1과 θ_2의 MLE를 구하여라.

11. 파레토(Pareto)분포의 누적분포함수는 다음과 같이 정의된다.

$$F(t\,;\theta_1, \theta_2) = 1 - \left(\frac{\theta_1}{t}\right)^{\theta_2}, \ \theta_1 \le t < \infty, \ \theta_1 > 0, \ \theta_2 > 0$$

표본 $t_1, t_2, \cdots, t_n$ 을 이용하여 θ_1과 θ_2의 MLE를 구하여라.

12. 모집단의 확률밀도함수가 다음과 같은 와이블분포를 따르고, 관측값을 $t_1, t_2, \cdots, t_n$ 이라고 하자.

$$f(t) = \frac{r t^{r-1}}{\theta} e^{-t^r/\theta}, \ t \ge 0, \ r, \theta > 0$$

이때 r의 값이 주어졌다고 가정할 때 θ에 대한 MLE를 구하여라.

13. 어느 전구회사에서 생산되는 전구의 평균수명 μ를 추정하기 위하여 이 회사제품에서 무작위로 100개의 전구를 추출하여 수명을 측정하였다. 그 결과 평균수명이 60,000시간이고 표준편차는 40,000시간으로 조사되었다. 전구의 참 평균수명 μ에 대한 90% 신뢰구간을 구하라

14. 어느 완구공장에서 장난감을 조립하는 데 걸리는 시간은 과거의 자료에 의하면 표준편차가 5.73인 정규분포를 따른다고 한다. 16개의 표본을 임의로 추출하여 장난감을 조립하는 데 걸리는 시간을 기록한 결과 평균이 19.9분이었다. 장난감 조립에 걸리는 시간의 모평균 μ에 대한 95% 신뢰구간을 구하여라.

15. 자동차 수리에 필요한 시간을 추정하기 위하여 50명의 기술자를 표본으로 뽑아 수리시간을 재어 보니 평균이 24.85분이고 표준편차가 3.22분이었다. 평균수리시간을 추정하기 위하여 $\overline{X} = 24.85$분을 사용한다면 85% 신뢰수준에서 최대오차의 크기는 얼마인가?

16. 어느 전자기기에 대한 수명시험을 통하여 35개의 기기에 대한 다음과 같은 고장자료를 얻었다.

29	34	41	45	47	49	56	62	64	65	67	73
75	78	84	93	102	108	113	119	126	138	156	166
180	185	213	248	264	286	290	310	328	348	366	

이 전자기기의 수명이 지수분포를 따른다고 가정하였을 때

① $MTTF$와 고장률에 대한 점추정값을 구하여라.

② $MTTF$에 대한 90% 신뢰구간을 구하여라.

5장

고장자료의 분류

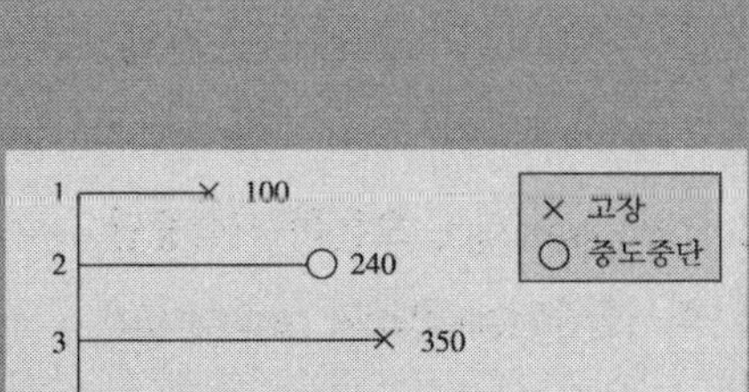

신뢰성 공학에서 사용되는 수명분포의 모수 및 관심 척도들의 추정을 비롯한 신뢰성의 분석을 위하여 관측되는 자료는 대부분 대상 부품의 수명주기의 시작점에서부터 끝점까지의 시간으로 기록된다. 그 이외에도 일정기간 동안의 고장수를 관측하거나 또는 일정 시점에서 고장 여부만을 관측하는 등의 여러 가지 자료가 가능하나 이 장에서는 주어진 부품이나 시스템에 대해 설치에서부터 고장 날 때까지의 시간(고장시간)에 대한 자료를 신뢰성자료로 취급한다. 신뢰성 분야의 문제는 부품이나 시스템의 수명분포를 검정하거나 관심 척도들을 추정하는 문제를 다루는 경우가 많으며, 따라서 시험 중인 부품에 대하여 관측된 고장 발생 시간에 대한 자료가 매우 중요한 역할을 한다. 시험대상이 되는 부품에 대한 신뢰성 데이터를 얻기 위해서는 일반적으로 오랜 시간이 소요되며, 특히 고 신뢰도를 가진 부품에 대하여는 시험 중에 있는 모든 표본에 대한 고장시간을 일정한 시간 이내에 관측하는 것이 불가능하거나 또는 시험의 목적에 비하여 비경제적인 경우가 있을 수 있다. 이러한 경우에는 전체가 아닌 일부 표본에 대한 고장자료만이 수집되며 이렇게 얻어진 고장자료는 불완전자료라고 부른다. 신뢰성자료의 형태는 수집된 고장자료의 성질에 따라서 다음과 같이 완전자료와 불완전자료로 분류된다.

완전자료 시험 중인 모든 표본에 대한 고장시간이 관측된 경우에 얻어지는 고장자료를 완전자료(complete data)라고 한다. ●

불완전자료 시험 중인 표본의 일부에 대한 고장시간만이 관측된 경우에 얻어지는 자료로서 다음과 같이 구별된다.

i) 정시중단자료(제1종 중단자료): 시험중단시점을 미리 정하고 이 시점에서 시험을 중단한 경우에 얻어지는 고장자료
ii) 정수중단자료(제2종 중단자료): 미리 정해진 수의 고장이 발생한 시점에서 시험을 중단한 경우에 얻어지는 고장자료
iii) 랜덤중단자료: 각 표본에 대한 시험중단시점이 확률변수로 간주되어 일정한 분포를 가지는 경우에 얻어지는 고장자료 ●

위에서 언급된 불완전자료 이외에도 왼쪽 시험중단(left censoring), 오른쪽 시험중단(right censoring), 일회시험중단(single censoring), 다회시험중단(multiple censoring)

등으로 분류되기도 하나, 이 책에서는 고려하지 않기로 한다. 완전자료와 3가지 형태의 불완전자료의 경우 관측되어지는 고장시간 및 시험중단시점과의 관계가 아래의 [그림 5.1]과 [그림 5.2]에 나타나 있다.

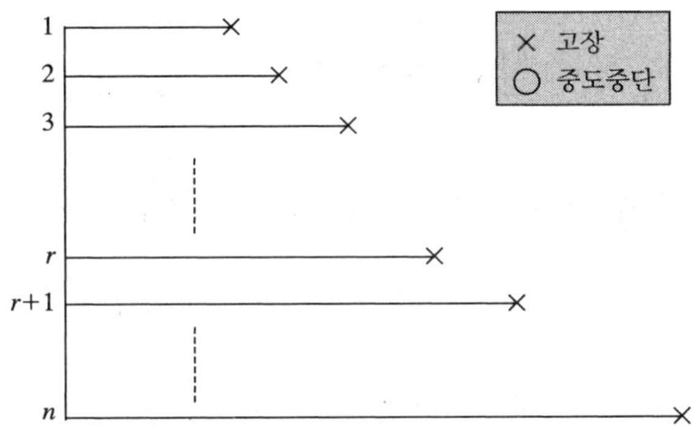

그림 5.1 완전자료의 관측 고장시간

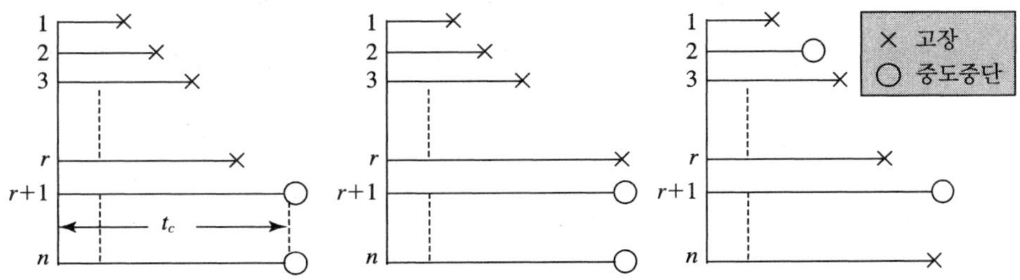

i) 정시중단자료 ii) 정수중단자료 iii) 랜덤중단자료

그림 5.2 불완전자료의 관측 고장시간과 시험중단시점

5.1 완전자료와 경험적 분포함수

시험대상이 되는 n개의 표본을 가지고 시점 $t=0$에서 동시에 수명시험을 시작한다고 하자. 만일 모든 표본의 고장시간 $t_1, t_2, \cdots, t_n$ 이 관측되었다면 완전자료가 얻어지게 되며, 이 경우 수명시험에 소요되는 시간은 $t_{(n)} = \max(t_1, t_2, \cdots, t_n)$ 이다. 만일 부품의 수명분포에 대한 함수 형태를 모르는 경우에는 비모수적 방법에 의하여 수명분포의 신뢰도함수 $R(t)$를 추정하여야 하는데 완전자료를 이용하는 경우에는 가장 보

편적으로 사용되는 방법이 경험적 추정방법에 의한 것이다.

이 방법에서는 각각의 고장시간 $t_i (i=1,2,\cdots,n)$에서 신뢰도가 $1/n$만큼씩 감소하는 계단함수의 형태로 신뢰도함수를 추정한다. 즉 시점 t에서의 신뢰도함수에 대한 비모수적 추정값은 다음과 같이 계산된다.

$$\hat{R}_n(t)=\frac{\text{시점 } t\text{에서 아직도 가동되고 있는 부품의 수}}{n},\quad t\geq 0$$

따라서 경험적 추정방법에 의한 $F(t)$의 추정값은

$$\hat{F}_n(t)=1-\hat{R}_n(t)$$

에 의하여 얻어지며 $\hat{F}_n(t)$는 경험적 분포함수(empirical distribution function)라고 부른다. n을 무한히 크게 하면 모든 t에 대하여 $\hat{R}_n(t)$와 $\hat{F}_n(t)$가 참값 $R(t)$와 $F(t)$에 각각 수렴한다는 것은 잘 알려져 있다.

경험적 분포함수를 구하기 위하여 먼저 n개의 완전자료 $t_1, t_2, \cdots, t_n$ 을 작은 것부터 큰 순으로 나열하여 $t_{(1)} < t_{(2)} < \cdots < t_{(n)}$ (순서통계량으로 정의)으로 표시하자. 그러면 $t_{(i)} \leq t < t_{(i+1)}, i=0,1,\cdots,n$에서

$$\hat{F}_n(t)=\frac{i}{n}=\frac{\text{시점 } t\text{까지의 고장 부품수}}{\text{총 표본수}}$$

에 의하여 추정된다. 여기에서 $t_{(0)}=0$과 $t_{(n+1)}=\infty$로 정의한다. 따라서

$t_{(i)} \leq t \leq t_{(i+1)}$에서의 신뢰도함수는

$$\hat{R}_n(t)=1-\hat{F}_n(t)=\frac{n-i}{n}=\frac{\text{시점 } t\text{에서 아직도 가동되고 있는 부품의 수}}{\text{총 표본수}}$$

에 의하여 결정된다.

예제 5.1

어느 전자부품에 대한 5개의 고장시간(단위: 시간)을 관측하여 다음과 같은 완전자료를 얻었다. 이 자료를 이용하여 경험적 분포함수를 추정하라.

$$86.0 \quad 63.2 \quad 80.5 \quad 72.6 \quad 93.4$$

풀이 $n=5$이므로 각 관측값에서 경험적 분포함수는 $\frac{1}{5}$씩 증가한다. 따라서

$$\hat{F}_5(t) = \begin{cases} 0, & t < 63.2 \\ 1/5, & 63.2 \le t < 72.6 \\ 2/5, & 72.6 \le t < 80.5 \\ 3/5, & 80.5 \le t < 86.0 \\ 4/5, & 86.0 \le t < 93.4 \\ 1, & t \ge 93.4 \end{cases}$$

이 얻어지며 신뢰도함수의 추정값은 $\hat{R}_5(t) = 1 - \hat{F}_5(t)$에 의하여 계산된다.

5.2 정시중단자료

완전자료에서와 마찬가지로 수명시험은 시험대상이 되는 n개의 표본을 가지고 시점 $t=0$에서 동시에 시작한다. 이 경우에는 n개의 표본에 대한 고장시간이 모두 관측될 때까지 기다리지 않고 미리 정해진 시점 t_c에서 시험을 중단한다. 이러한 시험중단은 부품의 신뢰성분석에 대한 시간적인 제약이나 비용 등의 이유로 모든 표본이 고장 날 때까지 기다리는 것이 불가능한 경우에 적용되는 것으로, 특히 높은 신뢰도를 가진 전자부품 등의 경우에는 모든 부품에 대한 고장자료를 얻는 것은 매우 비현실적이다. 따라서 표본에 대한 시험기간 $(0, t_c)$ 동안에는 고장 난 일부 표본의 고장시간만이 관측되고 나머지 표본에 대하여는 고장시간이 t_c를 초과한다는 정보만 얻고 정확한 고장시간을 관측하는 것은 불가능하게 된다. 이러한 경우에 얻어지는 자료가 정시중단자료(Type I censored data)이며 만일 모든 표본이 시험기간 동안에 고장 나는 경우에는 완전자료가 얻어지게 된다.

정시중단의 경우에는 시험중단시점이 미리 정해지기 때문에 시험기간 $(0, t_c)$ 동안에 발생하는 고장수는 이산확률변수(예를 들면 포아송분포)가 되며 표본수가 많아지면 고장수 또한 증가하게 된다. 시험을 시작한 n개의 표본에서 얻어지는 정시중단자료의 예는 다음과 같다.

$$t_1, \cdots, t_r, t_c^+, \cdots, t_c^+$$

여기에서 $r(\le n)$개의 고장시간은 $t_1, \cdots, t_r$ 로 표시되고 나머지 $(n-r)$개의 관측되지 않은 고장시간은 t_c^+ 로 표시된다. 이 자료를 이용한 모수추정방법에 대해서는 6장에서 지수분포인 경우에 대하여 자세하게 설명한다.

5.3 정수중단자료

n개의 표본을 가지고 시험을 시작하여 미리 정해진 $r(\le n)$번째 고장이 발생한 시점에서 시험을 중단하고 얻는 고장자료이다. 따라서 이 경우에는 r개의 고장시간이 관측되고 나머지 $(n-r)$개의 표본에 대하여는 고장시간이 r번째 고장시간보다 크다는 사실만이 관측되고 정확한 고장시간은 관측되지 않는다. 이러한 자료가 정수중단자료(Type II censored data)이며 n번째 고장시간에 시험이 중단되면 완전자료가 얻어진다. 정수중단의 경우에는 시점중단시점이 연속확률변수로 간주되며 r을 크게 잡으면 시험기간이 길어지게 된다.

일반적으로 규모가 작고 대량으로 생산되는 전자부품 등의 수명시험에서는 정해진 시간 대신에 미리 정해진 개수의 고장이 발생한 시점에서 시험을 중단하는 방법이 종종 사용되고 있다. 정시중단의 경우에는 시험중단시점이 미리 정해지기 때문에 시험기간 동안 고장자료가 전혀 관측되지 않을 위험이 있으나 정수중단의 경우에는 미리 정해진 개수의 고장자료를 얻는 것이 보장되어 있으므로 실제 신뢰성분석을 위해서는 정수중단자료가 정시중단자료에 비하여 보다 편리하다. n개의 표본을 가지고 시작된 시험에서 얻어지는 정수중단자료의 예는 다음과 같다.

$$t_{(1)}, \cdots t_{(r)}, t_{(r)}^{+}, \cdots, t_{(r)}^{+}$$

여기에서 $t_{(1)} < t_{(2)} < \cdots < t_{(r)}$은 관측된 r개의 고장시간을 순서대로 나열한 것이고 $(n-r)$개의 관측되지 않은 고장시간은 $t_{(r)}^{+}$로 표시된다. 정수중단자료를 이용한 모수추정방법에 대하여는 6장에서 자세하게 설명한다.

5.4 랜덤중단자료와 Kaplan-Meier 추정

불완전자료 중에서 정시중단자료와 정수중단자료의 경우에는 모든 표본에 대한 수명시험이 $t=0$에서 동시에 시작되어 일정기간이 경과된 시점이나 또는 일정한 개수의 고장이 발생한 시점에서 시험이 중단된다. 따라서 수명시험이 중단되는 시점까지는 고장시간이 관측되고 중단시점에 아직도 가동되는 표본에 대하여는 모두 동일한 시험중단시간(censoring time)이 관측된다. 그러나 경우에 따라서는, 특히 의학에서의 임상실험이나 동물실험 등의 경우에는 고장시간이 관측되기 이전에 각 표본의 사정에 따라 랜덤하게 시험이 중단되는 경우가 많이 발생한다.

임상실험의 경우 실험 중에 있는 환자가 다른 병원으로 옮긴다거나 또는 다른 이유로 해서 실험에서 빠지는 경우도 있다. 전자부품의 경우에도 시험 중의 부품이 마모에 의한 고장이 발생하기 이전에 사용자의 과오나 외부충격, 또는 부품의 분실 등에 의하여 시험이 중단되는 상황이 생길 수 있다. 이러한 수명시험에서는 시험중단시점이 각 표본에 따라서 서로 다르게 되며, 고장이 시험중단시점보다 먼저 발생하는 경우에만 고장시간이 관측되고 그렇지 못한 표본에 대하여는 시험중단시간이 관측된다. 이러한 수명시험을 통하여 얻어진 고장자료는 랜덤중단자료(randomly censored data)가 되며 이 경우에는 시험대상이 되는 부품의 수명분포와 시험중단시간에 대한 분포를 동시에 고려함으로써 고장시간에 대한 해석적인 분석이 가능하게 된다.

랜덤중단자료는 가장 일반적인 불완전자료로서 정시중단자료와 정수중단자료를 특별한 경우로 포함하고 있다. 랜덤중단자료의 경우에는 각 표본의 시험중단시간이 랜덤하게 발생하기 때문에 각 고장의 발생시점에서의 신뢰도함수가 $1/n$만큼 감소되는 것이 아니고 시험 중단된 표본의 수에도 의존하게 된다. 따라서 완전자료의 경험적 분포함수와 동일한 방법으로 표본의 수명분포를 추정할 수 없다. 이 절에서는 랜덤중단자료를 이용하여 신뢰도함수를 추정하는 비모수적 방법을 기술한다. 이 경우 표본의 수명분포를 추정하기 위하여 사용되는 방법으로는 piecewise exponential 방법 등도 있으나 가장 보편적으로 많이 사용되는 추정방법은 Kaplan과 Meier(1958)에 의하여 제안된 방법으로 PL(Product Limit) 추정방법으로 인용되기도 한다.

n개의 표본을 가지고 수명시험을 시행하는 경우 얻어지는 랜덤중단자료는 다음과 같은 형태로 얻어진다.

$$(t_1, \delta_1), (t_2, \delta_2), \cdots, (t_n, \delta_n)$$

여기에서 만일 $\delta_i = 0$이면 대응되는 t_i는 표본 i의 시험중단시점이고, 만일 $\delta_i = 1$이면 대응되는 t_i는 표본 i의 관측된 고장시간이다.

랜덤중단자료를 이용하여 신뢰도함수에 대한 Kaplan–Meier 추정값을 구하기 위하여 먼저 $t_1, t_2, \cdots, t_n$을 작은 것부터 큰 것으로 순차적으로 나열하여 순서통계량 $t_{(1)} < t_{(2)} < \cdots < t_{(n)}$을 얻는다. 만일

$$\delta_{(i)} = \begin{cases} 1, & \text{만일 } t_{(i)}\text{가 고장시간인 경우} \\ 0, & \text{만일 } t_{(i)}\text{가 시험중단시간인 경우} \end{cases}$$

으로 정의하면 $(t_{(1)}, \delta_{(1)}), (t_{(2)}, \delta_{(2)}), \cdots, (t_{(n)}, \delta_{(n)})$은 관측값을 순서대로 다시 나열한 것이다. 그러면 $t_{(i)} \le t < t_{(i+1)}, i = 0, 1, \cdots, n$에서의 신뢰도함수 $R(t)$에 대한 Kaplan–Meier 추정값은 다음과 같이 계산된다. 여기에서 $t_{(0)} = 0$과 $t_{(n+1)} = \infty$로 정의한다.

$$\widetilde{R_n}(t) = \prod_{l=1}^{i} \left(\frac{n-l}{n-l+1} \right)^{\delta_{(l)}}$$

예제 5.2

Kaplan–Meier 방법에 의한 신뢰도함수 추정

$n = 5$인 랜덤중단자료가 다음과 같이 얻어졌다고 하자. 단 +가 표시된 것은 시험중단시간을 나타낸다.

100, 500, 240+, 350, 450+

즉 (100, 1), (240, 0), (350, 1), (450, 0), (500, 1)의 5개의 관측값이며, [그림 5.3]과 같이 표현할 수 있다. 이때 신뢰도함수 $\widetilde{R}_n(t)$를 구하라.

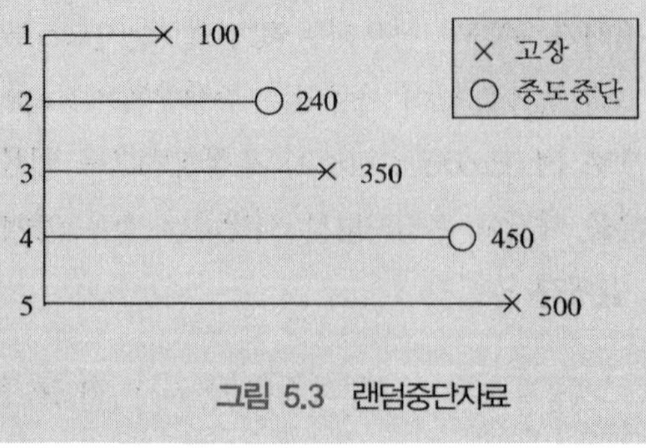

그림 5.3 랜덤중단자료

풀이 $0 \le t < 100$일 때 $\widetilde{R_5}(t) = \frac{5}{5} = 1.00$이 됨은 당연하다. Kaplan–Meier 추정값에 대한 공식을 이용하면 구간별 신뢰도함수는 다음과 같이 추정된다.

$$100 \le t < 350 \text{일 때 } \widetilde{R}_5(t) = \left(\frac{4}{5}\right)^1 = 0.80$$

$$350 \le t < 500 \text{일 때 } \widetilde{R}_5(t) = \left(\frac{4}{5}\right)^1 \times \left(\frac{3}{4}\right)^0 \times \left(\frac{2}{3}\right)^1 = 0.53$$

$$500 \le t \text{일 때 } \widetilde{R}_5(t) = \left(\frac{4}{5}\right)^1 \times \left(\frac{3}{4}\right)^0 \times \left(\frac{2}{3}\right)^1 \times \left(\frac{1}{2}\right)^0 \times \left(\frac{0}{1}\right)^1 = 0.00$$

위의 결과로부터 $\widetilde{R_5}(300) = 0.8$이고 $\widetilde{R_5}(400) = 0.53$이 된다는 사실도 알 수 있다.

연습 문제

1. L사에서 생산한 전자부품 22개에 대한 수명시험으로부터 다음과 같은 시험결과를 얻었다고 할 때, 다음의 문제를 해결하여라. 단 n_i는 t_i 시점에서 여전히 작동 중인 부품의 수를 의미한다.

i	1	2	3	4	5	6	7	8	9	10	11	12
t_i	1	2	3	4	5	6	11	12	15	17	22	23
n_i	21	19	17	16	14	12	8	6	4	3	2	0

① 이러한 전자부품의 수명에 대한 경험적 분포함수와 신뢰도함수를 추정하여라.
② ①에서 추정한 신뢰도함수의 그래프를 작성하여라.

2. 어느 회사에서 제조하는 베어링의 수명을 조사하기 위하여 그 회사에서 제조한 17개의 베어링을 가지고 수명시험을 시작하였다. 수명시험 결과 다음과 같은 고장시간에 대한 완전자료를 얻었다고(단위: 시간) 할 때, 아래의 문제를 해결하여라.

17.88	28.92	33.00	41.52	42.12	45.60	54.12	55.56	67.80
68.64	71.23	78.88	105.12	105.84	127.92	128.04	173.40	

① 위 수명자료를 사용하여 베어링 수명에 대한 경험적 분포함수와 신뢰도함수를 추정하여라.
② $t = 30$(시간)에서의 베어링의 신뢰도를 추정하여라.
③ $t = 120$(시간)에서의 베어링의 신뢰도를 추정하여라.

3. 5개 부품에 대한 수명시험 결과 다음과 같은 데이터가 얻어졌다고 할 때, Kaplan-Meier 추정법에 의하여 부품 수명에 대한 신뢰도함수를 추정하고 그래프를 작성하여라. 단 + 표시는 시험중단시간을 의미한다.

15.4	5.5	10.84	20.66	18.9+

4. H사에서 제조하는 자동차부품 8개에 대한 수명시험 결과, 다음과 같은 고장시간과 시험 중단시간(+로 표시)을 얻었다.

200	200+	300	400	450+	500	600	700

① 이 자료를 사용하여 H사 전자부품 수명에 대한 신뢰도함수를 Kaplan–Meier 추정법에 의해서 추정하여라.

② $t = 250$(시간)에서의 이 전자부품의 신뢰도를 추정하여라.

③ $t = 550$(시간)에서의 이 전자부품의 신뢰도를 추정하여라.

6장

지수분포의 분석

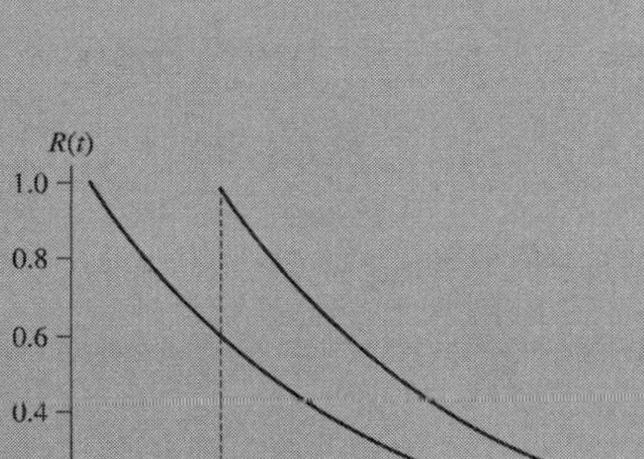

일반적으로 통계자료 분석에서 가장 많이 사용되는 확률분포는 정규분포로서 모든 고전적인 통계이론과 응용 분야에서 중심적인 역할을 하고 있다. 특히 표본의 크기가 비교적 큰 경우에는 4.2절에서 다룬 중심극한정리에 의하여 정규분포의 중요성이 특히 강조된다. 그러나 음수가 아닌 수명을 확률변수로 고려하는 신뢰성분석과 수명시험에서는 정규분포를 사용하는 것이 비현실적이다. 따라서 수명 모형 분야에서 가장 핵심적인 역할을 하는 수명분포는 정규분포가 아닌 지수분포이다. 지수분포는 Sobel and Epstein(1953)에 의해서 개발되었고 기본적인 유익한 성질들이 증명되었으며 비교적 간단한 모형이지만 신뢰성이론과 응용분야에서 가장 광범위하게 사용되고 있다. 또한 이 분포에 관한 많은 이론적인 연구결과들이 발표되어 왔다. 지수분포는 전자부품의 수명을 모형화하는 데 자주 사용되고 있으며, 특히 현재 가동되고 있는 중고부품이 신뢰도의 관점에서 새로운 부품과 동일하다는 특성을 가지고 있다. 이 장에서는 지수분포의 정의와 특성, 완전자료와 불완전자료를 이용한 관심모수들의 추정 및 포아송 분포와의 관계 등을 포괄적으로 설명한다.

6.1 정의와 성질

어느 부품의 수명에 대한 고장률함수가 상수인 경우를 고려하자. 즉 $h(t) = \lambda$, $t \geq 0$이면 3.2절에서 설명된 역공식에 의하여 다음과 같은 신뢰도함수 $R(t)$를 가진다.

$$R(t) = e^{-\lambda t}, t \geq 0$$

이러한 신뢰도함수를 가지는 확률변수 T를 고장률이 λ인 지수분포를 따른다고 하며 $T \sim \exp(\lambda)$로 표시한다. 이 경우 T의 확률밀도함수, 불신뢰도함수, MTTF, 그리고 평균잔여수명함수는 각각 다음과 같다.

i) 불신뢰도함수: $F(t) = 1 - R(t) = 1 - e^{-\lambda t},\ t \geq 0$

ii) 확률밀도함수: $f(t) = \dfrac{d}{dt}F(t) = \lambda e^{-\lambda t},\ t \geq 0$

iii) MTTF: $\mu = E[T] = \int_0^\infty t f(t)dt = \int_0^\infty R(t)dt = \dfrac{1}{\lambda}$

iv) 평균잔여수명함수: $m(t) = E(T - t \mid T > t) = \dfrac{\int_t^{\infty} R(u)du}{R(t)} = \dfrac{1}{\lambda}$

위에서 $\lambda > 0$는 척도모수라고 부르며 λ의 값이 주어지면 지수분포는 완전하게 결정된다.

[그림 6.1]은 $\lambda = 1$과 $\lambda = 2$인 경우 지수분포의 $f(t)$, $R(t)$, $h(t)$ 및 MTTF를 나타낸다. 평균잔여수명은 현재 나이가 t인 중고부품의 잔여수명에 대한 평균값으로 고장률과는 상반되는 패턴을 보이게 되며, 지수분포의 경우에는 고장률과 평균잔여수명 t의 값에 관계없이 상수로써 서로 역수의 관계를 가지며 이러한 성질은 지수분포에만 성립한다.

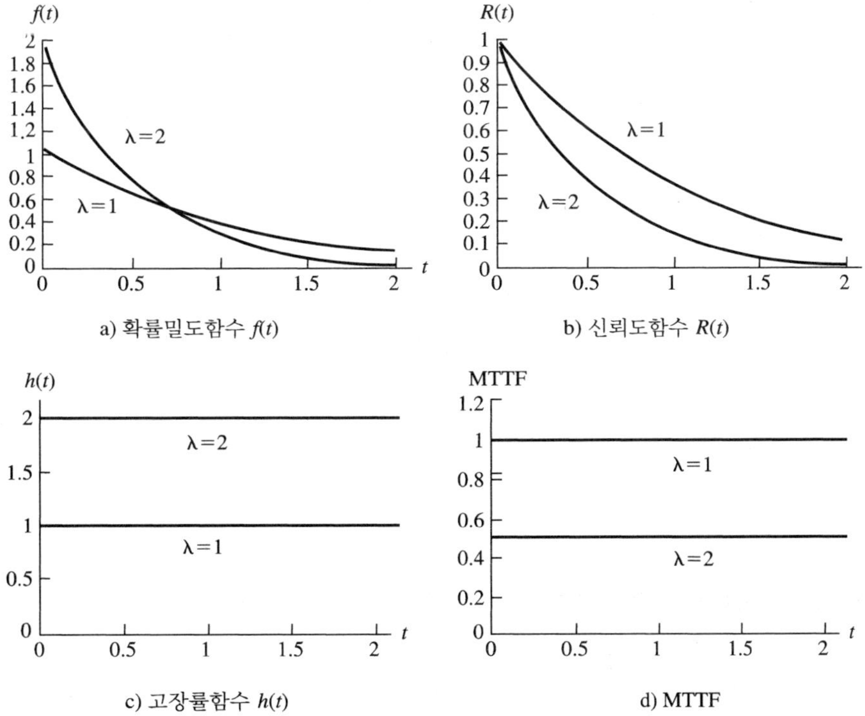

그림 6.1 $\lambda = 1$과 $\lambda = 2$인 지수분포의 그래프

예제 6.1

어느 부품의 수명은 고장률이 1/500(시간)인 지수분포를 따른다고 알려져 있다. 수명에 대한 확률밀도함수, 신뢰도함수 및 이 부품의 수명이 1,000시간보다 작은 확률을 구하라.

풀이 이 부품의 수명을 T로 정의하면, 고장률이 $\frac{1}{500}$이므로 T의 확률밀도함수는 다음과 같다.

$$f(t) = \frac{1}{500} e^{-\frac{1}{500}t}, \ t \geq 0$$

따라서 T의 신뢰도함수는 $t \geq 0$에 대하여 다음과 같이 계산된다.

$$R(t) = \int_t^\infty \frac{1}{500} e^{-\frac{1}{500}u} du = -e^{-\frac{1}{500}u}\Big|_t^\infty = e^{-\frac{1}{500}t}$$

그리고 이 부품의 수명이 1,000시간보다 작은 확률은 다음과 같이 구해진다.

$$P(T < 1000) = \int_0^{1000} \frac{1}{500} e^{-\frac{1}{500}t} dt = -e^{-\frac{1}{500}t}\Big|_0^{1000} = 1 - e^{-2}$$

또는 $P(T < 1000) = F(1000) = 1 - R(1000) = 1 - e^{-2}$와 같이 계산할 수도 있다.

예제 6.2

$T \sim \exp(\lambda)$일 때 T의 적률생성함수 $M(y)$를 구하여라.

풀이 $M(y) = E(e^{yT})$에 의하여 정의되므로 다음과 같다.

$$M(y) = \int_0^\infty e^{yt} \lambda e^{-\lambda t} dt = \int_0^\infty \lambda e^{-t(\lambda - y)} dt$$

$$= -\frac{\lambda}{\lambda - y} e^{-t(\lambda - y)}\Big|_0^\infty = \frac{\lambda}{\lambda - y}$$

예제 6.3

어느 부품의 수명이 MTTF가 5년인 지수분포를 따른다는 것이 알려져 있다. 이 부품의 고장률을 구하고, 2년 동안 고장이 없을 확률을 구하여라.

풀이 이 경우 MTTF=5이므로 고장률 $\lambda = \frac{1}{5}$이다. 따라서 신뢰도함수 $R(t) = P(T > t) = e^{-\frac{1}{5}t}$, $t \geq 0$이므로 $R(2) = e^{-\frac{2}{5}} = 0.670$이다.

예제 6.4

$T \sim \exp(\lambda)$일 때 T의 $100p(0 < p < 1)$백분위수 t_p를 구하라.

풀이 $P(T \leq t_p) = R(t_p) = 1 - e^{-\lambda t_p} = p$를 만족하므로 $e^{-\lambda t_p} = 1 - p$가 되고 따라서 이 방정식을 t_p에 대해서 풀면 $t_p = -\frac{1}{\lambda} ln(1-p)$이 얻어진다. $\lambda = 2$인 지수분포의 중앙값은 $t_{0.5} = -\frac{1}{2} ln(1-0.5) = \frac{1}{2} ln2 = 0.347$이 된다.

지수분포에 관한 몇 가지 기본적인 성질은 다음과 같다.

i) 만일 $T \sim \exp(\lambda)$이면 $\lambda T \sim \exp(1)$이 성립된다.

증명 λT의 신뢰도함수를 $R(t)$로 표시하자. 그러면

$$R(t) = P(\lambda T > t) = P\left(T > \frac{t}{\lambda}\right) = e^{-\lambda \frac{t}{\lambda}} = e^{-t}$$

가 얻어진다. 따라서 λT는 고장률이 1인 지수분포를 따른다.

ii) 만일 확률변수 T가 구간 $(0, 1)$에서 균등(uniform)분포를 따른다면 $-\ln T$ 또는 $-\ln(1-T)$는 고장률이 1인 지수분포를 따른다.

증명 $-\ln T$의 신뢰도함수를 $R(t)$로 표시하자. 그러면

$$R(t) = P(-\ln T > t) = P(T < e^{-t}) = e^{-t}$$

가 된다. 따라서 $-\ln T$는 $\lambda=1$인 지수분포를 따른다.

iii) $H(T)$를 T의 누적고장률함수라고 하자. 만일 T가 연속인 비음의 확률변수이면 $H(T)$는 고장률이 1인 지수분포를 따른다.

증명 3.4절에서 $H(T)=\int_0^T h(u)du=\int_0^T \frac{f(u)}{R(u)}du=\int_0^T -\ln R(u)du$ 로 정의되며, 따라서 $H(T)=-\ln R(T)$이다. T가 연속인 비음의 확률변수이면 $R(t)$는 구간 $(0,1)$에서 균등분포를 따르므로 ii)에 의하여 $H(T)\sim \exp(1)$이 성립된다.

지수분포의 보다 일반적인 형태로 이동 지수분포(shifted exponential distribution)가 있다. 이것은 확률밀도함수가 $t\geq t_0\geq 0$에서 정의되는 지수분포로서 $t_0=0$이면 위에서 정의된 모수가 하나인 지수분포가 된다. 이동 지수분포의 확률밀도함수는 다음과 같다.

$$f(t)=\begin{cases}\lambda e^{-\lambda(t-t_0)}, & t\geq t_0\\ 0, & t<t_0\end{cases}$$

여기에서 t_0는 위치모수이며, 이러한 수명분포는 부품의 수명이 t_0이상인 경우에 적용이 가능한 모형으로서 $t\geq t_0$에서는 상수인 고장률을 가진다. 이 분포는 지수분포를 우측으로 t_0만큼 이동시킨 것으로 MTTF는 $\frac{1}{\lambda}+t_0$가 된다.

6.2 신뢰성 척도함수

3.2절에서 증명된 것과 같이 고장률이 상수인 수명분포는 지수분포가 유일하다. 따라서 지수분포는 고장률이 상수인 유일한 연속확률변수이다. 이러한 성질이 지수분포가 신뢰성 공학에서 매우 중심적인 분포로 간주되는 주요 이유이며 수명분포의 비모수적 검정에서도 매우 중요한 역할을 한다. 특히 지수분포는 비교적 간단한 형태의 확률밀도함수를 가지고 있으며, 모수들의 통계적 추론에 필요한 이론적인 결과들이 많이

증명되어 있어 다른 수명분포에 비하여 보다 광범위한 응용범위를 가지고 있고, 또한 포아송과정의 논의에 필수적인 분포이다.

$T \sim \exp(\lambda)$를 가정하면 T의 확률밀도함수는 다음과 같다.

$$f(t) = \lambda e^{-\lambda t},\ \ t \geq 0$$

수명이 지수분포를 따르는 부품의 신뢰성 척도함수를 요약하면 다음과 같다. 모든 함수는 $t \geq 0$에 대하여 성립된다.

a) 신뢰도함수: $R(t) = e^{-\lambda t}$
b) 불신뢰도함수: $F(t) = 1 - R(t) = 1 - e^{-\lambda t}$
c) 고장률함수: $h(t) = \lambda$(나이 t에 무관하게 상수임)
d) 누적고장률함수: $H(t) = -\ln R(t) = \lambda t$
e) 평균잔여수명함수: $m(t) = \dfrac{1}{\lambda}$
f) k차 적률: $E(T^k) = \dfrac{\Gamma(k+1)}{\lambda^k}$

증명 $E(T^k) = \int_0^\infty t^k f(t)dt = \int_0^\infty t^k \lambda e^{-\lambda t} dt$

$= \dfrac{1}{\lambda}\int_0^\infty x^k e^{-x} dx \quad (x = \lambda t$로 치환)

$= \dfrac{1}{\lambda}\Gamma(k+1)$

여기에서 $\Gamma(x) = \int_0^\infty t^{x-1} e^{-t} dt$로 정의되는 감마함수이며 k가 정수인 경우에는 $\Gamma(k+1) = k!$이다. 따라서 $E(T) = MTTF = \dfrac{1}{\lambda}$, $E(T^2) = \dfrac{2}{\lambda^2}$이며 T의 분산은 $\dfrac{1}{\lambda^2}$이다.

g) $100p$ 백분위수: $t_p = -\dfrac{1}{\lambda} ln(1-p)$.
h) 고장률함수와 평균잔여수명함수가 상수이고, 또한 모든 $s \geq 0$, $t \geq 0$에 대하여 $R(s+t) = e^{-\lambda(s+t)} = e^{-\lambda s} e^{-\lambda t} = R(s)R(t)$이 성립되므로 지수분포는 IFR

과 DFR에 동시에 속한다. 또한 IFRA와 DFRA, NBU와 NWU, NBUE와 NWUE 및 NBU-t_0와 NWU-t_0 등에도 동시에 속하는 유일한 연속형의 수명분포이다.

6.3 지수분포의 특성

지수분포는 신뢰성 공학에서 가장 중심이 되는 수명분포로 간주되고 있으며 그 주요 원인은 비교적 간단한 모형을 가지고 있음에도 불구하고 매우 광범위한 응용 범위를 갖고 있다는 데 있다. 또한 지수분포가 나이에 의존하지 않는 고장률함수나 평균잔여 수명함수 등을 가지는 유일한 연속 수명분포라는 사실은 광범위한 종류의 부품 수명을 모형화하는 데 응용되고 있으며 다른 수명분포에 대하여 성립되지 않는 많은 특성들을 가지고 있다. 이 절에서는 지수분포에 대하여만 성립되는 유일한 특성에 대하여 살펴보기로 한다.

다음과 같은 성질을 설명하기 위하여 $T \sim \exp(\lambda)$를 가정한다.

성질 6.1 (무기억성) 지수분포는 무기억성을 가지는 유일한 연속 수명분포이다.

증명 모든 $s \geq 0$, $t \geq 0$에 대하여

$$P(T > s+t \mid T > s) = \frac{P(T > s+t)}{P(T > s)} = \frac{R(s+t)}{R(s)} = \frac{e^{-\lambda(s+t)}}{e^{-\lambda s}}$$

$$= e^{-\lambda t} = P(T > t)$$

이 성립한다. ●

[그림 6.2]는 $\lambda = 1$, $s = 0.5$인 지수분포의 무기억성을 나타내는 그래프로서 나이 0.5인 부품의 조건부 신뢰도함수가 새 제품의 신뢰도함수와 동일하다는 것을 보여 준다. 역으로 만일 무기억성이 성립된다면 T는 지수분포를 따른다는 사실도 증명되어 있으나(Barlow and Proschan, 1981, 3장 참조) 증명은 생략한다.

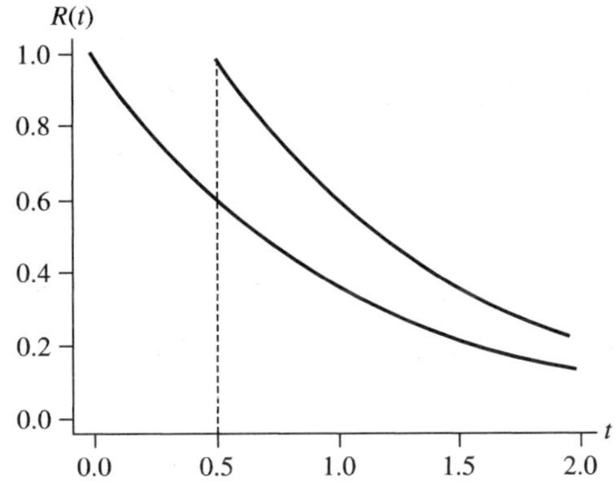

그림 6.2 지수분포의 무기억성

성질 6.2 만일 $T_1, T_2, \cdots, T_n$ 이 서로 독립이고 각각 모수가 $\lambda_1, \lambda_2, \cdots, \lambda_n$ 인 지수분포를 가진다고 하자. 그러면 $T = \min(T_1, \cdots, T_n) \sim \exp(\sum_{i=1}^{n} \lambda_i)$이다.

증명 T의 신뢰도함수를 $R(t)$라고 하면

$$R(t) = P(\min(T_1, T_2, \cdots, T_n) > t) = P(T_1 > t, T_2 > t, \cdots, T_n > t)$$
$$= P(T_1 > t)P(T_2 > t) \cdots P(T_n > t) \text{ (독립성에 의하여)}$$
$$= e^{-\lambda_1 t} e^{-\lambda_2 t} \cdots e^{-\lambda_n t} = e^{-\sum_{i=1}^{n} \lambda_i t}$$
●

성질 6.2는 지수분포를 따르는 n개의 서로 독립적인 확률변수의 최솟값은 지수분포를 따른다는 것을 의미하며, 따라서 각각의 수명이 지수분포를 따르는 n개의 서로 독립적인 부품으로 구성된 직렬계의 수명은 역시 지수분포를 따른다. 만일 MTTF가 2년인 n개의 독립적인 부품으로 구성된 직렬계의 MTTF는 $\frac{2}{n}$이고 고장률은 $\frac{2}{n}$가 된다.

성질 6.3 $T_i \sim \exp(\lambda)$, $i = 1, 2, \cdots, n$이고 서로 독립이라고 하자. $T_{(1)}, T_{(2)}, \cdots, T_{(n)}$을 $T_1, T_2, \cdots, T_n$ 의 순서통계량이라고 하면 $D_k = T_{(k)} - T_{(k-1)}$, $k = 1, 2, \cdots, n$, $T_{(0)} = 0$는 k번째 간격(spacing)으로 정의된다. 그러면

i) $D_1, D_2, \cdots, D_n$ 은 서로 독립이다.

ii) $P(D_k \le t) = 1 - e^{-(n-k+1)\lambda t}$, $k = 1, 2, \cdots, n$

iii) $nD_1, (n-1)D_2, \cdots, D_n$ 은 표준화간격(normalized spacing)이라고 부르며 서로 독립이고 각각 $\exp(\lambda)$인 동일한 분포를 가진다. ●

성질 6.4 $T_i \sim \exp(\lambda), i = 1, 2, \cdots, n$이고 서로 독립이라고 하자. $T_{(r)}$을 r번째 순서통계량이라고 하면 $r = 1, 2, \cdots, n$ 에 대하여

$$E(T_{(r)}) = \sum_{k=1}^{r} \frac{1}{(n-k+1)\lambda}$$

$$V(T_{(r)}) = \sum_{k=1}^{r} \frac{1}{[(n-k+1)]^2}$$

이 성립된다.

증명 $T_{(r)} = D_1 + D_2 + \cdots + D_r$이고 성질 6.3으로부터 $E(D_k) = \dfrac{1}{n-k+1}$, $V(D_k) = \dfrac{1}{(n-k+1)^2}$이므로 구하고자 하는 결과가 얻어진다. ●

성질 6.5 $T_i \sim \exp(\lambda), i = 1, 2, \cdots, n$이고 서로 독립이라고 하자. 그러면 $2\lambda \sum_{i=1}^{n} T_i$는 자유도가 $2n$인 카이제곱분포를 따른다.

증명 카이제곱분포에 대한 정의와 성질 6.5에 대한 증명은 9.2절에서 다룬다. ●

6.4 지수분포의 모수추정

지수분포는 한 개의 모수를 가지는 수명분포로서 고장률 λ 또는 평균수명(MTTF)이 $\theta\left(= \dfrac{1}{\lambda}\right)$로 표시되는 모수의 값이 주어지면 지수분포에 대한 모든 특성이 결정된다. 그러나 주어진 부품의 수명이 지수분포를 따른다는 것이 알려진 때에도 모수의 값을 모르는 경우가 대부분이며, 따라서 관측된 고장자료를 이용하여 모수의 값을 추정

하여야 한다. 이 절에서는 지수분포의 모수에 대한 점추정과 구간 추정을 위한 추정방법에 대하여 기술한다. 지수분포의 확률밀도함수는 λ가 모수일 때에는

$$f(t) = \lambda e^{-\lambda t}, \ t \geq 0$$

이고 θ를 모수로 할 때에는

$$f(t) = \frac{1}{\theta} e^{-\frac{t}{\theta}}, \ t \geq 0$$

으로 표시된다. 따라서 평균수명을 중시할 때에는 θ를 모수로 하고 고장률을 중시할 때에는 λ를 모수로 하는 것이 보통이다. 이 절에서는 $T \sim \exp(\lambda)$를 가정한다.

6.4.1 완전자료에 의한 모수추정

n개의 부품을 가지고 시점 $t=0$에서 시험을 시작하여 부품들의 고장시간이 모두 관측되었다고 가정하고 그 값들을 $t_1, t_2, \cdots, t_n$ 으로 표시하자. 이 경우 얻어진 고장자료는 완전자료이다.

(a) 점추정

λ에 대한 최대우도추정량(MLE)는 예제 4.4에서 구해진 대로 다음과 같이 주어진다.

$$\hat{\lambda} = \frac{n}{\sum_{i=1}^{n} t_i} \tag{6.1}$$

식 (6.1)의 $\hat{\lambda}$은 λ의 불편추정량(unbiased estimator)이며 MLE의 성질에 의하여 θ의 MLE는 $\hat{\theta} = \frac{1}{\hat{\lambda}} = \frac{\sum_{i=1}^{n} t_i}{n}$이 된다.

(b) 구간추정

λ에 대한 $100(1-\alpha)\%$ 신뢰구간을 유도하기 위해서는 먼저 점추정량 $\hat{\lambda}$의 표본분포를 구하여야 한다. $\hat{\lambda}$을 확률변수로 간주하기 위하여

$$\hat{\lambda} = \frac{n}{\sum_{i=1}^{n} T_i}$$

를 고려하자. 여기에서 $T_i \sim \exp(\lambda),\ i = 1, 2, \cdots, n$이고 $T_1, T_2, \cdots, T_n$ 은 서로 독립이다. 그러면 성질 4.5에 의하여

$$2\lambda \sum_{i=1}^{n} T_i = \frac{2n\lambda}{\hat{\lambda}}$$

은 자유도가 $2n$인 카이제곱분포를 따른다. 따라서 $\chi^2(k;p)$는 자유도가 k인 카이제곱분포의 $100(1-p)$ 백분위수, 즉 오른쪽 면적이 p가 되는 점을 나타낸다고 하면 다음과 같은 관계가 성립된다. 카이제곱분포에 대한 정의는 9.2절에서 기술되고 카이제곱분포의 확률밀도함수의 그래프가 [그림 9.3]에 그려져 있다.

$$\begin{aligned}
1-\alpha &= P\left\{\chi^2\left(2n\ ;\ 1-\frac{\alpha}{2}\right) < \frac{2n\lambda}{\hat{\lambda}} < \chi^2\left(2n\ ;\ \frac{\alpha}{2}\right)\right\} \\
&= P\left\{\frac{\hat{\lambda}}{2n}\chi^2\left(2n\ ;\ 1-\frac{\alpha}{2}\right) < \lambda < \frac{\hat{\lambda}}{2n}\chi^2\left(2n\ ;\ \frac{\alpha}{2}\right)\right\} \\
&= P\left\{\frac{\chi^2\left(2n\ ;\ 1-\frac{\alpha}{2}\right)}{2\sum_{i=1}^{n} T_i} < \lambda < \frac{\chi^2\left(2n\ ;\ \frac{\alpha}{2}\right)}{2\sum_{i=1}^{n} T_i}\right\}
\end{aligned}$$

따라서 지수분포의 고장률 λ에 대한 $100(1-\alpha)\%$ 신뢰구간은 다음과 같다.

$$\left(\frac{\chi^2\left(2n\ ;\ 1-\frac{\alpha}{2}\right)}{2\sum_{i=1}^{n} t_i},\ \frac{\chi^2\left(2n\ ;\ \frac{\alpha}{2}\right)}{2\sum_{i=1}^{n} t_i}\right)$$

$\lambda = \frac{1}{\theta}$의 관계를 이용하면 평균수명 θ에 대한 $100(1-\alpha)\%$ 신뢰구간은

$$\left(\frac{2n\hat{\theta}}{\chi^2\left(2n\ ;\ \frac{\alpha}{2}\right)},\ \frac{2n\hat{\theta}}{\chi^2\left(2n;\ 1-\frac{\alpha}{2}\right)}\right)$$

이 된다. 대표본($n \geq 30$)인 경우에는 중심극한정리에 의하여 θ에 대한 대표본 $100(1-\alpha)\%$ 신뢰구간은 다음과 같이 근사적으로 계산된다.

$$\left(\hat{\theta} - \frac{\hat{\theta}}{\sqrt{n}} z_{\alpha/2},\ \hat{\theta} + \frac{\hat{\theta}}{\sqrt{n}} z_{\alpha/2}\right)$$

이다. 이 공식은 $E(\hat{\theta}) = \theta$, $Var(\hat{\theta}) = \dfrac{\theta^2}{n}$을 이용하고 $z_{\alpha/2}$는 $P(Z > z_{\alpha/2}) = \dfrac{\alpha}{2}$를 만족하는 값을 표시한다.

예제 6.5

6개의 전자부품을 가지고 수명시험을 한 결과 다음과 같은 완전 데이터를 얻었다(단위: 일). 이 전자부품의 수명이 지수분포를 따른다는 것이 알려져 있을 때 고장률에 대한 점추정값과 95% 신뢰구간을 구하라.

1500 3200 1200 4200 2600 2900

풀이 주어진 완전자료로부터 $\sum_{i=1}^{6} t_i = 15600$이므로 고장률의 점추정값은

$$\hat{\lambda} = \frac{6}{15600} = 0.000385(\text{개수/일})$$

이다. 또한 $2n = 12, \alpha = 0.025$이므로 $\chi^2(12;0.975) = 4.40$, $\chi^2(12;0.025) = 23.34$이다. 따라서 고장률에 대한 95% 신뢰구간은

$$\left(\frac{\chi^2(12;0.975)}{2(21900)}, \frac{\chi^2(12;0.025)}{2(21900)}\right) = \left(\frac{4.40}{43800}, \frac{23.34}{43800}\right)$$
$$= (0.00010, 0.00053)$$

이 얻어진다. 또한 평균수명은 고장률의 역수이므로 평균수명에 대한 95% 신뢰구간은

$$\left(\frac{1}{0.00053}, \frac{1}{0.00010}\right) = (1886.8, 10000)$$

이다.

6.4.2 정수중단자료에 의한 모수추정

n개의 부품을 가지고 시점 $t=0$에서 수명시험을 시작하여 고장시간이 순차적으로 기록되고, 미리 정해진 $r \le n$개의 부품이 고장 나는 시점에서 시험을 중단하였을 때 얻어지는 자료가 정수중단자료이다(그림 5.2 참조). 이때 고장이 관측된 r개의 부품에 대한 고장시간을 순서대로 나열하면 $t_{(1)} \le t_{(2)} \le \cdots \le t_{(r)}$ 이 되고, 나머지 $(n-r)$개의 부품은 수명이 $t_{(r)}$보다 크다는 것이 기록된다. 이 경우 r의 값은 고정된 알려진 상수이나 시험중단시점인 $t_{(r)}$의 값은 부품의 수명분포에 의존하는 확률변수이다. 정수중단자료에 대한 평균수명 θ에 대한 우도함수는 다음과 같이 표시된다.

$$
\begin{aligned}
L(\theta) &= \frac{n!}{(n-r)!}\prod_{i=1}^{r}\frac{1}{\theta}exp(-t_{(i)}/\theta)\cdot\exp(-t_{(r)/\theta})^{(n-r)} \\
&= \frac{n!}{(n-r)!}\cdot\frac{1}{\theta^r}\exp-\frac{1}{\theta}(\sum_{i=1}^{r}t_{(i)}+(n-r)t_{(r)}).
\end{aligned}
$$

이 우도함수로부터 구해진 θ의 평균잔여수명함수은 다음과 같이 얻어진다.

$$
\hat{\theta}=\frac{\sum_{i=1}^{r}t_{(i)}+(n-r)t_{(r)}}{r}=\frac{T_c}{r} \tag{6.2}
$$

여기에서 $T_c=\sum_{i=1}^{r}t_{(i)}+(n-r)t_{(r)}$은 수명시험에 소요된 전체시험시간(total time on test)을 나타낸다.

정수중단자료의 경우에도 평균수명 θ에 대한 $100(1-\alpha)\%$ 신뢰구간은 완전자료의 경우와 마찬가지로 식 (6.2)의 $\hat{\theta}$에 대한 표본분포로부터 유도되는데 먼저 전체시험시간 T_c의 표본분포를 구해야 된다.

다음의 관계는 쉽게 증명될 수 있다.

$$
\begin{aligned}
T_c &= \sum_{i=1}^{r}t_{(i)}+(n-r)t_{(r)} \\
&= \sum_{i=1}^{r-1}t_{(i)}+(n-r+1)t_{(r)}
\end{aligned}
$$

$$= \sum_{i=1}^{r}(n-i+1)(t_{(i)}-t_{(i-1)})$$

$$= \sum_{i=1}^{r}(n-i+1)D_i$$

성질 4.3의 iii)에 의하여 $(n-i+1)D_i \sim \exp(\theta),\ i=1,2,\cdots,r$ 이므로 성질 4.5에 의하여 $\left(\lambda=\frac{1}{\theta}\right)$, $2\lambda T_c = \frac{2}{\theta}T_c$는 자유도가 $2r$인 카이제곱분포를 따른다. 따라서 θ에 대한 $100(1-\alpha)\%$ 신뢰구간은

$$\left(\frac{2T_c}{\chi^2(2r\ ;\ \frac{\alpha}{2})},\ \frac{2T_c}{\chi^2(2r\ ;\ 1-\frac{\alpha}{2})}\right) \tag{6.3}$$

이 구해진다. 고장률 λ에 대한 $100(1-\alpha)\%$ 신뢰구간은 $\lambda=\frac{1}{\theta}$의 관계를 이용하면 다음과 같이 얻어진다.

$$\left(\frac{\chi^2(2r\ ;\ 1-\frac{\alpha}{2})}{2T_c},\ \frac{\chi^2(2r\ ;\ \frac{\alpha}{2})}{2T_c}\right)$$

만일 $n \geq 30$인 대표본이면 $\hat{\theta}$은 근사적으로 평균이 θ이고 다음과 같은 분산을 가지는 정규분포를 따른다는 것이 알려져 있다(Lee, 1980).

$$\widehat{Var}(\hat{\theta}) = \frac{\hat{\theta}^2}{\sum_{i=1}^{n}(1-e^{-T_i/\hat{\theta}})}$$

T_i는 i번째 부품에 대한 고장관측시간(만일 시험중단시점까지 고장이 나지 않은 경우에는 시험중단시간)이다. 따라서 정수중단자료를 이용한 θ의 대표본 $100(1-\alpha)\%$ 신뢰구간은

$$\left(\hat{\theta}-z_{\alpha/2}\sqrt{\widehat{Var}(\hat{\theta})},\ \hat{\theta}+z_{\alpha/2}\sqrt{\widehat{Var}(\hat{\theta})}\right)$$

예제 6.6

$n=10$인 전자부품에 대한 수명시험에 대한 정수중단자료(단위: 시간)가 다음과 같이 얻어졌다고 하자. 만일 전자부품의 수명이 지수분포를 따른다고 가정하였을 때 부품의 평균수명 θ에 대한 MLE와 90% 신뢰구간을 구하라. 단, 3개 부품은 144시간에서 시험이 중단되었다.

$$28 \quad 47 \quad 56 \quad 65 \quad 71 \quad 102 \quad 144$$

풀이 $T_c = (28+47+56+65+71+102+144)+(10-7)\times 144 = 945$이다. 식 (6.2)에 의하여 θ의 MLE는 다음과 같이 추정된다.

$$\hat{\theta} = \frac{945}{7} = 135$$

그리고 $\chi^2(2r\ ;\frac{\alpha}{2}) = \chi^2(14;0.05) = 23.68$, $\chi^2(2r\ ;1-\frac{\alpha}{2}) = \chi^2(14;0.95) = 6.57$이므로 θ의 90% 신뢰구간은 다음과 같다.

$$\left(\frac{2\times 945}{23.68}, \frac{2\times 945}{6.57}\right) = (79.814, 287.671)$$

6.4.3 정시중단자료에 의한 모수추정

정시중단자료는 n개의 부품을 가지고 시점 $t=0$에서 시작한 수명시험을 미리 정해진 시점 t_c에서 중단하였을 때 얻어지는 고장자료로서 만일 $0 \le r \le n$개의 고장이 관측되었다고 가정하고 r개 고장시간을 순서대로 나열하면 $t_{(1)} \le \cdots \le t_{(r)}$과 나머지 $(n-r)$개의 부품은 수명이 t_c보다 크다는 것이 기록된다. 이 경우 시험중단시점인 t_c의 값은 고정된 알려진 상수이나 r은 부품의 수명분포에 의존하는 확률변수이다. R이 시험기간 $(0, t_c]$ 동안에 발생한 고장 개수를 나타내는 확률변수라고 하면 정수중단자료에 대한 평균수명 θ에 대한 우도함수는 다음과 같이 표시된다. $0 < t_{(1)} \le \cdots \le t_{(r)} < t_c$에 대하여

$$L(\theta) = f(t_{(1)}, \cdots, t_{(r)} \mid R=r) f_R(r)$$

$$= \left\{ r! \prod_{i=1}^{r} \frac{f(t_{(i)})}{F(t_c)} \right\} \cdot \left\{ \frac{n!}{r!(n-r)!} [F(t_c)]^r [1-F(t_c)]^{n-r} \right\}$$

$$= \frac{n!}{(n-r)!} [1-F(t_c)]^{n-r} \prod_{i=1}^{r} f(t_{(i)})$$

$$= \frac{n!}{(n-r)!} \frac{1}{\theta^r} exp\left(- \frac{\sum_{i=1}^{r} t_{(i)} + (n-r)t_c}{\theta} \right)$$

F는 부품의 누적분포함수(불 신뢰도함수)로서 $F(t_c) = 1 - e^{-t_c/\theta}$이다. 우도함수를 최대로 하는 θ의 MLE는 다음과 같이 얻어진다.

$$\hat{\theta} = \frac{\sum_{i=1}^{r} t_{(i)} + (n-r)t_c}{r} = \frac{T^*}{r} \tag{6.4}$$

$T^* = \sum_{i=1}^{r} t_{(i)} + (n-r)t_c$는 전체 시험시간이다. Lee(1992)는 $\frac{2r\hat{\theta}}{\theta} = \frac{2T^*}{\theta}$이 자유도가 $2r$인 카이제곱분포를 따른다는 것을 증명하였다. 따라서 정시중단자료를 이용한 θ의 $100(1-\alpha)\%$ 신뢰구간은

$$\left(\frac{2T^*}{\chi^2(2r\ ;\ \frac{\alpha}{2})},\ \frac{2T^*}{\chi^2(2r\ ;\ 1-\frac{\alpha}{2})} \right) \tag{6.5}$$

이다.

예제 6.7

강철 절단기의 평균수명을 추정하기 위하여 10개의 절단기를 연속해서 사용하고 고장시간(단위: 분)을 관측하였다. 절단기의 수명은 지수분포를 따른다는 것이 알려져 있고 예산의 제한 때문에 이 수명시험은 50,000분까지만 계속하기로 하였다. 관측된 6개의 고장시간은 다음과 같고, 나머지 4개는 시험중단시점까지 고장이 나지 않았다. 평균수명에 대한 90% 신뢰구간을 구하라.

3000 7000 12000 18000 20000 30000

풀이 이 경우 $r=6$이고

$$T^{*}=(3000+7000+12000+18000+20000+30000)+(50000\times 4)=290000$$

이다. 따라서 θ의 MLE는 $\hat{\theta}=\dfrac{290000}{6}=48333$(분)으로 추정된다. $\chi^2(12\ ;\ 0.05)=21.026$, $\chi^2(12\ ;\ 0.95)=5.226$이므로 식 (6.5)을 이용하면 평균수명 θ에 대한 90% 신뢰구간은 다음과 같다.

$$\left(\frac{2\times 290000}{21.026},\ \frac{2\times 290000}{5.226}\right)=(27585,\ 110984)$$

6.5 포아송과정과의 관계

X가 주어진 사건이 단위시간 동안 또는 단위면적에서 발생하는 사건의 개수를 나타내는 확률변수라고 하고 평균 λ개의 사건이 발생한다고 가정하자. 만일 X의 확률밀도함수가

$$f(x)=P(X=x)=\frac{\lambda^{x}e^{-\lambda}}{x\ !},\quad x=0,1,\cdots$$

이면 X는 모수가 λ인 포아송분포를 따른다고 하며 $X\sim Pos(\lambda)$로 표시한다.

성질 6.6 $X\sim Pos(\lambda)$이면 $E(X)=\lambda$, $Var(X)=\lambda$이다. ●

성질 6.7 주어진 사건이 단위시간당 평균 λ개 발생하는 포아송분포를 따른다고 하고 구간 $(0,t]$, $t>0$ 동안에 발생하는 사건의 개수를 Y라고 하자. 그러면 $Y\sim Pos(\lambda t)$이 성립된다. $k=1,2,\cdots$ 에 대하여 D_k를 $(k-1)$번째와 k번째 사건의 간격(spacing)을 나타낸다고 하면 $D_1, D_2, \cdots$ 는 서로 독립이고 각각 고장률이 λ인 지수분포를 따른다.

증명 먼저 첫 번째 사건이 발생할 때까지 걸리는 시간인 D_1의 확률분포를 구해 보

자. D_1의 신뢰도함수를 $R_1(t)$로 표시하면

$$
\begin{aligned}
R_1(t) &= P(D_1 > t) \\
&= P(\text{구간 } (0,t] \text{ 동안에 사건이 0번 발생}) \\
&= \frac{(\lambda t)^0 e^{-\lambda t}}{0!} = e^{-\lambda t},\ t \geq 0
\end{aligned}
$$

이 된다. 즉 $D_1 \sim \exp(\lambda)$이다. D_2의 신뢰도함수를 $R_2(t)$로 표시하면 다음과 같다.

$$
\begin{aligned}
R_2(t) &= P(D_2 > t \mid D_1 = d_1) \\
&= P(\text{구간 } (d_1, d_1 + t] \text{ 동안에 사건이 0번 발생} \mid D_1 = d_1) \\
&= P(\text{구간 } (0,t] \text{ 동안에 사건이 0번 발생}) \\
&= e^{-\lambda t}
\end{aligned}
$$

세 번째 등식은 포아송분포의 가정에 의한 것으로 $D_2 \sim \exp(\lambda)$이다. 마찬가지 방법으로 모든 k에 대하여 $D_k \sim \exp(\lambda)$이 성립되고 독립성은 포아송분포의 가정으로부터 성립된다. ●

성질 6.8 T_k가 $(k-1)$번째와 k번째 사건의 간격(spacing)을 나타내고 $T_1, T_2, \cdots$가 서로 독립이고 각각 고장률이 λ인 지수분포를 따른다고 하자. 그러면 구간 $(0, t]$ 동안에 발생하는 사건의 개수는 모수 λt를 가지는 포아송분포를 따른다.

증명 $T = T_1 + T_2 + \cdots + T_n$ 은 n번째 사건이 발생할 때까지 걸리는 시간을 나타내며 T가 다음과 같은 확률밀도함수 $f_T(t)$와 신뢰도함수 $R_T(t)$를 가진다.

$$
\begin{aligned}
f_T(t) &= \frac{(\lambda t)^{n-1}}{(n-1)!} \lambda e^{-\lambda t},\ \ t \geq 0 \\
R_T(t) &= \sum_{k=0}^{n-1} \frac{(\lambda t)^k}{k!} e^{-\lambda t},\ \ t \geq 0
\end{aligned}
$$

T의 확률분포는 모수 n과 λ를 가지는 감마분포로 알려져 있으며 7절에서 자세하게 정의된다. 구간 $(0, t]$ 동안에 발생하는 사건의 개수를 확률변수 N으로 표시하면

$$
P(N = n) = P(T_1 + T_2 + \cdots + T_n \leq t < T_1 + T_2 + \cdots + T_n + T_{n+1})
$$

$$= P(T_1 + T_2 + \cdots + T_{n+1} > t) - P(T_1 + T_2 + \cdots + T_n > t)$$

$$= \sum_{k=1}^{n} \frac{(\lambda t)^k}{k!} e^{-\lambda t} - \sum_{k=1}^{n-1} \frac{(\lambda t)^k}{k!} e^{-\lambda t}$$

$$= \frac{(\lambda t)^n}{n!} e^{-\lambda t}, n = 0, 1, 2, \cdots$$

이 된다. 따라서 $N \sim Pos(\lambda t)$이 성립된다. ●

예제 6.8

어느 시스템은 평균적으로 $\frac{1}{5}$(개/년)의 비율로 포아송분포에 따라서 고장이 발생한다고 하자. 이 시스템이 3년 동안 고장 없이 가동되는 확률을 구하라.

풀이 시스템의 첫 번째 고장까지 걸리는 시간을 T라고 하자. 그러면 $T \sim \exp\left(\lambda = \frac{1}{5}\right)$이다. 따라서 구하고자 하는 확률은 다음과 같다.

$$P(T > 3) = e^{-\frac{t}{5}} \mid_{t=3} = e^{-\frac{3}{5}} = 0.5488$$

연습 문제

1. 어떤 부품의 고장시간이 지수분포를 따르며, 그 부품의 고장률은 $\lambda = 0.001$ 라고 한다.

① 이 부품의 평균고장시간을 구하여라.

② 이러한 부품이 100단위시간 동안 고장 없이 잘 작동할 확률을 구하여라.

③ $t = 50$(단위시간)에서 이 부품의 고장률을 구하여라.

④ $t = 500$(단위시간)에서 이 부품의 고장률을 구하여라.

⑤ 위의 ③과 ④의 결과로부터 알 수 있는 사실은 무엇인가?

⑥ 이러한 부품의 10%가 고장 나는 시점인 B_{10} 수명을 구하여라.

⑦ 이러한 부품이 처음 50단위시간 동안에 고장 날 확률을 구하여라.

⑧ 1,000시간 동안 고장 없이 정상적으로 작동하던 이러한 부품이 그 다음 50단위시간 동안에 고장 날 확률을 구하여라.

⑨ 위의 ②와 ⑧의 결과로부터 알 수 있는 사실은 무엇인가?

2. P사에서 제조한 경고등의 고장률은 일정하고 평균고장시간(MTTF)은 2,000시간으로 알려져 있을 때, 다음을 해결하여라.

① 이 경고등이 700시간 동안 고장 없이 잘 작동할 확률을 구하여라.

② 이 경고등의 10%가 고장 나는 시점인 B_{10} 수명을 구하여라.

③ 만약 경고등이 하루에 2시간 사용되고 1년(365일)의 보증기간이 주어진다면, 어느 정도의 경고등이 보증기간에서 고장 나서 P사의 고장(서비스)센터로 오겠는가?

3. P사에서 제조한 6개의 전자부품에 대한 수명시험 결과 다음과 같은 고장자료(단위: 시간)를 얻었으며, 이 부품의 고장률은 일정하다고 한다.

1000	1500	2000	3400	5600	7800

① 이러한 부품의 고장률을 추정하여라.

② 이러한 부품의 평균수명을 추정하여라.

③ 이러한 부품이 2,500시간 동안 고장 없이 잘 작동할 확률을 구하여라.

④ 이러한 부품의 10%가 고장 나는 시점인 B_{10} 수명을 구하여라.

4. 3번의 고장자료를 사용하여 P사의 전자부품에 대한 고장률과 평균수명의 95% 신뢰구간을 구하여라.

5. S사에서 제조한 전자부품의 수명시간은 지수분포를 따르는 것으로 알려져 있으며, 8개 부품 중 5개의 부품에서 고장이 발생되면 수명시험을 중단하고자 하였다. 다음은 이러한 수명시험 결과로 얻은 고장자료이다.

1100	1500	2200	3400	5500

① 이러한 부품의 고장률을 추정하여라.
② 이러한 부품의 평균수명을 추정하여라.
③ 이러한 부품이 2,500시간 동안 고장 없이 잘 작동할 확률을 구하여라.
④ 이러한 부품의 10%가 고장 나는 시점인 B_{10} 수명을 구하여라.

6. 서로 독립인 5개의 실리콘 다이오드, 2개의 실리콘 트랜지스터, 10개의 저항, 5개의 커패시터가 각각 다음과 같은 지수분포의 고장률을 갖는다고 한다. 이때 이러한 44개의 부품들이 직렬로 연결되어 있는 전자제품의 시스템 고장률을 구하여라.

- 실리콘 다이오드: $\lambda_D = 3$
- 실리콘 트랜지스터: $\lambda_T = 10$
- 저항: $\lambda_R = 1$
- 커패시터: $\lambda_C = 2$

7장

와이블분포의 분석

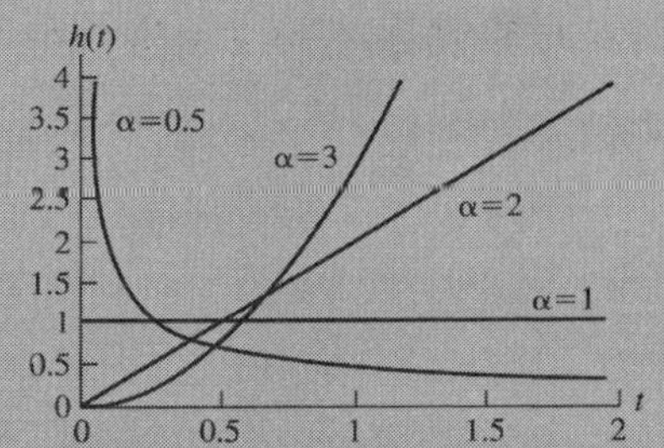

이 장에서는 신뢰성 공학 분야에서의 수명모형으로 가장 많이 사용되는 분포 중의 하나인 와이블분포의 정의와 성질 및 자료 분석방법에 대하여 설명한다. 와이블분포는 지수분포를 보다 일반화시킨 모형으로 서로 독립인 확률변수들의 최솟값에 대한 극한 분포의 형태를 가진다. 스웨덴의 과학자 와이블(W. Weibull)은 1939년에 재료의 파괴 강도를 설명하기 위하여 처음으로 와이블분포를 제안하였으며 그 이후 베어링 고장(Lieblein and Zelen, 1956), 진공관의 고장(Kao, 1958) 등을 모형화하기 위하여 와이블분포가 적용되었다. 현대에 와서는 특히 시스템의 구조가 복잡해지고 고장률이 다양한 패턴을 보이게 됨에 따라 와이블분포는 보다 광범위한 분야에 적용되고 있으며 지수분포와 함께 신뢰성분석을 위한 중심적인 수명모형으로 활용되고 있다.

7.1 정의와 성질

지수분포는 무기억성 때문에 응용 분야가 제한될 뿐만 아니라 고장률이 나이에 관계없이 일정하다는 성질은 비현실적이고, 고장자료의 분석에 부적합한 경우도 종종 있다. 와이블분포는 고장률이 상수인 경우, 증가하는 경우와 감소하는 경우 등을 모형화하는 수명분포로서 다양한 형태의 고장자료와 수명특성을 분석하는 데 널리 활용되고 있다. 가장 일반적인 형태의 와이블분포는 3개의 모수를 가지고 있으나 이 절에서는 주로 2-모수 와이블분포에 대하여 기술하고 3-모수 와이블분포는 7.1.2절에서 간단하게 기술한다.

7.1.1 2-모수 와이블분포

어느 부품의 고장률함수가 다음과 같이 나이 t의 멱함수로 표시되는 경우를 고려하자.

$$h(t) = \frac{\alpha}{\theta^{\alpha}} t^{\alpha-1}, \ \ t \geq 0$$

3.2절에서 설명된 역공식을 이용하여 신뢰도함수 $R(t)$를 계산하면 $t \geq 0$에 대하여

$$R(t) = e^{-\int_0^t h(u)du}$$

$$= e^{-\int_0^t \frac{\alpha}{\theta^\alpha} u^{\alpha-1u} du}$$

$$= e^{-(\frac{t}{\theta})^\alpha}$$

이 얻어진다. 이러한 신뢰도함수를 가지는 확률변수 T를 형상모수(shape parameter) α와 척도모수(scale parameter) θ인 와이블분포를 따른다고 하며 $T \sim Wb(\alpha, \theta)$로 표시한다. 이 경우 T의 확률밀도함수와 불 신뢰도함수는 각각 다음과 같다.

i) 불신뢰도함수: $F(t) = 1 - R(t) = 1 - e^{-(\frac{t}{\theta})^\alpha}, \ t \geq 0$

ii) 확률밀도함수: $f(t) = \frac{d}{dt}F(t) = \frac{\alpha}{\theta^\alpha} t^{\alpha-1} e^{-(\frac{t}{\theta})^\alpha}, \ t \geq 0$

척도모수는 종종 $\lambda(= \frac{1}{\theta})$로 표시되는 경우도 있으며, 이러한 경우에는 $T \sim Wb(\alpha, \lambda)$으로 표시한다.

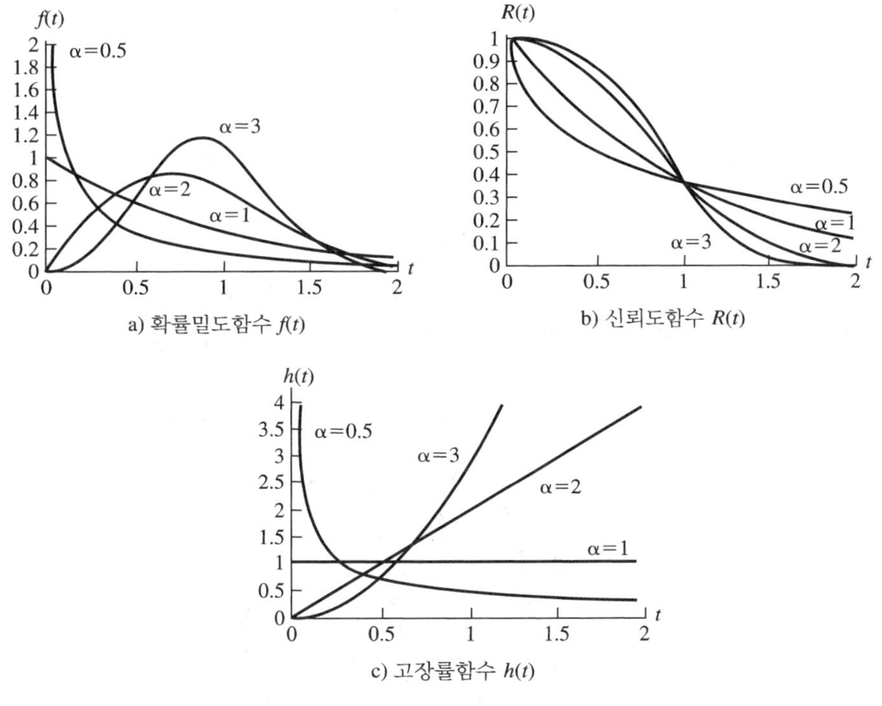

a) 확률밀도함수 $f(t)$

b) 신뢰도함수 $R(t)$

c) 고장률함수 $h(t)$

그림 7.1 $\theta = 1$인 와이블분포의 그래프

[그림 7.1]은 $\theta=1$, $\alpha=0.5, 1, 2, 3$인 경우의 와이블분포의 $f(t)$, $R(t)$ 및 고장률 $h(t)$의 그래프를 나타낸다. 특히 $h(t)$의 그래프는 $\alpha=1$이면 고장률은 상수이고 $\alpha>1$인 경우에는 고장률은 t의 증가함수이고 $\alpha=0.5$인 경우에는 고장률은 t의 감소함수인 것을 보여 준다.

7.1.2 3-모수 와이블분포

시스템의 수명이 일정기간 동안 보장되는 경우에는 3-모수 와이블분포를 적용하는 것이 보다 적절하다. 즉 시스템의 수명이 $\gamma \geq 0$보다 큰 경우에는 2-모수 와이블분포를 우측으로 γ만큼 이동시킨 다음과 같은 3-모수 와이블분포를 고려하며 이 경우 γ는 위치모수(location parameter)로서 와이블 그래프의 시작점을 나타낸다. 3-모수 와이블분포의 신뢰도함수, 확률밀도함수 및 고장률함수 등은 다음과 같이 정의된다.

i) 신뢰도함수: $R(t)= e^{-(\frac{t-\gamma}{\theta})^{\alpha}}$, $\alpha,\theta>0$, $0<\gamma<\infty$, $t\geq\gamma$

ii) 불 신뢰도함수: $F(t)=1-R(t)=1-e^{-(\frac{t-\gamma}{\theta})^{\alpha}}$

iii) 확률밀도함수: $f(t)=\dfrac{dF(t)}{dt}=\dfrac{\alpha}{\theta}(\dfrac{t-\gamma}{\theta})^{\alpha-1}e^{-(\frac{t-\gamma}{\theta})^{\alpha}}$

iv) 고장률함수: $h(t) = \dfrac{f(t)}{R(t)}=\dfrac{\alpha}{\theta}(\dfrac{t-\gamma}{\theta})^{\alpha-1}=\dfrac{\alpha}{\theta^{\alpha}}(t-\gamma)^{\alpha-1}$

[그림 7.2]는 위치모수 γ가 확률밀도함수 $f(t)$에 어떻게 영향을 미치는가를 보여준다. 만일 $\gamma=0$이면 7.1.1절의 2-모수 와이블분포가 되며, 이 책에서는 특별히 언급되지 않는 한 와이블분포는 2-모수 와이블분포를 의미한다.

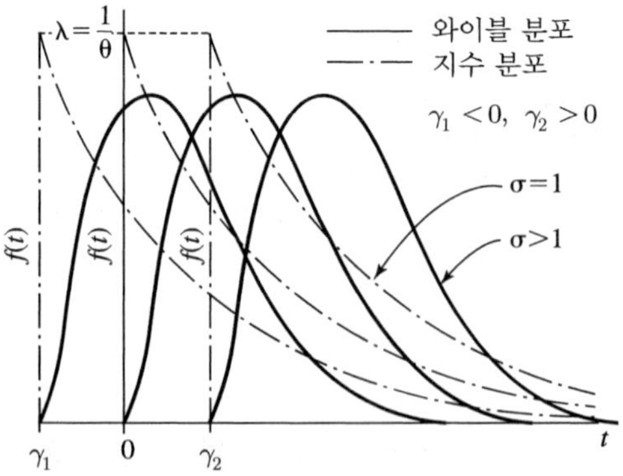

그림 7.2 위치모수 γ의 와이블 그래프에 대한 영향

7.2 신뢰성 척도함수

$T \sim Wb(\alpha, \theta)$를 가정하면 T의 확률밀도함수는 다음과 같다.

$$f(t) = \frac{\alpha}{\theta^\alpha} t^{\alpha-1} e^{-(\frac{t}{\theta})^\alpha}, t \geq 0$$

수명이 와이블분포를 따르는 부품의 신뢰성 척도함수를 계산하면 다음과 같다. 모든 함수는 $t \geq 0$에 대하여 성립된다.

i) 신뢰도함수

$$R(t) = e^{-(\frac{t}{\theta})^\alpha}$$

ii) 불신뢰도함수

$$F(t) = 1 - R(t) = 1 - e^{-(\frac{t}{\theta})^\alpha}$$

iii) 고장률함수

$$h(t) = \frac{\alpha}{\theta^\alpha} t^{\alpha-1}$$

iv) 누적고장률함수

$$H(t) = -\ln R(t) = (\frac{t}{\theta})^\alpha$$

v) 평균잔여수명함수

$$m(t) = \frac{\int_t^\infty R(u)du}{R(t)} = \frac{\int_t^\infty e^{-(\frac{u}{\theta})^\alpha} du}{e^{-(\frac{t}{\theta})^\alpha}}$$

$\alpha = 1$인 경우에는 $m(t) = \theta$가 된다. $\alpha = 2$인 경우에는

$$\int_t^{\infty} e^{-(\frac{u}{\theta})^2} du = \sqrt{\pi}\,\theta \int_t^{\infty} \frac{1}{\sqrt{\pi}\,\theta} e^{-\frac{1}{\theta^2}u^2} du = \sqrt{\pi}\,\theta\,[1-\Phi(t)]$$

이므로

$$m(t) = e^{(\frac{t}{\theta})^2} \sqrt{\pi}\ \theta(1-\Phi(t))$$

이 얻어진다. 여기에서 $\Phi(t) = P(Z \le t)$는 표준정규분포의 누적분포함수이다. 그러나 일반적인 α의 값에 대한 $m(t)$의 공식은 계산할 수 없으며 수치적 방법을 이용하여야 한다.

vi) k차 적률

$$E(T^k) = \theta^k \Gamma(1+\frac{k}{\alpha}),\ \ k \ge 1$$

증명

$$E(T^k) = \int_0^{\infty} t^k \frac{\alpha}{\theta}(\frac{t}{\theta})^{\alpha-1} e^{-(\frac{t}{\theta})^{\alpha}} dt = \int_0^{\infty} t^{k+\alpha-1} \frac{1}{\theta^{\alpha}} \alpha e^{-(\frac{t}{\theta})^{\alpha}} dt$$

여기에서 $t^{\alpha} = y$로 치환하면 $t = y^{\frac{1}{\alpha}}, \alpha t^{\alpha-1}dt = dy$ 이 되며, 따라서 앞의 식은

$$\int_0^{\infty} \left(y^{\frac{1}{\alpha}}\right)^{k+\alpha-1} \frac{1}{\theta^{\alpha}} \alpha e^{-\frac{y}{\theta^{\alpha}}} \frac{1}{\alpha\left(y^{\frac{1}{\alpha}}\right)^{\alpha-1}} dy$$

$$= \frac{1}{\theta^{\alpha}} \int_0^{\infty} y^{\frac{k}{\alpha}} e^{-\frac{y}{\theta^{\alpha}}} dy$$

$$= \frac{1}{\theta^{\alpha}} \Gamma(1+\frac{k}{\alpha}) \theta^{\alpha(1+\frac{k}{\alpha})} = \theta^k \Gamma(1+\frac{k}{\alpha})$$

이 얻어진다. 따라서 $E(T) = MTTF = \theta\Gamma(1+\frac{1}{\alpha}),\ E(T^2) = \theta^2\Gamma(1+\frac{2}{\alpha})$ 이며 T의 분산은 $\theta^2[\Gamma(1+\frac{2}{\alpha}) - \Gamma^2(1+\frac{1}{\alpha})]$이다.

vii) $100p$ 백분위수

$$t_p = \theta[-\ln(1-p)]^{\frac{1}{\alpha}}$$

증명

$$R(t_p) = e^{-\left(\frac{t_p}{\theta}\right)^\alpha} = 1-p$$

$$\Rightarrow \left(\frac{t_p}{\theta}\right)^\alpha = -\ln(1-p)$$

$$\Rightarrow t_p = \theta[-\ln(1-p)]^{\frac{1}{\alpha}}$$

다음의 [표 7.1]은 $\theta = 1$인 와이블분포의 사분위수(quartile)를 $\alpha = 1, 2, 3, 4, 10$에 대하여 계산한 결과이다.

표 7.1 $\theta = 1$인 와이블분포의 사분위수

p	α = 1	α = 2	α = 3	α = 4	α = 10
0.25	0.288	0.536	0.660	0.732	0.883
0.50	0.693	0.833	0.885	0.912	0.964
0.75	1.386	1.177	1.115	1.085	1.033

예제 7.1

어느 부품의 수명(단위: 시간)이 형상모수가 2이고 척도모수가 1000인 와이블분포를 따른다고 하자. $R(500)$과 $t_{0.1}$을 구하라.

풀이 이 부품의 $t = 500$시간에서의 신뢰도는

$$R(500) = e^{-\left(\frac{500}{1000}\right)^2} = e^{-\frac{1}{4}} = 0.779$$

이다. 즉 전체 부품의 77.9%는 500시간 이상 가동된다는 것을 의미한다. 백분위수 $t_{0.1} = 1000(-\ln(0.9))^{\frac{1}{2}} = 1000(0.1054)^{\frac{1}{2}} = 324.6$이다. 이것은 전체 부품의 90%는 324.6시간 이상 가동된다는 것을 의미한다.

성질 7.1 만일 $T_1, T_2, \cdots, T_n$ 이 서로 독립이고 각각 형상모수와 척도 모수가 α와 θ인 동일한 와이블분포를 가진다고 하자. 이 경우에 $T = \min(T_1, T_2, \cdots, T_n)$ 은 형상모수가 α, 척도모수가 $\theta n^{-\frac{1}{\alpha}}$ 인 와이블분포를 가진다.

증명 T의 신뢰도함수 $R(t)$는 다음과 같이 계산된다.

$$
\begin{aligned}
R(t) &= P(\min(T_1, T_2, \cdots, T_n) > t) = P(T_1 > t, T_2 > t, \cdots, T_n > t) \\
&= P(T_1 > t)P(T_2 > t)\cdots P(T_n > t) \ \text{(독립성에 의하여)} \\
&= e^{-(\frac{t}{\theta})^\alpha} e^{-(\frac{t}{\theta})^\alpha} \cdots e^{-(\frac{t}{\theta})^\alpha} = e^{-n(\frac{t}{\theta})^\alpha} = e^{-(n^{\frac{1}{\alpha}} t/\theta)^\alpha}
\end{aligned}
$$

따라서 $T \sim Wb(\alpha, \theta n^{-\frac{1}{\alpha}})$ 이 성립된다. 이러한 결과는 $Wb(\alpha, \theta)$인 분포를 따르는 n개의 부품으로 구성된 직렬계의 수명은 형상모수가 α이고 척도 모수가 $\theta n^{-\frac{1}{\alpha}}$ 인 와이블분포를 따른다는 것을 의미한다. ●

예제 7.2

10개의 독립적으로 가동되는 부품으로 구성되는 직렬계의 수명을 T라고 하자. 만일 각 부품의 수명이 $Wb(\alpha = 2, \theta = 100)$을 따르는 경우에 직렬계의 평균수명을 구하라.

풀이 각 부품의 평균수명은 $100\Gamma(1 + \frac{1}{2}) = 100 \times \frac{1}{2}\sqrt{\pi} = 88.6$이고 $T \sim Wb(\alpha = 2, \theta n^{-\frac{1}{\alpha}} = \frac{100}{\sqrt{10}})$이므로 직렬계의 MTTF는 $\frac{100}{\sqrt{10}}\Gamma(1 + \frac{1}{2}) =$ 28.0이 된다.

7.3 완전자료에 의한 모수추정

시험 중인 n개의 부품에 대한 고장시간 $t_1, t_2, \cdots, t_n$ 이 관측되었다고 가정하고 이

완전자료를 이용하면 2-모수 와이블분포의 형상모수 α와 척도모수 θ의 최대우도추정량(MLE)은 다음과 같이 계산된다. 모수 α와 θ의 우도함수는

$$L(\alpha, \theta) = \prod_{i=1}^{n} \frac{\alpha}{\theta^{\alpha}} t_i^{\alpha - 1} e^{-(\frac{t_i}{\theta})^{\alpha}}$$

$$= \left(\frac{\alpha}{\theta^{\alpha}}\right)^n \prod_{i=1}^{n} t_i^{\alpha-1} e^{-\sum_{i=1}^{n}(\frac{t_i}{\theta})^{\alpha}}$$

양변에 자연대수를 취하면

$$\ln L(\alpha, \theta) = n\,(\ln\alpha - \alpha\ln\theta) + (\alpha - 1)\sum_{i=1}^{n}\ln t_i - \sum_{i=1}^{n}(\frac{t_i}{\theta})^{\alpha}$$

이 된다. 이 함수의 α와 θ에 대한 일차도함수를 구하고 0으로 놓으면 다음과 같은 두 개의 방정식을 얻는다.

$$\frac{n}{\alpha} - n\,l\,\theta + \sum_{i=1}^{n} l\,t_i - \sum_{i=1}^{n}(\frac{t_i}{\theta})^{\alpha}\, l(\frac{t_i}{\theta}) = 0 \tag{7.1}$$

$$\frac{-n\alpha}{\theta} + \frac{\alpha}{\theta^{\alpha+1}}\sum_{i=1}^{n} t_i^{\alpha} = 0 \tag{7.2}$$

식 (7.1)과 (7.2)를 동시에 만족시키는 α와 θ의 값이 MLE가 되는데 먼저 식 (7.2)를 θ에 대해서 풀면

$$\hat{\theta} = \left(\frac{\sum_{i=1}^{n} t_i^{\alpha}}{n}\right)^{\frac{1}{\alpha}}$$

이 얻어진다. $\hat{\theta}$을 식 (7.1)에 대입하면 다음과 같은 α에 대한 방정식을 얻는다.

$$\frac{1}{\alpha} + \frac{1}{n}\sum_{n=1}^{n}\ln t_i - \frac{\sum_{i=1}^{n} t_i^{\alpha}\ln t_i}{\sum_{i=1}^{n} t_i^{\alpha}} = 0 \tag{7.3}$$

식 (7.3)의 α에 대한 해 $\hat{\alpha}$가 MLE이며 Newton–Raphson 방법을 이용하여 수치적으로 계산된다. 일단 $\hat{\alpha}$가 결정되면 θ의 MLE $\hat{\theta}$은 다음과 같다.

$$\hat{\theta} = \left(\frac{\sum_{i=1}^{n} t_i^{\hat{\alpha}}}{n} \right)^{\frac{1}{\hat{\alpha}}}$$

$\hat{\alpha}$ 와 $\hat{\theta}$의 정확한 분포를 모르는 경우에는 α와 θ에 대한 소표본 신뢰구간을 구할 수 없다. 그러나 대표본인 경우에는 α와 θ에 대한 $100(1-\nu)\%$ 신뢰구간이 다음과 같이 근사적으로 계산된다. 만일

$$S_0 = \sum_{i=1}^{n} t_i^{\hat{\alpha}}$$

$$S_1 = \sum_{i=1}^{n} t_i^{\hat{\alpha}} (\ln t_i)$$

$$S_2 = \sum_{i=1}^{n} t_i^{\hat{\alpha}} (\ln t_i)^2$$

이라고 하고 $\hat{\eta} = \hat{\theta}^{\hat{\alpha}}$으로 잡으면 $\hat{\alpha}$와 $\hat{\eta}$의 분산은 각각 다음과 같이 근사적으로 계산될 수 있다.

$$Var(\hat{\alpha}) \cong \frac{\widehat{\alpha^2} S_0^2}{n(S_0^2 + \widehat{\alpha^2} S_0 S_2 - \widehat{\alpha^2} S_1^2)} \tag{7.4}$$

$$Var(\hat{\eta}) \cong \frac{S_0}{n^2} \left(\frac{S_0}{\widehat{\alpha^2}} + S_2 \right) Var(\hat{\alpha}) \tag{7.5}$$

따라서 α와 $\eta(=\theta^{\alpha})$에 대한 $100(1-\nu)\%$ 신뢰구간은 각각 $(\hat{\alpha} - z_{\nu/2}\sqrt{Var(\hat{\alpha})},$ $\hat{\alpha} + z_{\nu/2}\sqrt{Var(\hat{\alpha})})$과 $(\hat{\eta} - z_{n/2}\sqrt{Var(\hat{\eta})},$ $\hat{\eta} + z_{\nu/2}\sqrt{Var(\hat{\eta})})$이다. θ에 대한 신뢰구간은 $\theta = \eta^{\frac{1}{\alpha}}$의 관계를 이용하여 η의 신뢰구간으로부터 구한다.

7.4 불완전자료에 의한 모수추정

이 절에서는 정수중단자료를 이용하여 α와 θ의 MLE를 구하는 방법에 대하여 설명한다. 2-모수 와이블 수명분포를 따르는 n개의 부품을 가지고 수명시험을 수행하여 $r(\leq n)$개의 고장이 발생한 시점에서 시험을 중단하였을 때 얻어진 고장자료를 크기 순서로 나열하여 $t_{(1)} \leq t_{(2)} \leq \cdots \leq t_{(r)}$으로 나타낸다. 나머지 $(n-r)$개의 부품에 대한 고장자료는 시점 $t_{(r)}$에서 절단된다. 정수중단자료가 주어진 경우의 α와 θ에 대한 우도함수는

$$
\begin{aligned}
L(\alpha,\theta) &= \frac{n!}{(n-r)!}\left\{\prod_{i=1}^{r}\frac{\alpha}{\theta}\left(\frac{t_{(i)}}{\theta}\right)^{\alpha-1}e^{-\left(\frac{t_{(i)}}{\theta}\right)^{\alpha}}\right\}e^{-\left(\frac{t_{(r)}}{\theta}\right)^{\alpha\, n-r}} \\
&= \frac{n!}{(n-r)!}\left(\frac{\alpha}{\theta}\right)^{r}\prod_{i=1}^{r}\left(\frac{t_{(i)}}{\theta}\right)^{\alpha-1}\exp\left\{-\sum_{i=1}^{r}\left(\frac{t_{(i)}}{\theta}\right)^{\alpha}-(n-r)\left(\frac{t_{(r)}}{\theta}\right)^{\alpha}\right\}
\end{aligned}
$$

으로 표시된다. 양변에 자연대수를 취하면

$$
\begin{aligned}
\ln L(\alpha,\theta) = \ln\frac{n!}{(n-r)!} &+ r(\ln\alpha-\ln\theta)+(\alpha-1)(\ln t_{(i)}-\ln\theta) \\
&-\sum_{i=1}^{r}\left(\frac{t_{(i)}}{\theta}\right)^{\alpha}-(n-r)\left(\frac{t_{(r)}}{\theta}\right)^{\alpha} \quad . \qquad (7.6)
\end{aligned}
$$

α와 θ의 MLE를 구하기 위하여 식 (7.6)의 함수의 α와 θ에 대한 일차 도함수를 각각 0으로 놓으면 다음과 같은 두 개의 방정식을 얻게 된다.

$$
-r+\frac{1}{\theta^{\alpha}}\sum_{i=1}^{r}t_{(i)}^{\alpha}+(n-r)t_{(r)}^{\alpha}=0 \qquad (7.7)
$$

$$
\frac{r}{\alpha}+\sum_{i=1}^{r}\ln t_{(i)}-\frac{1}{\theta^{\alpha}}\sum_{i=1}^{r}t_{(i)}^{\alpha}\ln t_{(i)}+(n-r)t_{(r)}^{\alpha}\ln t_{(r)}=0 \qquad (7.8)
$$

식 (7.7) 로부터 얻어진 θ^{α}의 값을 식 (7.8)에 대입하면

$$\frac{\sum_{i=1}^{r} t_{(i)}^{\alpha} \ln t_{(i)} + (n-r) t_{(r)}^{\alpha} \ln t_{(r)}}{\sum_{i=1}^{r} t_{(i)}^{\alpha} + (n-r) t_{(r)}^{\alpha}} - \frac{1}{r} \sum_{i=1}^{r} \ln t_{(i)} - \frac{1}{\alpha} = 0 \tag{7.9}$$

이 얻어진다. 식 (7.9)를 만족하는 α의 값이 MLE가 되며 $\hat{\alpha}$으로 표시한다. $\hat{\alpha}$의 값은 Newton-Raphson 방법에 의하여 수치적으로 찾아질 수 있으며 일단 $\hat{\alpha}$의 값이 결정되면 θ의 MLE $\hat{\theta}$은 다음과 같다.

$$\hat{\theta} = \frac{\sum_{i=1}^{r} t_{(i)}^{\hat{\alpha}} + (n-r)\, t_{(r)}^{\hat{\alpha}}}{r}^{\frac{1}{\hat{\alpha}}}$$

Bain and Engelhhardt(1991)은 시뮬레이션에 의하여 MLE $\hat{\alpha}$와 $\hat{\theta}$의 분산을 구하였는데 이 책에서는 생략하기로 한다.

7.5 비모수적 분류

2-모수 와이블분포인 경우에는 7.1절에서 설명된 것과 같이 고장률함수는 $t \geq 0$에 대하여 $h(t) = \dfrac{\alpha}{\theta^{\alpha}} t^{\alpha-1}$의 형태를 가진다. 따라서 형상모수 α의 값에 따라서 고장률함수에 의한 와이블분포의 비모수적 수명군(class of life distribution)은 달라지게 되며 자세한 분류는 다음과 같다. [그림 7.1]은 α의 값이 고장률함수 $h(t)$의 단조성(monotonicity)에 미치는 영향을 보여 준다.

i) $0 < \alpha < 1$이면 $t = 0$에서 $h(t)$는 ∞의 값을 취하며 그 이후 t가 증가함에 따라 $h(t)$는 단조감소함수이며, 또한 $\lim_{t \to \infty} h(t) = 0$을 만족하는 볼록(convex) 함수이다. 따라서 이 경우의 와이블분포는 DFR 군에 속하게 되며 초기 고장현상을 보이고 나이에 따라 고장률이 감소하는 수명에 적합한 모형이다.

ii) $\alpha = 1$인 경우에는 $h(t) = \dfrac{1}{\theta}$로서 나이에 종속되지 않는 상수 고장률을 가지며, 따라서 CFR 군에 속하게 된다. 이 모형은 6장에서 다룬 지수분포의 경우로서 랜덤으로 고장이 발생하는 경우의 수명에 적합하다.

iii) $\alpha > 1$인 경우에는 $t = 0$에서 $h(t)$는 0의 값을 취하며 그 이후 t가 증가함에 따라 $h(t)$는 단조증가함수로서 IFR 군에 속하나 α의 값에 따라 서로 다른 패턴을 보인다. [그림 7.3]은 다양한 α값에 대한 고장률함수의 패턴을 보여 준다.

① $1 < \alpha < 2$인 경우에는 $h(t)$는 오목(concave) 함수이다.

② $\alpha = 2$이면 $h(t) = \dfrac{2}{\theta^2}$ 로서 t의 선형증가 함수이며, 이 경우의 와이블분포는 Rayleigh 분포로 알려져 있다.

③ $\alpha > 2$인 경우에는 $h(t)$는 볼록 함수이다.

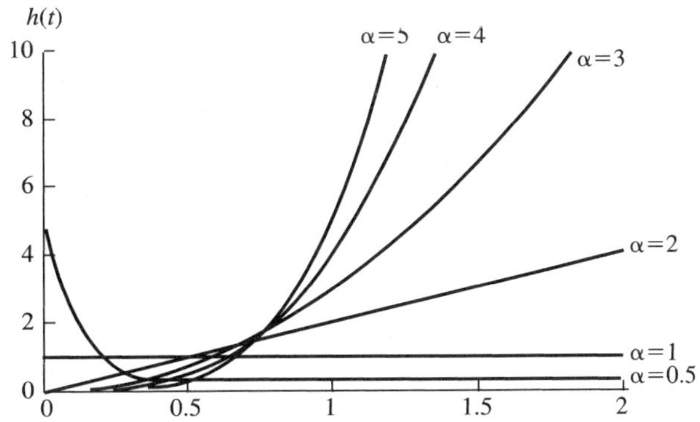

그림 7.3 고장률함수 $h(t)$의 여러 가지 패턴

수명분포의 비모수적 분류는 고장률함수에 의할 뿐만 아니라 평균잔여수명이나 신뢰도함수에 의해서도 가능한데 상호관계에 대하여는 3.5절에서 상세하게 논의하였다. 2-모수 와이블분포의 평균잔여수명함수 $m(t)$는 다음과 같이 정의된다.

$$m(t) = \frac{\int_t^{\infty} R(u)du}{R(t)} = \frac{\int_t^{\infty} e^{-(\frac{u}{\theta})^{\alpha}} du}{e^{-(\frac{t}{\theta})^{\alpha}}} \tag{7.10}$$

그러나 식 (7.10)은 특별한 경우를 제외하고는 적분이 되지 않으며, 따라서 $m(t)$의 단조성을 직접 보이는 것은 매우 어렵다. 그러나 3.5절에서 보여 준 것과 같이 IFR 수명군은 항상 DMRL 수명군에 포함되며 DFR 수명군은 항상 IMRL 수명군에 포함된다. 따라서 와이블분포의 평균잔여수명에 의한 비모수적 분류는 다음과 같다.

i) $0 < \alpha < 1$인 경우에는 IMRL 수명군에 속한다.

ii) $\alpha = 1$이면 지수분포가 되며, 따라서 $m(t) = \theta$인 상수가 된다. 이 경우에는 IMRL 수명군과 DMRL 수명군에 동시에 속하게 된다.

iii) $\alpha > 1$인 경우에는 DMRL 수명군에 속하며, 따라서 나이가 많아짐에 따라 평균잔여수명은 감소하게 된다.

[그림 7.4]는 α의 값이 평균잔여수명함수 $m(t)$의 패턴에 미치는 영향을 그래프로 나타낸 것이다.

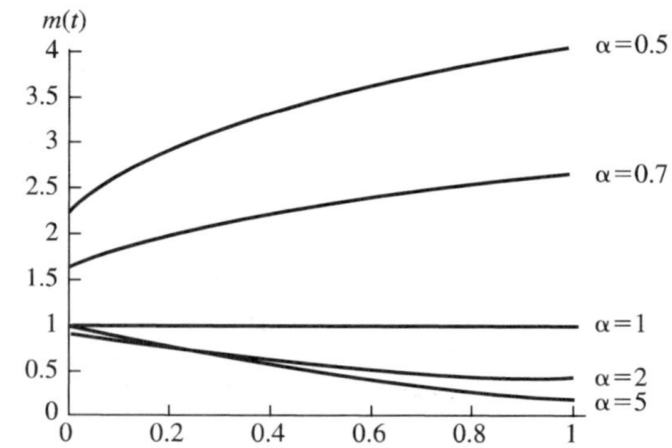

그림 7.4 α의 값에 대한 $m(t)$의 그래프($\theta = 1$인 경우)

연습 문제

1. 어떤 부품의 고장시간이 형상모수가 $\alpha = 2$이고, 척도모수가 $\theta = 1,200$(시간)인 와이블분포를 따른다고 한다.

① 이러한 부품의 평균고장시간을 구하여라.

② 이러한 부품이 300단위시간 동안 고장 없이 잘 작동할 확률을 구하여라.

③ $t = 600$(단위시간)에서 이 부품의 고장률을 구하여라.

④ $t = 1,200$(단위시간)에서 이 부품의 고장률을 구하여라.

⑤ 위의 ③과 ④의 결과로부터 알 수 있는 사실은 무엇인가?

⑥ 이러한 부품의 10%가 고장 나는 시점인 B_{10} 수명을 구하여라.

⑦ 이러한 부품이 처음 600단위시간 동안에 고장 날 확률을 구하여라.

⑧ 1,200단위시간 동안 고장 없이 정상적으로 작동하던 이러한 부품이 그 다음 600단위시간 동안에 고장 날 확률을 구하여라.

⑨ 위의 ⑦과 ⑧의 결과로부터 알 수 있는 사실은 무엇인가?

2. 위 1번 ⑤의 결과와 6장 연습 문제 1번 ⑤의 결과를 비교하여라. 그리고 위 1번 ⑨의 결과와 6장 연습 문제 1번 ⑨의 결과를 비교하여라.

3. H사에서 제조한 부품의 수명시간은 형상모수가 $\alpha = 3$이고, 척도모수가 $\theta = 1,000$(시간)인 와이블분포를 따른다고 한다. 만약 이 부품이 하루에 2시간 사용되고 1년(365일)의 보증기간이 주어진다면, 어느 정도의 부품이 보증기간에서 고장 나겠는가?

4. 어떤 부품의 수명시간을 나타내는 확률변수 T가 형상모수가 α이고, 척도모수가 θ인 와이블분포를 따른다고 하자.

① 형상모수가 $\alpha = 2$이고 척도모수가 $\theta = 1,000$(시간)일 때, 부품이 1,000(시간) 이내에서 고장이 발생될 확률을 구하여라.

② 형상모수가 $\alpha = 3$이고 척도모수가 $\theta = 1,000$(시간)일 때, 부품이 1,000(시간) 이내에서 고장이 발생될 확률을 구하여라.

③ 형상모수가 $\alpha = 4$이고 척도모수가 $\theta = 1,000$(시간)일 때, 부품이 1,000(시간) 이내에서 고장이 발생될 확률을 구하여라.

④ 수명시간 T가 와이블분포를 따르는 경우 항상 $P(T < \theta) = 1 - \frac{1}{e}$가 되어 형상모수가 α와는 무관함을 보이고, 위의 ①, ②, ③의 결과로부터 이를 확인하여라.

5. 어떤 시스템이 동일한 수명분포를 갖는 10개의 부품으로 직렬로 구성되어 있다고 한다. 단, 부품의 수명시간은 형상모수가 $\alpha = 2$이고 척도모수가 $\theta = 10$인 와이블분포를 따른다.

① 부품에 대하여 평균수명(MTTF)을 구하여라.

② 시스템의 수명시간에 대한 분포는 어떻게 되는가?

③ 시스템의 평균수명(MTTF)을 구하여라.

④ ①과 ③의 결과를 근거로 부품의 평균수명과 시스템의 평균수명을 비교하여라.

⑤ 10개의 부품을 일반적인 형태의 n개의 부품으로 고려할 경우에 시스템의 평균수명을 유도하고, 부품과 시스템의 평균수명을 비교하여라.

8장

감마분포의 분석

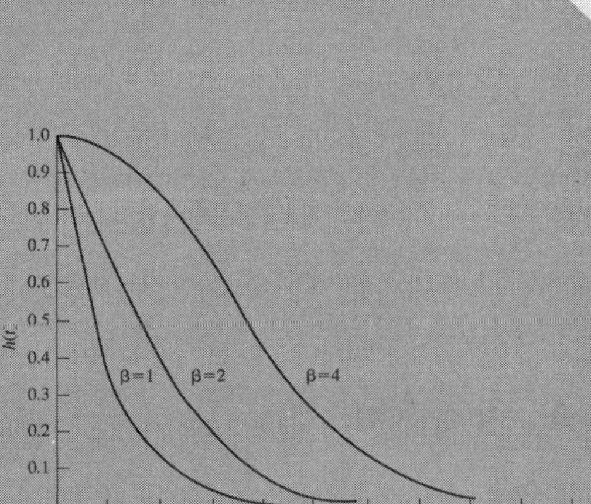

이 장에서는 현장의 신뢰성분석에서 많이 이용되는 감마분포에 대한 정의와 성질 및 분석방법 등에 대하여 구체적으로 설명한다. 감마분포는 지수분포를 보다 일반화시킨 수명분포로서 신뢰성이론과 응용 분야에서 매우 중요한 위치를 차지하고 있으며 모수가 특정한 값이 될 때 지수분포, 카이제곱분포 및 Erlang 분포 등으로 변환된다.

8.1절에서는 감마분포의 정의와 여러 가지 성질에 대하여 기술한다. 8.2절에서는 감마분포에 대하여 3장에서 정의된 여러 가지의 신뢰성 척도함수를 구하고 8.3절에서는 고장자료를 이용한 감마분포의 모수와 신뢰성 척도들에 대한 통계적 추정방법을 기술한다. 8.4절에서는 감마분포를 비모수적으로 분류하고 신뢰성 척도 함수의 단조성과 기타 성질에 대하여 상세하게 설명한다.

8.1 정의와 성질

8.1.1 정의

감마분포는 고장률 형태가 복잡하여 와이블분포보다 덜 사용되고 있으나 여러 가지 수명분포에 잘 적용되는 모형이라는 것이 입증되어 자료를 분석할 때 유용한 분포이다. 2-모수 감마분포의 확률밀도함수는 다음과 같다.

$$f(t;\beta,\theta)=\frac{1}{\theta\Gamma(\beta)}\left(\frac{t}{\theta}\right)^{\beta-1}\exp(-t/\theta) \tag{8.1}$$

단, $\beta>0$이고 $\theta>0$이며 β는 형상모수이고 θ는 척도모수이다. $\Gamma(\beta)$는 감마함수로서 다음과 같이 정의된다.

$$\Gamma(\beta)=\int_0^\infty x^{\beta-1}e^{-x}dx$$

$\Gamma(\beta)$는 위 식의 우변 항에 있는 적분을 나타내는 기호이며 부분적분에 의하여 다음과 같은 성질을 갖는 것을 알 수 있다.

$$\Gamma(\beta+1)=\beta\Gamma(\beta)$$

만일 $\beta=n$, 즉 β가 정수이면 다음과 같은 식이 성립한다.

i) $\Gamma(n+1)=n!$

ii) $\Gamma(n+\frac{1}{2})=\frac{1\cdot 3\cdot 5\cdots(2n-1)}{2^n}\sqrt{\pi}$

iii) $\Gamma(\frac{1}{2})=2\Gamma(\frac{3}{2})=\sqrt{\pi}$

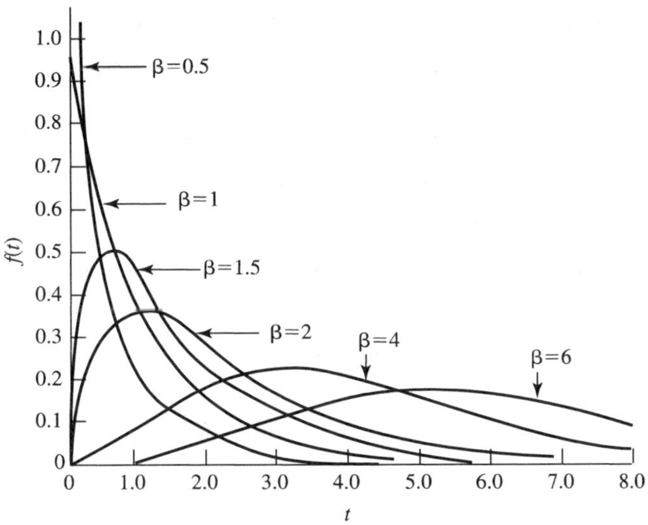

그림 8.1 감마분포의 확률밀도함수($\theta=1$)

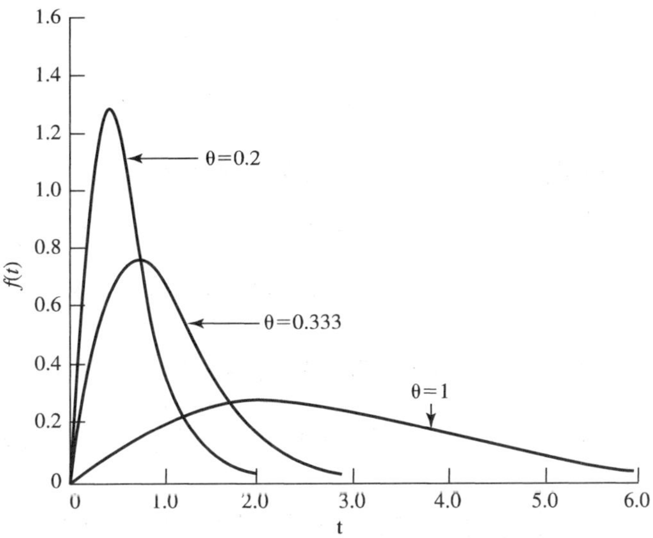

그림 8.2 감마분포의 확률밀도함수($\beta=3$)

8.1.2 감마분포의 성질

감마분포의 확률밀도함수 및 모수의 값에 따라 다음과 같은 성질을 갖는다.

i) [그림 8.1] 과 [그림 8.2]에서 알 수 있듯이 감마분포는 오른쪽으로 치우쳐 있다. 형상모수 β가 1보다 작은 경우 t값이 0에 가까워질수록 확률밀도함수의 값은 무한대가 된다. $\beta=1$인 경우 감마분포는 지수분포와 동일하게 $t=0$에서 확률밀도함수의 값은 $1/\theta$이며 t가 커짐에 따라 감소하는 특징을 보이고 있다. β가 1보다 큰 경우 감마분포는 비대칭 종 모양을 하는데 $t=0$일 때 $f(t)=0$이며, 증가하다가 감소하는 형태를 보여 준다. 이러한 특징은 와이블 분포와 유사하다.

ii) 감마분포를 따르는 제품의 평균수명과 표준편차는 다음과 같다.

$$\text{평균수명} = \theta\beta \qquad \text{표준편차} = \theta\beta^{1/2}$$

iii) 감마분포의 중앙값(t_m)은 다음의 식을 이용하여 구할 수 있다.

$$0.5 = \int_0^{t_m} \frac{1}{\theta\Gamma(\beta)}\left(\frac{t}{\theta}\right)^{\beta-1}\exp(-t/\theta)dt$$

주어진 θ와 β값에 대하여 중앙값은 불완전 감마함수 표를 이용하여 구할 수 있으나 아래의 근사한 값을 이용하기도 한다.

$$t_m \cong \theta(\beta - 0.3)$$

iv) 감마분포에서 $\beta=1$인 특별한 경우에 감마분포는 지수분포가 된다. 반대로 만일 $X_1, X_2, \ldots, X_r$이 평균이 $1/\lambda$인 지수분포를 따르는 서로 독립적인 확률변수라면 이 확률변수들의 합인 $\sum_{i=1}^{r} X_i$은 형상모수가 r인 감마분포를 따른다.

v) 고장률이 λ(상수)인 지수분포를 따르는 서로 독립인 β(정수)개의 지수 확률변수 $T_1, T_2, \cdots, T_\beta$ 들에 대하여 $T=\sum_{i=1}^{\beta} T_i$ 는 형상모수가 β이고 척도모수가 $\theta=\frac{1}{\lambda}$인 감마분포를 따른다. 이러한 결과는 적률생성함수를 이용하여 증명할 수 있으나 여기에서 증명은 생략한다.

vi) 감마분포에서 $\theta = 2$이고 $\beta = \nu/2$인 특별한 경우에 감마분포는 자유도가 ν인 카이제곱분포가 된다.

vii) β가 정수로 제한되는 경우 감마분포는 대기이론이나 traffic 분석에서 자주 이용되는 Erlang 분포라고 한다. Erlang 분포의 확률밀도함수는 다음과 같다.

$$f(t;\beta,\theta) = \frac{1}{\theta(\beta-1)!}\left(\frac{t}{\theta}\right)^{\beta-1}\exp(-t/\theta) \tag{8.2}$$

viii) 감마분포의 확률밀도함수는 β가 충분히 커지면 평균이 $\theta\beta$이고 표준편차가 $\theta\beta^{1/2}$인 정규분포에 근접한다.

ix) 3-모수 감마분포도 존재하며 확률밀도함수는 다음과 같다.

$$f(t;\beta,\theta) = \frac{1}{\theta\Gamma(\beta)}\left(\frac{t-\gamma}{\theta}\right)^{\beta-1}\exp\left(-\frac{t-\gamma}{\theta}\right) \tag{8.3}$$

단, $t \geq \gamma$, $\infty < \gamma < \infty$, $\beta > 0$이고 $\theta > 0$이며 γ는 위치모수이다.

예제 8.1

어떤 부품으로부터 수집된 고장자료를 이용하여 평균과 표준편차를 구하였더니 다음과 같았다.

평균: 7,502시간, 표준편차: 3,013시간

이 부품의 수명이 2-모수 감마분포를 따르는 경우 모수의 값을 추정하라.

풀이 감마분포의 평균과 분산으로부터 다음과 같은 연립방정식을 얻을 수 있다.

평균수명: $\theta\beta = 7502$ 표준편차: $\theta\beta^{1/2} = 3013$

따라서 β와 θ는 각각 다음과 같이 구해진다.

$$\beta = \left(\frac{7502}{3013}\right)^2 = 6.1995 = 6.2$$

$$\theta = \left(\frac{7502}{6.1995}\right) = 1210.0998 = 1210$$

예제 8.2

어떤 부품의 수명이 $\beta = 6.2$이고 $\theta = 1210$시간인 감마분포를 따른다고 하자.

(1) 감마분포의 확률밀도함수를 정의하라.
(2) 이 부품의 평균수명과 표준편차는 얼마인가?
(3) 이 부품의 중앙값은 얼마인가?

풀이

(1) $f(t) = \dfrac{1}{1210\Gamma(6.2)}\left(\dfrac{t}{1210}\right)^{5.2}\exp\left(-\dfrac{t}{1210}\right)$

(2) 평균수명: $\theta\beta = (1210)(6.2) = 7502$시간

표준편차: $\theta\beta^{1/2} = 1210(6.2)^{1/2} = 3013$시간

(3) 중앙값: $t_m \cong \theta(\beta - 0.3) = 1210(6.2 - 0.3) = 7139$시간

8.2 신뢰성 척도함수

2-모수 감마분포는 다음과 같은 확률밀도함수를 가지며, 이를 바탕으로 다양한 신뢰성 척도를 구할 수 있다.

$$f(t;\beta,\theta) = \frac{1}{\theta\Gamma(\beta)}\left(\frac{t}{\theta}\right)^{\beta-1}\exp(-t/\theta)$$

(1) 신뢰도함수

감마함수의 신뢰도함수는 감마함수를 적분할 수 없기 때문에 완전한 형태로 구할 수 없으며 적분을 포함한 식으로 표현된다. 수명이 감마분포를 따르는 부품의 신뢰도는 다음과 같다.

$$R(t) = \int_t^\infty \frac{1}{\theta\Gamma(\beta)}\left(\frac{u}{\theta}\right)^{\beta-1}\exp\left(-\frac{u}{\theta}\right)du \tag{8.4}$$

[그림 8.3]은 $\theta = 1$인 경우에 다양한 β값에 대한 신뢰도함수를 보여 주고 있다.

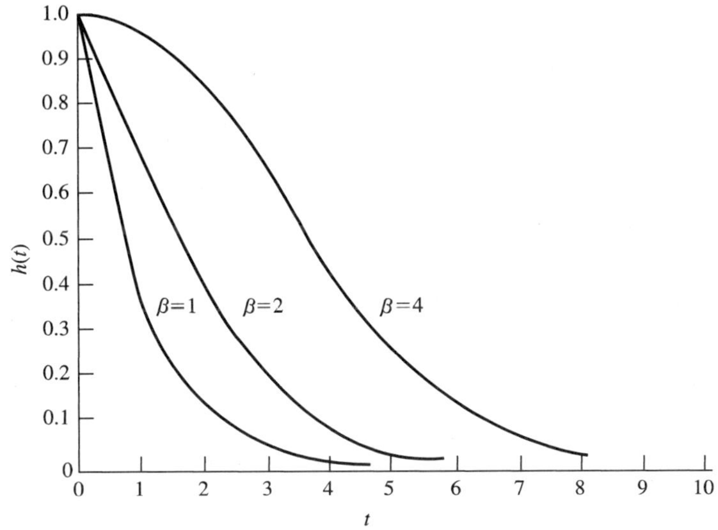

그림 8.3 감마분포의 신뢰도함수($\theta = 1$)

만일 β가 정수라면 신뢰도함수에 대해 부분적분을 반복하여 다음과 같은 식을 얻을 수 있다.

$$R(t) = \sum_{k=0}^{\beta-1} \frac{1}{k!}\left(\frac{t}{\theta}\right)^k e^{-t/\theta} \tag{8.5}$$

식 (8.5)의 오른쪽 항은 평균이 $\frac{t}{\theta}$인 포아송분포에서 $\beta - 1$까지의 누적분포함수와 같다.

(2) 불신뢰도함수

$$F(t) = 1 - R(t) = \int_0^t \frac{1}{\theta\Gamma(\beta)}\left(\frac{u}{\theta}\right)^{\beta-1} \exp\left(-\frac{u}{\theta}\right) du \tag{8.6}$$

(3) 고장률함수

감마분포의 (순간)고장률함수는 다음과 같다.

$$h(t)=\frac{f(t)}{R(t)}=\frac{\dfrac{1}{\theta\Gamma(\beta)}\left(\dfrac{t}{\theta}\right)^{\beta-1}\exp\left(-\dfrac{t}{\theta}\right)}{\displaystyle\int_t^{\infty}\frac{1}{\theta\Gamma(\beta)}\left(\frac{u}{\theta}\right)^{\beta-1}\exp\left(-\frac{u}{\theta}\right)du} \tag{8.7}$$

감마분포의 고장률은 $\beta>1$일 때 0에서 출발하여 단조증가하며 $t\to\infty$이면 $\dfrac{1}{\theta}$로 수렴한다. $0<\beta<1$인 경우에는 ∞에서 출발하여 단조감소하며 $t\to\infty$이면 $\dfrac{1}{\theta}$로 수렴한다. 그리고 $\beta=1$일 때 고장률은 $\dfrac{1}{\theta}$로 일정한 값을 가진다. [그림 8.4]는 $\theta=1$이라고 가정하고 다양한 β값에 대한 고장률함수를 보여 주고 있다.

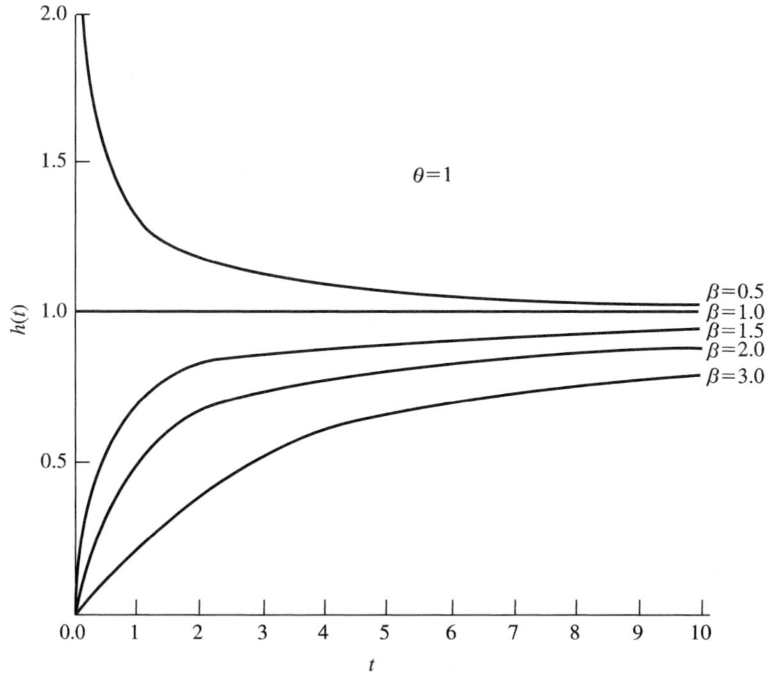

그림 8.4 감마분포의 고장률함수($\theta=1$)

(4) 누적고장률함수

$$H(t)=-\ln R(t)=-\ln\int_t^{\infty}\frac{1}{\theta\Gamma(\beta)}\left(\frac{u}{\theta}\right)^{\beta-1}\exp\left(-\frac{u}{\theta}\right)du \tag{8.8}$$

(5) 평균잔여수명함수

$$m(t) = \frac{\int_t^\infty R(u)du}{R(t)} = \frac{\int_t^\infty \int_u^\infty \frac{1}{\theta\Gamma(\beta)}\left(\frac{x}{\theta}\right)^{\beta-1}\exp\left(-\frac{x}{\theta}\right)dx\,du}{\int_t^\infty \frac{1}{\theta\Gamma(\beta)}\left(\frac{u}{\theta}\right)^{\beta-1}\exp\left(-\frac{u}{\theta}\right)du} \tag{8.9}$$

(6) k차 적률

$$E(T^k) = \frac{\theta^k\Gamma(\beta+k)}{\Gamma(\beta)},\ \ k \geq 1$$

$$\begin{aligned} E(T^k) &= \int_0^\infty t^k f(t)dt \\ &= \int_0^\infty t^k \frac{1}{\theta\Gamma(\beta)}(\frac{t}{\theta})^{\beta-1}\exp(-t/\theta)dt \\ &= \frac{\theta^k\Gamma(k+\beta)}{\Gamma(\beta)}\int_0^\infty \frac{1}{\theta\Gamma(k+\beta)}(\frac{t}{\theta})^{k+\beta-1}\exp(-t/\theta)dt \\ &= \frac{\theta^k\Gamma(k+\beta)}{\Gamma(\beta)} \\ &= \frac{\theta^k\Gamma(k+\beta)}{\Gamma(\beta)} \end{aligned}$$

따라서 $E(T) = MTTF = \theta\beta$, $E(T^2) = \theta^2\beta(\beta+1)$이며 T의 분산은 $\theta^2\beta$이다.

(7) $100p$ 백분위수

감마분포는 연속함수이기 때문에 $100p$ 백분위수 t_p는 다음을 만족하는 t값이다.

$$R(t) = \int_t^\infty \frac{1}{\theta\Gamma(\beta)}(\frac{u}{\theta})^{\beta-1}\exp(-\frac{u}{\theta})du = 1-p$$

8.3 감마분포의 모수추정

8.3.1 완전자료인 경우

$T_1, T_2, \cdots, T_n$ 을 시험 중인 n개의 부품에 대한 고장시간을 나타내는 확률변수라 하고 $t_1, t_2, \cdots, t_n$ 을 이들의 실제 관측값이라고 하자. $T_1, T_2, \cdots, T_n$ 은 2-모수 감마

분포를 따른다고 하자. 완전자료를 이용하면 2-모수 감마분포의 형상모수 β와 척도 모수 θ의 추정량은 다음과 같이 계산된다.

(1) 적률추정량(Moment estimator)

적률함수를 이용하여 감마분포의 모수를 추정하는 방법은 다음과 같다.

$m_1 = E(X) = \theta\beta$이고 $m_2 = E(X^2) = \theta^2\beta(\beta+1)$이므로 표본적률값을 이용하여 다음과 같은 방정식을 세울 수 있다.

$$\theta\beta = \frac{1}{n}\sum_{i=1}^{n} t_i = \bar{t} \tag{8.10}$$

$$\theta^2\beta(\beta+1) = \sum_{i=1}^{n} t_i^2/n \tag{8.11}$$

위의 방정식을 풀면 θ와 β에 대해 다음과 같은 적률추정량을 구할 수 있다.

$$\hat{\theta} = \frac{\sum_{i=1}^{n} t_i^2/n - \bar{t}^{\,2}}{\bar{t}} \tag{8.12}$$

$$\hat{\beta} = \frac{\bar{t}^{\,2}}{\sum_{i=1}^{n} t_i^2/n - \bar{t}^{\,2}} \tag{8.13}$$

감마분포의 경우 표본의 크기가 크지 않은 경우 적률추정량은 최우추정량에 비하여 유효성이 차이가 없어 최우추정량 대신 사용할 수 있다.

(2) 최우추정량

감마함수의 우도함수는 다음과 같다.

$$L(\beta,\theta) = \prod_{i=1}^{n} f(t_i;\beta,\theta) = \prod_{i=1}^{n} \frac{1}{\theta\Gamma(\beta)}\left(\frac{t_i}{\theta}\right)^{\beta-1}\exp\left(-\frac{t_i}{\theta}\right) \tag{8.14}$$

$$= \left(\frac{1}{\theta^{\beta}\Gamma(\beta)}\right)^{n}\prod_{i=1}^{n} t_i^{\beta-1}\exp\left(-\frac{\sum_{i=1}^{n} t_i}{\theta}\right)$$

따라서 대수우도함수는 위 식의 양변에 자연로그를 취하여 다음과 같이 얻을 수 있다.

$$\ln L(\beta,\theta) = -n\beta\ln\theta - nln\Gamma(\beta) + (\beta-1)\ln\prod_{i=1}^{n} t_i - \left(\frac{n\bar{t}}{\theta}\right) \qquad (8.15)$$

식 (8.15)를 θ와 β에 대한 일차도함수를 구하고 0으로 놓으면 얻어지는 우도 방정식을 풀면 다음과 같은 식을 얻고 이 식으로부터 최우추정량을 구할 수 있다.

$$\ln\beta - \psi(\beta) = \ln\bar{t} - \frac{1}{n}ln\prod_{i=1}^{n} t_i \qquad (8.16)$$

$$\theta = \frac{\bar{t}}{\beta} \qquad (8.17)$$

여기서 $\psi(\beta) = \Gamma''(\beta)/\Gamma(\beta)$이다.

실제 데이터를 이용하여 $d = \ln\bar{t} - \frac{1}{n}ln\prod_{i=1}^{n} t_i$ 가 주어졌을 때 식 (8.16)을 만족하는 $\hat{\beta}$를 구하는 방법들이 제안되었는데 그 중에서 두 가지만 소개한다.

i) Greenwood와 Duran(1960)

$$\hat{\beta} = \begin{cases} \dfrac{0.5000876 + 0.1648852d - 0.0544274d^2}{d}, & 0 < d \le 0.5772 \\ \dfrac{8.898919 + 9.059950d + 0.9775373d^2}{d(17.79728 + 11.968477d + d^2)}, & 0.5772 < d \le 17 \end{cases} \qquad (8.18)$$

이 근사식은 추정오차가 0.1% 미만으로 매우 정확한 것으로 알려져 있다.

ii) Bowman과 Shenton(1983)

$$\hat{\beta} = \begin{cases} \dfrac{1}{d + \ln d}, & n\text{이 작을 때} \\ \dfrac{1}{2d} + \dfrac{1}{6} - \dfrac{d}{18} - \dfrac{4d^2}{135} + \dfrac{47d^3}{810}, & n\text{이 클 때} \end{cases} \qquad (8.19)$$

예제 8.3

다음은 어떤 장비 10대의 고장시간을 측정한 것이다. 이 자료로부터 Greenwood와 Duran이 세안한 방법을 이용하여 θ와 β에 대한 추정값을 구하여라.

102, 147, 154, 140, 204, 120, 120, 131, 313, 200

풀이 이 자료의 표본평균은 $\bar{t}=156.4$이고 $d=0.00412$이다. 앞에서 설명한 방법 중 식 (8.18)을 이용하면 θ와 β에 대한 추정값은 $\hat{\theta}=1.29$와 $\hat{\beta}=121.6$이 된다.

(3) 신뢰구간

감마분포의 · 모수에 대한 신뢰구간은 Bain(1978)가 제안한 방법과 표본의 크기가 큰 경우 근사적으로 구하는 방법이 있다.

i) Bain(1978)이 제안한 방법

표본의 크기가 작아도 $2n\beta d$는 근사적으로 자유도가 $(n-1)$인 카이제곱분포를 따른다. 따라서 만일 $\beta \geq 2$이고 $n \geq 10$이라면 다음과 같은 신뢰구간의 상한과 하한을 구할 수 있다.

① β의 신뢰구간

β에 대한 $100(1-\alpha)\%$ 신뢰구간의 하한과 상한은 다음과 같다.

$$\text{신뢰하한: } \frac{\chi^2(n-1;1-\alpha/2)}{2nd}, \quad \text{신뢰상한: } \frac{\chi^2(n-1;\alpha/2)}{2nd} \tag{8.20}$$

여기서 $\chi^2(r;\alpha)$는 자유도가 r인 카이제곱분포의 상위 100α 백분위수를 나타낸다.

② θ에 대한 신뢰구간

θ에 대한 $100\gamma\%$ 신뢰구간의 하한과 상한은 다음과 같다.

$$\text{신뢰하한: } \frac{2n\bar{t}}{\chi^2(2n[\eta_U]+1;\alpha/4)}, \quad \text{신뢰상한: } \frac{2n\bar{t}}{\chi^2(2n[\eta_L];1-\alpha/4)} \tag{8.21}$$

여기서 $[\eta_U]$와 $[\eta_L]$은 β의 신뢰상한과 신뢰하한의 정수부분을 나타낸다.

예제 8.4

다음은 어떤 장비 10대의 고장시간을 측정한 것이다.

102, 147, 154, 140, 204, 120, 120, 131, 313, 200

Bain(1978)이 제안한 방법을 이용하여 β와 θ에 대한 95% 신뢰구간을 구하여라.

풀이 95% 신뢰수준에서 β의 하한과 상한은 다음과 같다.

$$\text{신뢰하한: } \frac{\chi^2(9;0.975)}{20(0.053681)} = 2.515$$

$$\text{신뢰상한: } \frac{\chi^2(9;0.025)}{20(0.053681)} = 17.718$$

또한 θ에 대한 95% 신뢰구간의 하한과 상한은 다음과 같다.

$$\text{신뢰하한: } \frac{20(163.1)}{\chi^2(20(17)+1;0125)} = 8.1105$$

$$\text{신뢰상한: } \frac{20(163.1)}{\chi^2(20(2);0.9875)} = 143.8488$$

(2) 근사적 신뢰구간

표본의 크기가 충분히 큰 경우 $\hat{\theta}$와 $\hat{\beta}$의 근사적 분포는 다음과 같다.

$$\hat{\theta} \sim AN\!\left(\theta, \frac{\theta^2}{n}\left[\frac{\psi'(\beta)}{\beta\psi'(\beta)-1}\right]\right), \quad \hat{\beta} \sim AN\!\left(\beta, \frac{1}{n}\left[\frac{\beta}{\beta\psi'(\beta)-1}\right]\right) \tag{8.22}$$

여기서 $\psi(\beta) = \dfrac{dln\Gamma(\beta)}{d\beta}$이며 digamma 함수라 부른다. $\psi'(\beta)$는 $\psi(\beta)$의 일차도함수이다. $\psi(\beta)$는 다음과 같은 성질을 가지고 있다.

i) $\beta > 0$에 대해 $\psi(\beta+1) = \psi(\beta) + \dfrac{1}{\beta} = -\gamma + \sum_{n=1}^{\infty} \dfrac{\beta}{n(n+\beta)}$

ii) $\beta > 0$에 대해 $\psi'(\beta) = \sum_{k=0}^{\infty} (\beta + k)^{-2}$

iii) $n \geq 2,\ 0 < z < 1$에 대해 $\psi'(n+z) = \psi(1+z) - \sum_{j=1}^{n-1} (j+z)^{-2}$

따라서 근사적 신뢰구간은 다음과 같다.

(i) β의 신뢰구간

β에 대한 $100(1-\alpha)\%$ 신뢰구간은 다음과 같다.

$$\hat{\beta} \pm z_{\alpha/2} \frac{1}{\sqrt{n}} \left[\frac{\hat{\beta}}{\hat{\beta}\psi'(\hat{\beta}) - 1} \right]^{1/2} \tag{8.23}$$

단, $z_{\alpha/2}$는 표준정규분포의 상위 $100\alpha/2$ 백분위수이다.

(ii) θ의 신뢰구간

θ에 대한 $100(1-\alpha)\%$ 신뢰구간은 다음과 같다.

$$\hat{\theta} \pm z_{\alpha/2} \frac{\hat{\theta}}{\sqrt{n}} \left[\frac{\psi'(\hat{\beta})}{\hat{\beta}\psi'(\hat{\beta}) - 1} \right]^{1/2} \tag{8.24}$$

예제 8.5

다음은 어떤 장비 10대의 고장시간을 측정한 것이다. 이 자료를 사용하여 β와 θ에 대한 95% 근사적 신뢰구간을 구하여라.

102, 147, 154, 140, 204, 120, 120, 131, 313, 200

풀이 95% 신뢰수준에서 β의 하한과 상한은 다음과 같다.

$$\begin{aligned}\psi'(\hat{\beta}) &= \psi'(121.55) = \psi'(1.55) - \sum_{j=1}^{120} (j+0.55)^{-2} \\ &= 0.89505 - 0.88679 = 0.00826\end{aligned}$$

β에 대한 95% 신뢰구간은 식 (8.23)을 이용하여 다음과 같이 구할 수 있다.

$$\hat{\beta} \pm z_{0.025} \frac{1}{\sqrt{n}} \left[\frac{\hat{\beta}}{\hat{\beta}\psi'(\hat{\beta})-1} \right]^{1/2} = 121.55 \pm 1.96 \frac{1}{\sqrt{10}} \left[\frac{121.55}{121.55(0.00826)-1} \right]^{1/2}$$
$$= 121.55 \pm 108.00$$

따라서 β에 대한 95% 신뢰구간은 (13.55, 229.55)가 된다.
이와 유사하게 θ에 대한 95% 신뢰구간은 식 (8.24)를 이용하여 구할 수 있다.

$$\hat{\theta} \pm z_{0.025} \frac{\hat{\theta}}{\sqrt{n}} \left[\frac{\psi(\hat{\beta})}{\hat{\beta}\psi'(\hat{\beta})-1} \right]^{1/2} = 1.29 \pm 1.96 \frac{1.29}{\sqrt{10}} \left[\frac{0.00826}{121.55(0.00826)-1} \right]^{1/2}$$
$$= 1.29 \pm 1.15$$

따라서 θ에 대한 95% 신뢰구간은 (0.14, 2.44)가 된다.

8.3.2 중도 절단자료인 경우

본 절에서는 관측 중단자료를 이용한 모수의 추정에 대하여 알아보기로 한다. 정수중단자료나 정시중단자료의 경우 우도함수의 형태가 모두 같으므로 정수중단자료의 경우를 다루기로 한다. 2-모수 감마분포를 따르는 n개의 부품을 가지고 수명시험을 수행하여 $r(\leq n)$개의 고장이 발생한 시점에서 시험을 중단하였을 때 얻어진 고장 자료를 크기 순서로 나열하여 $t_{(1)} \leq t_{(2)} \leq \cdots \leq t_{(r)}$으로 나타낸다. 나머지 $(n-r)$개의 부품에 대한 고장자료는 시점 $t_{(r)}$에서 절단된다.

정수중단자료가 주어진 경우의 β와 θ에 대한 우도함수는

$$\begin{aligned} L(\beta,\theta) &= \prod_{i=1}^{r} f(t_{(i)};\beta,\theta)(P(T > t_{(r)}))^{n-r} \qquad (8.25) \\ &= \prod_{i=1}^{r} \frac{1}{\theta\Gamma(\beta)} (\frac{t_{(i)}}{\theta})^{\beta-1} \exp(-\frac{t_{(i)}}{\theta}) \cdot \left(1 - IG(\beta, \frac{t_{(r)}}{\theta}\right)^{n-r} \\ &= \left(\frac{1}{\Gamma(\beta)}\right)^{r} \left(\frac{1}{\theta}\right)^{r\beta} \prod_{i=1}^{r} t_{(i)}^{\beta-1} \exp(-\frac{\sum_{i=1}^{r} t_{(i)}}{\theta}) \cdot \left(1 - IG(\beta, \frac{t_{(r)}}{\theta}\right)^{n-r} \end{aligned}$$

으로 표시된다. 양변에 자연대수를 취하면

$$\ln L(\beta,\theta) = -r\beta\ln\theta - r\ln\Gamma(\beta) + (\beta-1)\ln\tilde{t} - \frac{r\bar{t}}{\theta} + (n-r)\ln\left[1 - IG\left(\beta, \frac{t_{(r)}}{\theta}\right)\right] \qquad (8.26)$$

여기서 $IG(a,b)=\frac{1}{\Gamma(a)}\int_0^b u^{a-1}e^{-u}du$로 불완전 감마함수를 나타내며 $\tilde{t}=\prod_{i=1}^{r}t_{(i)}$ 이고 $\bar{t}=\sum_{i=1}^{r}t_{(i)}/r$이다.

β와 θ의 최우추정량을 구하기 위하여 식 (8.26)의 대수우도함수를 β와 θ에 대하여 일차도함수를 구하여 각각 0으로 놓으면 다음과 같은 두 개의 방정식을 얻게 된다.

$$\frac{d\ln L(\beta,\theta)}{d\beta}=-r\ln\theta-r\psi(\beta)+\ln\tilde{t}-\frac{(n-r)}{\left[1-IG(\beta,\frac{t_{(r)}}{\theta})\right]}\cdot\frac{dIG\left(\beta,\frac{t_{(r)}}{\theta}\right)}{d\beta}\quad(8.27)$$

$$\frac{d\ln L(\beta,\theta)}{d\theta}=-\frac{r\beta}{\theta}+\frac{r\bar{t}}{\theta^2}-\frac{(n-r)}{\left[1-IG\left(\beta,\frac{t_{(r)}}{\theta}\right)\right]}\cdot\frac{dIG\left(\beta,\frac{t_{(r)}}{\theta}\right)}{d\theta}\quad(8.28)$$

여기서

$$\psi(\beta)=\frac{\Gamma'(\beta)}{\Gamma(\beta)},$$

$$IG\left(\beta,\frac{t_{(r)}}{\theta}\right)=\frac{1}{\Gamma(\beta)}\int_0^{\frac{t_{(r)}}{n}}u^{\beta-1}e^{-u}du,$$

$$\frac{dIG\left(\beta,\frac{t_{(r)}}{\theta}\right)}{d\beta}=\frac{1}{\Gamma(\beta)}\int_0^{\frac{t_{(r)}}{n}}u^{\beta-1}(\ln u)e^{-u}du-\psi(\beta)IG\left(\beta,\frac{t_{(r)}}{\theta}\right),$$

$$\frac{dIG\left(\beta,\frac{t_{(r)}}{\theta}\right)}{d\theta}=\frac{-1}{\theta\Gamma(\beta)}\left(\frac{t_{(r)}}{\theta}\right)^{\beta}e^{\frac{-t_{(r)}}{\theta}}$$

이다.

감마분포의 경우 최우추정량은 우도방정식을 풀어서 해를 구하는 것이 복잡하므로 보통 대수우도함수를 최대화하는 β와 θ를 직접 찾는 방법을 사용하거나 가능한 β값의 범위에서 여러 개의 β값을 선택하고 주어진 β에 대해서 식(8.27)과 (8.28)을 풀어 $\tilde{\theta}(\beta)$를 구한 후 대수우도함수식인 식(8.26)에 대입하고 이를 최대로 하는 β를 구하여 최우추정량 $\hat{\beta}$으로 하고, θ의 최우추정량 $\hat{\theta}$은 $\tilde{\theta}(\hat{\beta})$로 구하는 방법을 이용한다.

8.4 비모수적 분류

2-모수 감마분포는 8.2절에서 설명된 것과 같이 고장률함수는 $t \geq 0$에 대하여 다음과 같은 형태를 갖는다.

$$r(t) = \frac{f(t)}{R(t)} = \frac{\frac{1}{\theta\Gamma(\beta)}(\frac{t}{\theta})^{\beta-1}\exp(-\frac{t}{\theta})}{\int_t^{\infty}\frac{1}{\theta\Gamma(\beta)}(\frac{u}{\theta})^{\beta-1}\exp(-\frac{u}{\theta})du} \tag{8.29}$$

감마분포는 형상모수 β의 값에 따라서 고장률함수에 의한 비모수적 수명분포군(class of life distribution)이 달라지며 자세한 분류는 다음과 같다. [그림 8.5]는 β의 값이 고장률함수 $h(t)$의 단조성(monotonicity)에 미치는 영향을 보여 준다.

(1) $0 < \beta < 1$이면 $t = 0$에서 $h(t)$는 ∞의 값을 취하며 그 이후 t가 증가함에 따라 $h(t)$는 단조감소함수이며, 또한 $\lim_{t\to\infty} h(t) = \frac{1}{\theta}$을 만족하는 convex 함수이다. 따라서 이 경우의 감마분포는 DFR군에 속하게 되며 초기 고장현상을 보이고 시간이 경과함에 따라 고장률이 감소하는 수명을 나타내는 데 적합한 모형이다.

(2) $\beta = 1$인 경우에는 $h(t) = \frac{1}{\theta}$로서 나이에 종속되지 않는 상수 고장률을 가지는 CFR군에 속하게 된다. 이 모형은 6장에서 다룬 지수분포의 경우로서 우연한 고장이 발생하는 경우의 수명을 모형화하는 데 적합하다.

(3) $\beta > 1$인 경우에는 $t = 0$에서 $h(t)$는 0의 값을 취하며 그 이후 t가 증가함에 따라 $h(t)$는 단조증가함수로서 IFR군에 속하며 $t \to \infty$이면 $\frac{1}{\theta}$로 수렴한다.

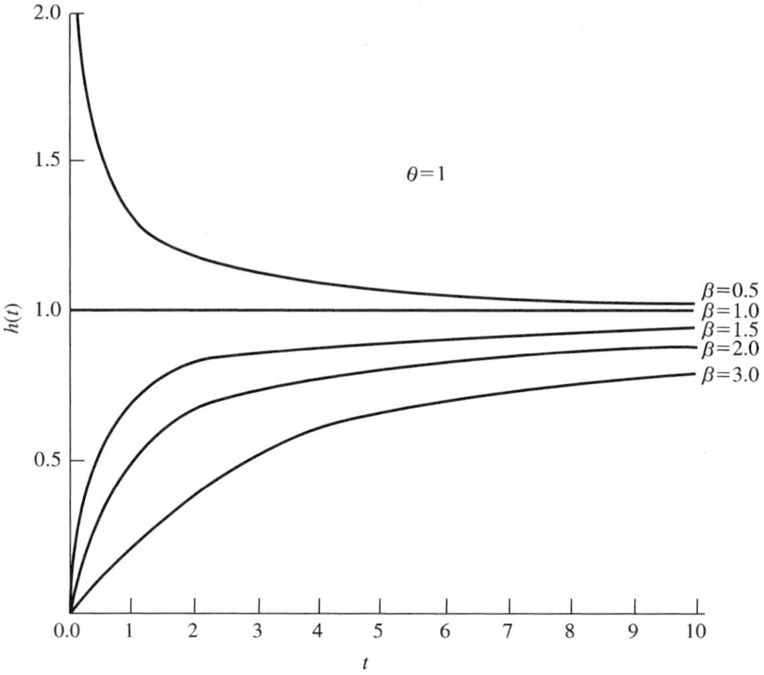

그림 8.5 감마분포의 $h(t)$의 여러 가지 패턴

감마분포의 평균잔여수명은 다음과 같이 정의된다.

$$m(t)=\frac{\displaystyle\int_t^\infty R(u)du}{R(t)}=\frac{\displaystyle\int_t^\infty\int_u^\infty \frac{1}{\theta\Gamma(\beta)}\left(\frac{x}{\theta}\right)^{\beta-1}\exp\left(-\frac{x}{\theta}\right)dx\,du}{\displaystyle\int_t^\infty \frac{1}{\theta\Gamma(\beta)}\left(\frac{u}{\theta}\right)^{\beta-1}\exp\left(-\frac{u}{\theta}\right)du} \tag{8.30}$$

그러나 식 (8.30)은 현실적으로 적분을 하기가 매우 어려우므로 $m(t)$의 단조성을 직접 보이는 것은 매우 어렵다. 그러나 3.5절에서 논의한 바와 같이 고장률함수와 평균잔여수명과의 관계를 이용하여 다음과 같은 평균잔여수명에 의한 비모수적 분류를 할 수 있다.

i) $0<\beta<1$인 경우에는 IMRL군에 속한다.
ii) $\beta=1$이면 지수분포가 되며, 따라서 $m(t)=1/\theta$인 상수가 된다. 이 경우에는 IMRL군과 DMRL군에 동시에 속하게 된다.
iii) $\beta>1$인 경우에는 DMRL군에 속하며, 따라서 나이가 많아짐에 따라 평균잔여수명은 감소하게 된다.

연습 문제

1. 엑셀을 이용하여 다음 값을 구하여라.

엑셀에서 감마함수값 구하는 방법: $\Gamma(x) =$ EXP(GAMMALN(x))

① $\Gamma(5)$
② $\Gamma(5.5)$
③ $\Gamma(6.33)$
④ $\Gamma(7.85)$

2. 어떤 유니트로부터 수집된 고장자료를 이용하여 평균과 표준편차를 구하였더니 다음과 같았다.

평균 = 9,600시간, 표준편차 = 4,300시간

만일 이 유니트의 수명이 2-모수 감마분포를 따른다면 모수의 값을 구하여라.

3. 만일 어떤 부품의 수명(단위: 개월)이 $\beta = 13/2$이고 $\theta = 1000$인 감마분포를 따른다고 하자.
① 감마분포의 확률밀도함수를 작성하시오.
② 이 유니트의 평균수명과 표준편차는 얼마인가?
③ 이 유니트의 중앙값은 얼마인가?

4. 만일 반도체의 수명(단위: 개월)이 $\beta = 5$이고 $\theta = 100$인 감마분포를 따른다고 하자.

엑셀에서 감마분포의 함수값 구하는 방법:

$$f(t) = \mathrm{GAMMA.DIST}(\mathrm{t}, \beta, \theta, 0)$$
$$R(t) = 1 - \mathrm{GAMMA.DIST}(\mathrm{t}, \beta, \theta, 1)$$
$$r(t) = f(t)/R(t)$$

① 감마분포의 확률밀도함수를 작성하시오.

② 이 유니트의 평균수명과 표준편차는 얼마인가?

③ 이 유니트의 중앙값은 얼마인가?

④ 500개월에서의 고장률은 얼마인가?

⑤ 이 반도체가 500개월 이상 고장 없이 동작할 확률이 0.56임을 보이시오.

5. 만일 어떤 부품의 수명(단위: 시간)은 2-모수 감마분포를 따르며 평균수명이 5300시간이고 표준편차가 1280시간이다.

① 이 감마분포의 확률밀도함수를 작성하시오.

② 이 부품의 중앙값은 얼마인가?

③ 이 부품이 5300시간 이상 동작할 확률은 얼마인가?

6. 다음 세 개의 아이템은 모두 감마분포를 따른다.

- 아이템 1: $\beta = 3.2$, $\theta = 1450$
- 아이템 2: $\beta = 4.2$, $\theta = 1570$
- 아이템 3: $\beta = 4.7$, $\theta = 1680$

위의 세 아이템 중 1100시간 이상 정상적으로 작동할 확률이 가장 큰 것은 어느 것인가?

7. 어떤 시스템의 수명은 핵심부품인 다이오드에 의존한다. 즉 다이오드가 고장 나면 그 시스템은 동작을 중단한다. 다이오드가 고장 나는 경우 운영요원은 고장 난 다이오드를 새 다이오드로 교체한다. 만일 이 다이오드들이 평균수명이 2000시간인 지수분포를 따른다면 10번째 다이오드의 고장이 발생하는 시간까지의 분포는 무엇인지 설명하고 평균수명을 구하여라.

8. 10개의 메카트로닉 부품이 100, 247, 404, 659, 686, 714, 736, 789, 898, 1200시간에 각 각 고장이 발생하였다. 이 부품의 수명분포가 감마분포라고 가정하고 다음 물음에 답하여라.

① 적률추정법을 이용하여 척도모수와 형상모수의 추정값을 구하여라.

② Greenwood와 Duran이 제안한 방법을 이용하여 척도모수와 형상모수의 추정값을 구하여라.

9. 8번의 자료를 이용하여 다음 물음에 답하여라.

① Bain(1978)이 제안한 방법을 이용하여 척도모수와 형상모수에 대한 90% 신뢰하한과 신뢰상한을 구하여라.

② 척도모수와 형상모수에 대한 95% 근사적 신뢰구간을 구하여라.

10. 17개의 부품에 대한 수명이 다음과 같이 수집되었다.

1240, 2320, 2400, 2407, 2522, 1862, 1620, 2120, 2100,
1900, 1831, 2822, 800, 2405, 2172, 2150, 1972

이 부품의 수명분포가 감마분포라고 가정하고 다음 물음에 답하여라.

① 적률추정법을 이용하여 척도모수와 형상모수의 추정값을 구하여라.

② Greenwood와 Duran이 제안한 방법을 이용하여 척도모수와 형상모수의 추정값을 구하여라.

11. 10번의 자료를 이용하여 다음 물음에 답하여라.

① Bain(1978)이 제안한 방법을 이용하여 척도모수와 형상모수에 대한 90% 신뢰하한과 신뢰상한을 구하여라.

② 척도모수와 형상모수에 대한 95% 근사적 신뢰구간을 구하여라.

9장

기타 수명분포

9.1 대수정규분포
9.2 카이제곱분포
9.3 절사 정규분포
9.4 극치분포
9.5 베타분포
9.6 Rayleigh 분포
9.7 기타 분포
연습 문제

이 장에서는 앞 장에서 설명된 지수분포, 와이블분포 및 감마분포 이외에 고장자료의 성격에 따라서 응용될 수 있는 다양한 형태의 다른 수명분포에 대하여 논의한다. 이러한 수명분포 중에서도 상대적으로 자주 적용되는 대수정규분포, 카이제곱분포, 절사 정규분포, 극치분포, 베타분포 및 Rayleigh 분포 등에 대하여 살펴본다. 이외에도 선형증가 고장률분포, 메이크햄분포, 딜론분포, 호스분포에 대해서도 간단하게 소개한다. 각 수명분포에 대한 확률밀도함수 및 신뢰성 척도함수를 소개하고 이러한 함수들의 성질과 상호관계에 대하여 자세하게 살펴본다.

9.1 대수정규분포

대수정규분포는 고장시간을 모형화하는데 자주 사용하는 분포이다. 대수정규분포는 정규분포와 밀접한 관계에 있는데, 이를 그림으로 나타내면 아래 그림과 같이 어떤 확률변수 T가 대수정규분포를 따른다면 $\ln(T)$는 정규분포를 따르게 된다.

T(수명) ~ 대수정규분포 ⟷ $\ln(T)$ ~ 정규분포

T(수명) ~ 정규분포 ⟷ e^T ~ 대수정규분포

예를 들어 대수정규분포를 따르는 수명자료에 대수를 취하면 근사적으로 정규분포를 따르게 된다.

표 9.1 대수정규자료의 정규자료로 변환

대수정규 자료	정규자료로 변환	변환된 값
12	ln(12)	2.48
16	ln(16)	2.77
28	ln(28)	3.33
48	In(48)	3.87
87	In(87)	4.47
143	In(143)	4.96

대수정규분포의 확률밀도함수는 다음과 같다.

$$f(t) = \frac{1}{t\ \sigma\sqrt{2\pi}} e^{-\frac{1}{2}\left(\frac{\ln t - \mu}{\sigma}\right)^2},\ t > 0 \tag{9.1}$$

여기서 μ는 위치모수로서 대수평균을 나타내며, σ는 척도모수로서 대수표준편차를 나타낸다. [그림 9.1]은 다양한 척도모수에 대한 대수정규분포의 확률밀도함수의 그래프이다. 그림에서 알 수 있듯이 척도모수의 값이 커지면 왼쪽으로 치우치는 경향이 있으며 척도모수의 값이 작아지면 종 모양의 그래프로 되는 것을 알 수 있다. 이는 척도모수의 값이 크면 초기에 고장 발생률이 높다는 것을 의미한다.

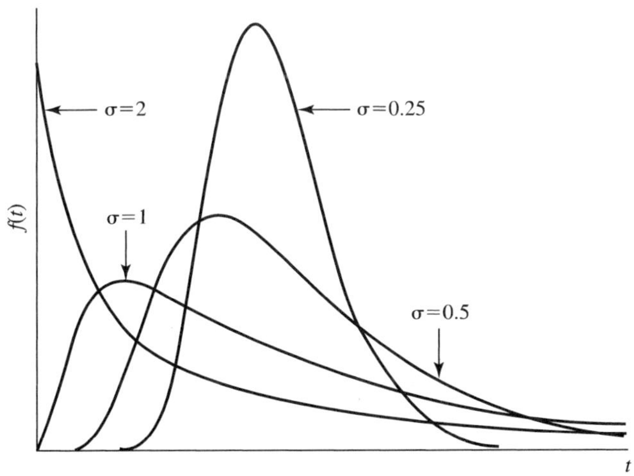

그림 9.1 대수정규분포의 확률밀도함수

대수정규분포의 누적분포함수와 신뢰도함수는 다음과 같다.

$$F(t) = \Phi\left(\frac{\ln t - \mu}{\sigma}\right) \tag{9.2}$$

$$R(t) = 1 - \Phi\left(\frac{\ln t - \mu}{\sigma}\right) \tag{9.3}$$

여기서 $\Phi(t)$는 표준정규분포의 누적분포함수를 나타낸다.

대수정규분포의 고장률함수는 정규분포와 마찬가지로 완성된 수식의 형태로 나타낼 수 없으나 고장률함수의 정의를 이용하여 계산하면 다음과 같은 형태로 표현할 수 있다.

$$h(t) = \frac{f(t)}{R(t)} = \frac{\psi\left(\frac{\ln t - \mu}{\sigma}\right)}{t\sigma\left[1 - \Phi\left(\frac{\ln t - \mu}{\sigma}\right)\right]}, \quad t > 0 \tag{9.4}$$

[그림 9.2]는 다양한 척도모수(σ)의 값에 대하여 고장률함수의 그래프를 나타내고 있다. 대수정규분포의 고장률함수는 초기에는 고장률이 시간이 지남에 따라 증가하나 일정기간 후에는 감소하는 경향이 있다. 이는 만일 어떤 아이템의 수명이 대수정규분포를 따른다면 이 아이템은 초기의 일정기간 동안은 시간이 지남에 따라 고장이 발생할 가능성이 점점 높아지다가 일정기간 동안 고장 나지 않고 작동을 한 후에는 고장발생률이 점점 감소하는 특성을 나타내고 있다.

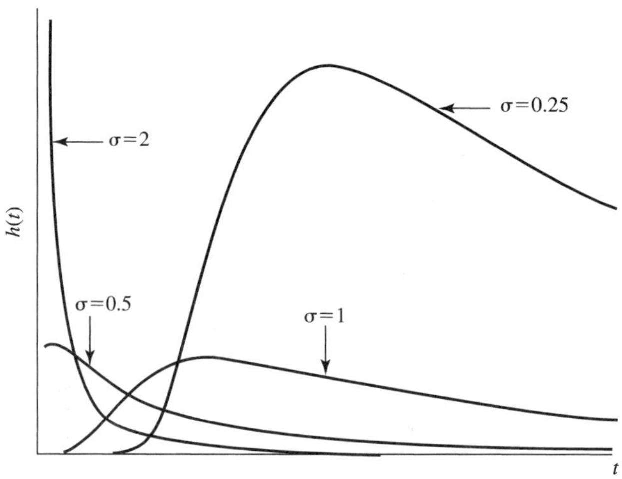

그림 9.2 대수정규분포의 고장률함수

대수정규분포의 평균과 분산은 다음과 같다.

$$\text{평균} : e^{\left(\frac{\mu + \sigma^2}{2}\right)}$$

$$\text{분산} : \left(e^{(2\mu + \sigma^2)}\right)\left(e^{\sigma^2} - 1\right)$$

여기서 μ와 σ^2는 각각 대수를 취한 값의 평균과 분산을 나타낸다.

대수정규분포의 응용 분야는 다음과 같다.

i) 동일하고 독립적인 분포를 하는 양적인 확률변수들의 곱으로 표현되는 확률변수를 나타낸다.

ii) 여러 개의 요인이 합의 형태가 아닌 곱이나 비례의 형태로 열화과정이 진행되는 경우를 모형화하는 데 적합하다.

iii) 금속의 피로, 반도체 또는 다이오드와 같은 부속, 전기절연체의 수명자료 분석에 광범위하게 사용된다.

iv) 모집단에서 작은 부분을 차지하는 불량품에 의해 고장률이 감소하는 전자부품의 고장시간을 모형화하는 데 적합하다.

v) 어떤 열화과정의 고장시간 분포를 나타내는 데 적합하다.

예제 9.1

어느 자동차의 전기제어장치의 수명시험결과 μ가 5150마일, σ가 736.8마일인 대수정규분포를 따른다고 한다.

(1) 이 자동차의 평균 수명은 얼마인가?

(2) 이 자동차가 80000마일 이상 정상적으로 주행할 확률은 얼마인가?

풀이

(1) 평균수명: $\exp[5150+(736.8)2/2]=226{,}204$마일

(2) $P(T>80000)=R(80000)=1-\Phi\left(\dfrac{\ln(80000)-5150}{736.8}\right)=0.8508$

9.2 카이제곱분포

$Y_1, Y_2, \cdots, Y_\nu$ 를 표준정규분포를 따르는 서로 독립인 확률변수라고 하자. 그러면 $X=Y_1^2+Y_2^2+\cdots+Y_\nu^2$는 자유도가 ν인 카이제곱분포를 한다. 또한 카이제곱분포는 감마분포의 특별한 경우로 척도모수 θ가 2이고 형상모수가 β인 카이제곱분포가 된다.

카이제곱분포의 확률밀도함수는 다음과 같으며 [그림 9.3]은 ν의 여러 가지 값에 대한 카이제곱분포의 확률밀도함수의 그래프를 보여 주고 있다.

$$f(t)=\frac{1}{2^{\nu/2}\Gamma(\nu/2)}t^{(\nu/2-1)}e^{-t/2},\ t>0 \tag{9.5}$$

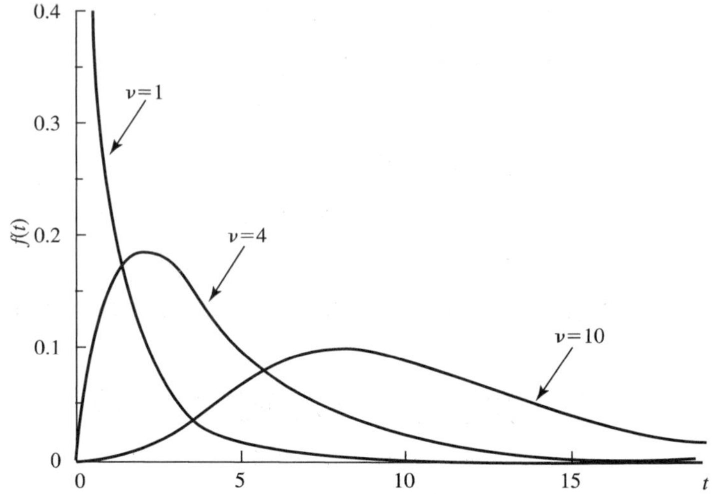

그림 9.3 카이제곱분포의 확률밀도함수

카이제곱분포의 평균과 분산은 다음과 같다.

$$\text{평균: } E(T) = \nu$$
$$\text{분산: } V(T) = 2\nu$$

카이제곱분포의 성질은 다음과 같다.

i) 카이제곱분포를 따르는 두 개 또는 그 이상의 확률변수들의 합은 카이제곱분포를 한다. 그때 자유도는 각각 카이제곱분포의 자유도의 합과 같다.

ii) T_1과 T_2가 각각 자유도가 ν_1과 ν_2인 카이제곱분포를 따르며 서로 독립인 확률변수라고 하면 $\dfrac{T_1/\nu_1}{T_2/\nu_2}$는 자유도가 (ν_1, ν_2)인 F-분포를 따른다.

iii) T_1과 T_2가 카이제곱분포를 따르며 서로 독립이라고 하자. 그러면 $T_1/(T_1+T_2)$ 또는 $T_2/(T_1+T_2)$는 베타분포를 따른다.

iv) 자유도 ν의 값이 커지면 커질수록 카이제곱분포는 평균이 ν이고 분산이 2ν인 정규분포에 근접한다.

9.3 절사 정규분포

신뢰성 업무를 수행하다 보면 어떤 경우에는 아이템의 수명이 특정 값보다 큰 것으로 정의되는 경우가 있다. 이런 경우 지수분포나 와이블분포에서는 각각 2-모수 지수분포나 3-모수 와이블분포와 같이 위치모수를 고려한 분포를 이용하면 된다. 정규분포를 따르는 아이템의 경우에도 만일 그 아이템의 수명이 $t_0(>0)$보다 크다고 알려져 있다면 이 아이템의 수명분포를 모형화하기 위해서는 절사 정규분포를 이용하면 된다. 절사 정규분포는 재료의 강도에 대한 분포를 모형화하는 데 많이 이용된다.

절사된 분포의 기본 개념은 조건부 확률과 동일하며 절사 정규분포의 확률밀도함수는 다음과 같다.

$$f(t)=\begin{cases} 0, & t<t_0 \\ \dfrac{\exp\left(-\dfrac{1}{2}\left(\dfrac{t-\mu}{\sigma}\right)^2\right)}{\sqrt{2\pi}\,\sigma\left(1-\Phi\left(\dfrac{t_0-\mu}{\sigma}\right)\right)}, & t\geq t_0 \end{cases} \tag{9.6}$$

절사 정규분포의 신뢰도함수는 다음과 같다.

$$R(t)=\frac{1-\Phi\left(\dfrac{t-\mu}{\sigma}\right)}{1-\Phi\left(\dfrac{t_0-\mu}{\sigma}\right)},\quad t\geq t_0 \tag{9.7}$$

고장률함수는 다음과 같은 식으로 표시되며 고정된 $\sigma=1$에 대하여 μ를 변화시키는 경우의 고장률함수의 그래프는 [그림 9.4]에 나타난 바와 같다.

$$h(t)=\frac{\exp\left(-\dfrac{1}{2}\left(\dfrac{t-\mu}{\sigma}\right)^2\right)}{\sqrt{2\pi}\,\sigma\left(1-\Phi\left(\dfrac{t-\mu}{\sigma}\right)\right)},\quad t\geq t_0 \tag{9.8}$$

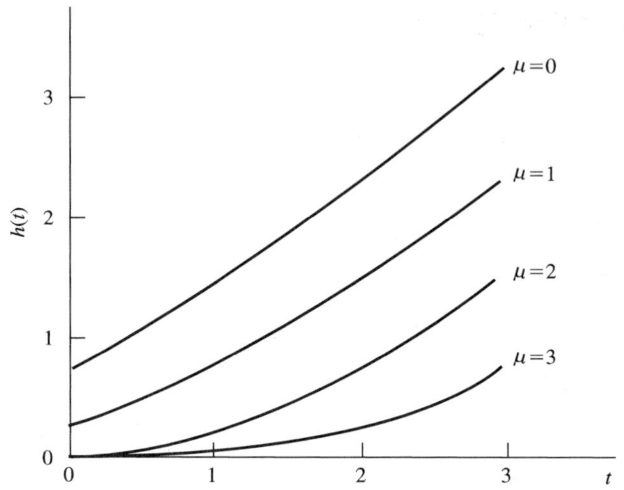

그림 9.4 절사 정규분포의 고장률함수($\sigma = 1$)

9.4 극치분포

극치분포는 어떤 분포로부터 무작위로 관찰된 많은 값들의 최솟값이나 최댓값에 대한 점근분포(limiting distribution)이다. 신뢰성 업무를 수행하는 과정에서 우리는 종종 확률변수들의 극단적인 값(최댓값 또는 최솟값)에 관심을 갖게 된다. 예를 들어 여러 개의 아이템이 직렬로 구성된 시스템의 수명을 평가할 때 우리는 모든 아이템의 수명보다는 수명이 가장 짧은 아이템에 더 많은 관심을 갖게 된다. 왜냐하면 이와 같은 직렬구조 시스템의 수명은 수명이 가장 짧은 아이템의 수명과 일치하기 때문이다. 또한 여러 개의 아이템이 병렬로 구성된 시스템의 수명을 평가할 때 우리는 모든 아이템의 수명보다는 수명이 가장 긴 아이템에 더 많은 관심을 갖게 된다. 병렬로 구성된 시스템의 수명은 수명이 가장 긴 아이템의 수명과 일치하기 때문이다.

9.4.1 최대극치분포(The Maximum Extreme Value Distribution)

$X_1, X_2, \cdots, X_n$ 를 분포함수가 각각 $F_1, F_2, \cdots, F_n$ 인 확률변수라고 하자. 만일 Y 가 이 n개의 확률변수의 최댓값이라고 하면 이것의 분포함수 $F_Y(y)$를 최대극치분포라고 부른다. 만일 X_i들이 동일한 분포인 $F(y)$를 따르고 서로 독립이라면 최댓값에

대한 분포함수는 다음과 같이 얻을 수 있다.

$$F_Y(y) = P[(X_1 \le y)(X_2 \le y) \cdots (X_n \le y)]$$
$$= \prod_{i=1}^{n} P(X_i \le y) = [F(y)]^n$$

이 분포함수로부터 확률밀도함수는 다음과 같이 구해진다.

$$f_Y(y) = \frac{d}{dy} F_Y(y) = n[F(y)]^{n-1} f(y) \tag{9.9}$$

이 경우 각각의 공통분포인 $F(y)$를 최대극치분포인 $F_Y(y)$의 모분포(parent distribution)라고 부른다.

9.4.2 최소극치분포(The Minimum Extreme Value Distribution)

$X_1, X_2, \cdots, X_n$ 를 분포함수가 각각 $F_1, F_2, \cdots, F_n$ 인 확률변수라고 하자. 만일 Z가 n개의 확률변수의 최솟값이라고 하면 Z의 분포함수 $F_Z(z)$를 최소 극치분포라고 한다. 만일 X_i들이 동일한 분포를 따르고 서로 독립이라면 Z의 분포함수는 다음과 같이 얻어진다.

$$F_Z(z) = P[\min(X_1, X_2, \cdots, X_n) \le z)]$$
$$= 1 - P(\min(X_1, X_2, \cdots, X_n) > z) = 1 - P(Z > z)$$

여기서 Z의 신뢰도함수 $P(Z > z)$는 다음과 같이 정의된다.

$$P(Z > z) = \prod_{i=1}^{n} P(X_i > z)$$

여기서 $F_i(z) = P(X_i \le z) = 1 - P(X_i \ge z)$이므로 $F_Z(z)$는 다음과 같이 된다.

$$F_Z(z) = 1 - P(Z > z) = 1 - \prod_{i=1}^{n} [1 - F_i(z)]$$

만일 X_i들이 동일한 분포인 $F(y)$를 따르고 서로 독립이라면 최솟값에 대한 분포함수는 다음과 같이 얻을 수 있다.

$$F_Z(z) = 1 - \prod_{i=1}^{n}[1 - F_i(z)] = 1 - \prod_{i=1}^{n}[1 - F(z)] = 1 - [1 - F(z)]^n$$

이 분포함수로부터 확률밀도함수는 다음과 같이 구해진다.

$$f_Z(z) = \frac{d}{dz}F_Z(z) = n[1 - F(z)]^{n-1}f(z) \tag{9.10}$$

점근분포에서 사용되는 극치분포에는 다음과 같은 세 종류가 있다.

(1) Type I(Gumbel) 극치분포

Type I 극치분포는 와이블분포의 대수변환분포로서 위치-척도 모수를 갖는 분포족에 속해 통계적 분석이 편리하여 많이 사용한다. 이 분포는 최솟값에 근거한 분포와 최댓값에 근거한 분포의 두 종류가 있으며 Gumbel 분포로 알려져 있다. 최솟값에 대한 점근분포(Type I)는 미사일에서 부식성의 화학물질을 보내는 관의 누출시간을 모형화하거나 기계 고장문제를 모형화하는 데 적용된다. 최댓값에 대한 점근분포는 강의 최대 방류량이나 연중 최고 조류 등을 모형화하는 데 적합하다.

i) Gumbel (최솟값) 분포

Gumbel (최솟값) 분포의 일반적인 확률밀도함수는 다음과 같다.

$$f(t) = \frac{1}{\beta}\exp\left(\frac{t-\mu}{\beta}\right)\exp\left[-\exp\left(\frac{t-\mu}{\beta}\right)\right] \tag{9.11}$$

여기서 μ는 위치모수이며 β는 척도모수이다. 만일 $\mu = 0$이고 $\beta = 1$이면 표준 Gumbel 분포가 되며 이때의 확률밀도함수는 $f(t) = e^t e^{-e^t}$가 된다.

Gumbel (최솟값) 분포의 신뢰도함수는 다음과 같다.

$$R(t) = \exp\left[-\exp\left\{\left(\frac{t-\mu}{\beta}\right)\right\}\right] \tag{9.12}$$

고장률함수는 다음과 같은 식으로 표시되며, $\mu = 0$이고 $\beta = 1$인 경우의 고장률함수의 그래프는 [그림 9.5]와 같다.

$$h(t) = \frac{1}{\beta}\exp\left(\frac{t-\mu}{\beta}\right) \tag{9.13}$$

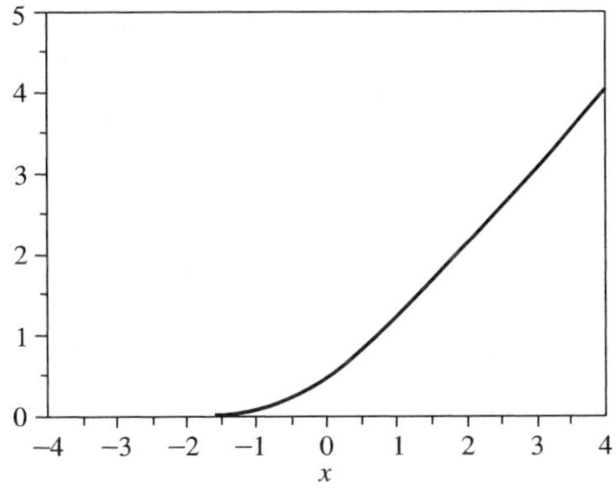

그림 9.5 Gumbel (최솟값) 분포의 고장률함수($\mu=0,\ \beta=1$)

Gumbel (최솟값) 분포의 평균과 분산은 다음과 같다.

$$\text{평균} = \mu - \gamma\beta$$
$$\text{분산} = (\pi\beta)^2/6$$

단, γ는 오일러의 상수로서 $\gamma = 0.5772\cdots$ 이다.

ii) Gumbel (최댓값) 분포

Gumbel (최댓값) 분포의 일반적인 확률밀도함수는 다음과 같다.

$$f(t) = \frac{1}{\beta}\exp\left\{-\left(\frac{t-\mu}{\beta}\right)\right\}\exp\left[-\exp\left\{-\left(\frac{t-\mu}{\beta}\right)\right\}\right] \tag{9.14}$$

여기서 μ는 위치모수이며 β는 척도모수이다. 만일 $\mu=0$이고 $\beta=1$이면 표준 Gumbel 분포가 되며, 이때의 확률밀도함수는 $f(t)=e^{-t}e^{-e^{-t}}$가 된다.

Gumbel(최댓값) 분포의 신뢰도함수는 다음과 같다.

$$R(t) = 1-\exp\left[-\exp\left\{-\left(\frac{t-\mu}{\beta}\right)\right\}\right] \tag{9.15}$$

고장률함수는 다음과 같은 식으로 표시되며 $\mu=0$이고 $\beta=1$인 경우의 고장률함수의 그래프는 [그림 9.6]과 같다.

$$h(t)=\frac{\frac{1}{\beta}\exp\left\{-\left(\frac{t-\mu}{\beta}\right)\right\}}{\exp\left[\exp\ \left\{-\left(\frac{t-\mu}{\beta}\right)\right\}\ \right]-1} \tag{9.16}$$

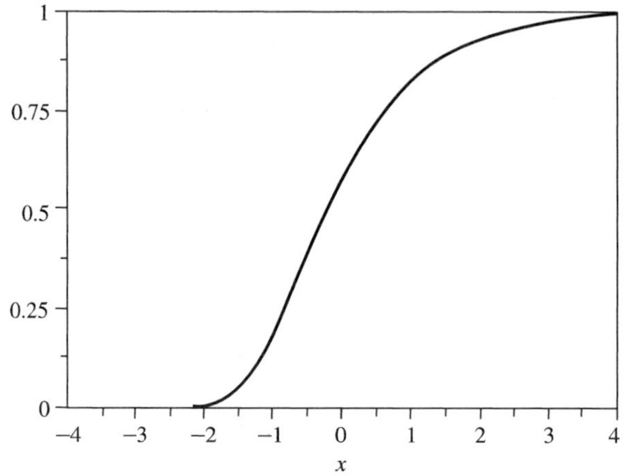

그림 9.6 Gumbel (최댓값) 분포의 고장률함수($\mu=0,\ \beta=1$)

Gumbel (최댓값) 분포의 평균과 분산은 다음과 같다.

$$\text{평균} = \mu+\gamma\beta$$
$$\text{분산} = (\pi\beta)^2/6$$

단, γ는 오일러의 상수로서 $\gamma=0.5772\cdots$이다.

(2) Type II 극치분포

Type II 극치분포는 독일의 주가지수에서 극단적인 경우가 발생할 확률의 추정과 태양 양성자 초고 유속의 특성을 예측하는 데 응용되었으며 Frechet 분포라고도 한다.

i) 확률밀도함수

$$f(t)=\frac{m}{\beta}\left(\frac{t-\mu}{\beta}\right)^{-(m+1)}\exp\left[-\left(\frac{t-\mu}{\beta}\right)^{-m}\right],\ t\geq\mu$$

ii) 신뢰도함수

$$R(t) = 1 - \exp\left[-\left(\frac{t-\mu}{\beta}\right)^{-m}\right]$$

iii) 고장률함수

$$h(t) = \frac{\frac{m}{\beta}\left(\frac{t-\mu}{\beta}\right)^{-(m+1)}}{\exp\left[\left(\frac{t-\mu}{\beta}\right)^{-m}\right] - 1}$$

(3) Type Ⅲ 극치분포

Type III 극치분포는 부하분담(load-sharing) 시스템의 고장강도를 모형하하는 데 응용되었을 뿐만 아니라 다양한 분야에 적용되었다.

i) 확률밀도함수

$$f(t) = \frac{m}{\beta}\left(\frac{t-\mu}{\beta}\right)^{m-1}\exp\left[-\left(\frac{t-\mu}{\beta}\right)^{m}\right],\ t \geq \mu,\ \mu \geq 0,\ \beta > 0\ ,\ m > 0$$

ii) 신뢰도함수

$$R(t) = \exp\left[-\left(\frac{t-\mu}{\beta}\right)^{m}\right]$$

iii) 고장률함수

$$h(t) = \frac{m}{\beta}\left(\frac{t-\mu}{\beta}\right)^{m-1}$$

예제 9.2

미사일에서 사용되는 중앙 파이프의 수명은 $\mu = 100$(만 시간)이고 $\beta = 9$(만 시간)인 최소극치분포를 따른다고 한다.

(1) 이 파이프의 평균수명과 분산은 얼마인가?

(2) 이 파이프가 80만 시간 이상 정상적으로 사용할 확률은 얼마인가?

풀이

(1) 평균수명: $100-(0.5772)(9)=94.8$

분산: $(\pi 9)^2/6=141.7$

(2) 80만 시간 이상 정상적으로 사용할 확률은

$$P(T>80)=R(80)=\exp\left[-\exp\left\{\left(\frac{80-100}{9}\right)\right\}\right]=0.8973$$

9.5 베타분포

베타분포를 따르는 확률변수는 0과 1 사이의 값을 갖는 특징을 가지고 있으며 특수한 경우에 균등분포가 된다. 베타분포의 확률밀도함수는 다음과 같다.

$$f(t)=\frac{1}{B(p,q)}t^{(p-1)}(1-t)^{(q-1)},\ 0\le t\le 1,\ p\ge 0,\ q\ge 0 \qquad (9.13)$$

여기서 $B(p,q)$는 베타함수로서 특정 p와 q의 값에 대한 확률밀도함수의 그래프가 [그림 9.7]에 그려져 있다.

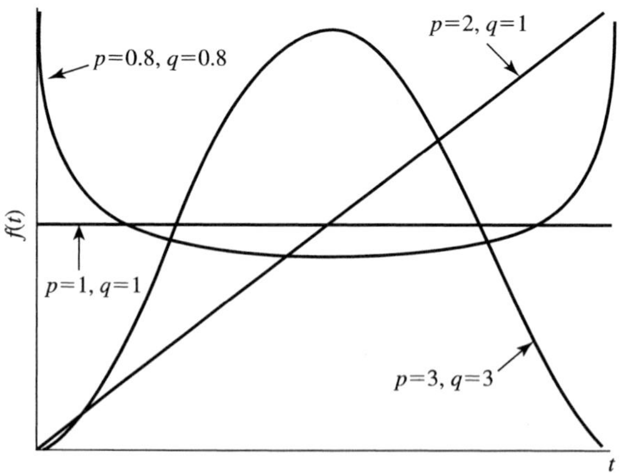

그림 9.7 베타분포의 확률밀도함수

베타분포의 특징은 다음과 같다.

i) 베타분포의 확률밀도함수는 0과 1 사이의 값에 대하여 정의된다.

ii) 베타분포는 유사대칭이다. 즉 베타분포는 두 개의 모수 p와 q가 서로 바뀌면 그 확률밀도함수는 원래 확률밀도함수의 역상(mirror image)이 된다([그림 9.8] 참고).

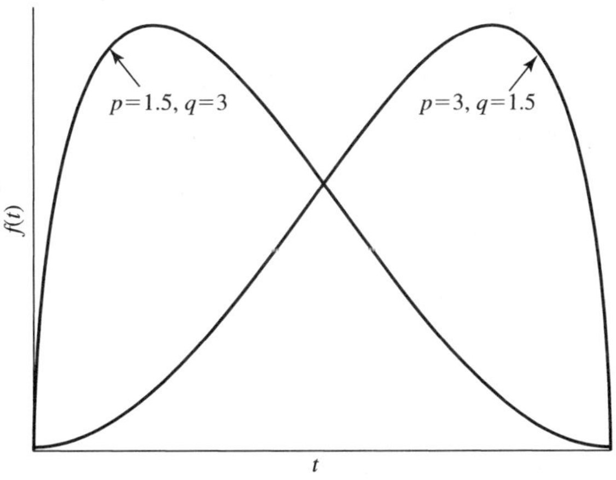

그림 9.8 베타분포의 유사 대칭성

베타분포의 신뢰도함수는 다음과 같다.

$$R(t) = 1 - I_t(p, q) \tag{9.14}$$

여기에서 $I_t(p, q)$는 불완전 베타함수(the incomplete beta function)로서 다음과 같이 정의된다.

$$I_t(p, q) = I_{(0,1)}(t)\int_0^t \frac{1}{B(p, q)} u^{(p-1)}(1-u)^{(q-1)} + I_{[1,\infty)}(t) \tag{9.15}$$

여기서

$$I_{(a,b)}(t) = \begin{cases} 1, & t \in (a, b) \\ 0, & t \notin (a, b) \end{cases}$$

베타분포의 평균과 분산은 다음과 같다.

$$\text{평균: } E(T) = \frac{p}{p+q}$$

$$\text{분산: } Var(T) = \frac{pq}{(p+q)^2(p+q+1)}$$

9.6 Rayleigh 분포

Rayleigh 분포는 와이블분포의 특수한 경우, 즉 형상모수가 2인 와이블분포로 마모 특성을 모형화하는 데 유용한 분포이다. 이 분포의 특징은 고장률함수가 원점을 지나며 시간이 지남에 따라 선형적으로 증가한다는 것이다. 따라서 Rayleigh 분포의 고장률함수는 $r(t) = kt$이다.

고장률함수와 신뢰도함수의 관계를 이용하면 Rayleigh 분포의 확률밀도함수와 누적분포함수는 다음과 같다.

$$f(t) = kt\exp\left[-\frac{kt^2}{2}\right] \tag{9.16}$$

$$F(t) = 1 - R(t) = 1 - \exp\left[-\frac{kt^2}{2}\right] \tag{9.17}$$

또한 신뢰도함수는 아래와 같이 계산된다.

$$R(t) = \exp\left[-\frac{kt^2}{2}\right] \tag{9.18}$$

지수분포와 마찬가지로 Rayleigh 분포는 모수가 한 개이므로 수학적 계산이 용이하다. Rayleigh 분포의 평균과 분산은 다음과 같다.

$$\text{평균: } E(T) = \sqrt{\frac{\pi}{2k}}$$

$$\text{분산: } Var(T) = \left(\frac{2}{k}\right)\left(1 - \frac{\pi}{4}\right)$$

[그림 9.9]는 Rayleigh 분포의 고장률함수, 확률밀도함수, 누적분포함수 및 신뢰도함수의 그래프를 보여 주고 있다.

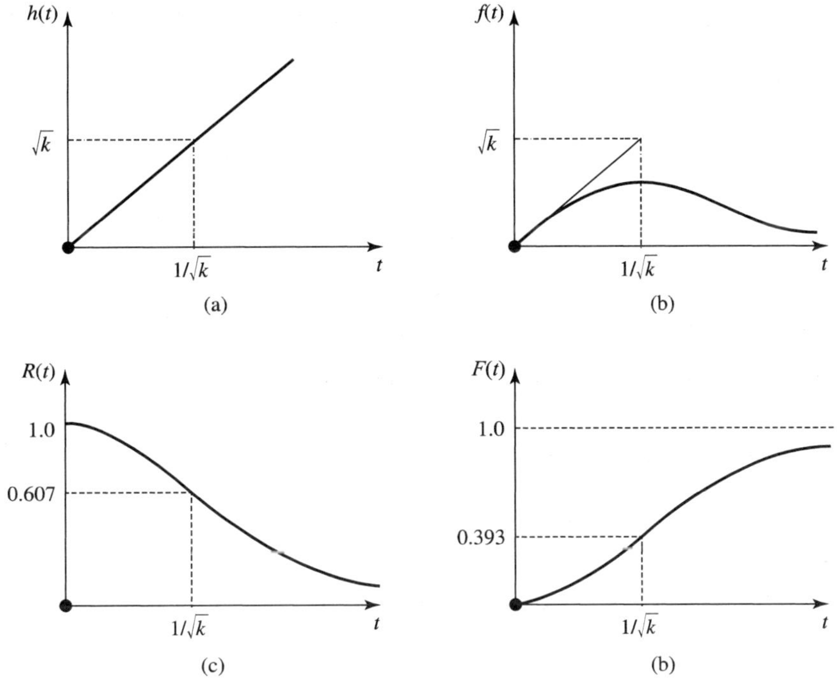

그림 9.9 Rayleigh 분포의 그래프

9.7 기타 분포

이 절에서는 통계이론 교재에서는 일반적으로 다루어지고 있지 않으나 신뢰성이론에서 자주 언급되는 몇 가지 수명분포에 대하여 소개하고 그 성질을 살펴본다.

9.7.1 선형증가 고장률분포

시스템의 수명을 대표하는 연속확률변수 T의 고장률함수가 선형증가 함수라고 가정하자. 즉 $\alpha \geq 0$, $\beta > 0$에 대하여 $h(t) = \alpha t + \beta$, $t \geq 0$이 성립된다고 하자. 그러면 3.2.3절에서 정의된 역공식에 의하여

$$R(t) = \exp - \int_0^t (\alpha u + \beta) du = \exp - \left(\frac{1}{2} \alpha t^2 + \beta t \right) \tag{9.19}$$

이 얻어진다. 따라서 T는 다음과 같은 확률밀도함수 $f(t)$와 불 신뢰도함수 $F(t)$를 가진다. $t \geq 0$에 대하여

$$F(t) = 1 - \exp - \left(\frac{1}{2}\alpha t^2 + \beta t \right) \tag{9.20}$$

$$f(t) = (\alpha t + \beta)\exp - \left(\frac{1}{2}\alpha t^2 + \beta t \right) \tag{9.21}$$

이 경우 T는 모수 α와 β를 가지는 선형증가 고장률 분포를 따른다고 하며 물론 IFR 군에 속하며 만일 $\alpha = 0$이면 지수분포가 된다.

만일 $\beta = 0$인 경우 $h(t) = \alpha t$, $R(t) = e^{-\frac{1}{2}\alpha t^2}$, $f(t) = \alpha t\, e^{-\frac{1}{2}\alpha t^2}$이 되며 T의 $MTTF$와 분산은 각각 $\frac{\sqrt{\pi}}{\sqrt{2\alpha}}$과 $\frac{2}{\alpha}(1 - \frac{\pi}{4})$으로 계산된다. 또한 이 경우 $h(t)$와 $f(t)$의 그래프가 [그림 9.10]에 그려져 있다.

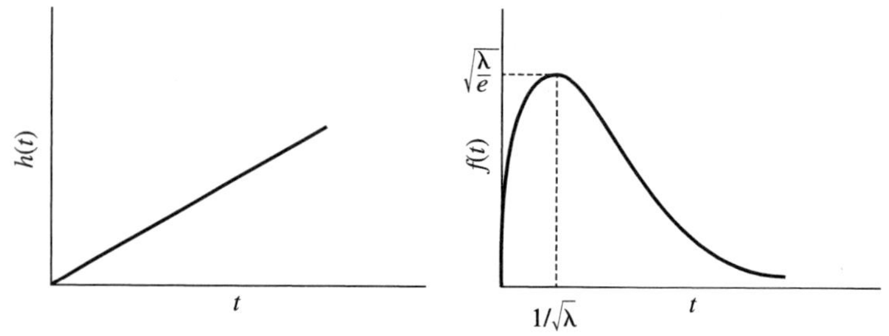

그림 9.10 선형증가 고장률분포의 $h(t)$와 $f(t)$의 그래프

9.7.2 메이크햄(Makeham)분포

다음과 같은 신뢰도함수를 가지는 수명분포는 메이크햄분포로 알려져 있다.

$$R(t) = \exp - [t + \theta(t + \exp - t - 1)],\ \theta \geq 0,\ t \geq 0 \tag{9.22}$$

메이크햄분포의 확률밀도함수와 고장률함수는 다음과 같다.

$$f(t) = [1 + \theta(1 - \exp - t)]\exp - [t + \theta(t + \exp - t - 1)] \tag{9.23}$$

$$h(t) = 1 + \theta(1 - \exp - t) \tag{9.24}$$

이 경우 $h(t)$는 t의 증가함수로서 메이크햄분포는 IFR 군에 속하며, 따라서 IFRA, NBU, NBU-t_0 및 DMRL 군에도 속한다. 메이크햄분포의 이런 성질은 수명분포의 비모수적 검정방법의 검정력 비교에 자주 이용된다.

9.7.3 호스(Hjorth)분포

호스분포는 1980년에 Hjorth에 의하여 제안된 수명분포로서 다음과 같은 신뢰도함수, 확률밀도함수 및 고장률함수를 가진다.

$$R(t) = \frac{\exp - \frac{1}{2}\delta t^2}{(1+\beta t)^{\frac{\theta}{\beta}}}, \quad t \geq 0, \ \ \delta, \beta, \theta \geq 0 \tag{9.25}$$

$$f(t) = \frac{(1+\beta t)\delta t + \theta}{(1+\beta t)^{\frac{\theta}{\beta}+1}} \exp - \frac{1}{2}\delta t^2 \tag{9.26}$$

$$h(t) = \delta t + \frac{\theta}{1+\beta t} \tag{9.27}$$

호스분포는 3개의 모수를 가진 모형으로서 모수들의 값에 따라 고장률함수가 증가, 감소 및 욕조 모양을 가지는 매우 유동적인 수명분포이다. 다음과 같은 분포가 호스분포의 특별한 경우로서 얻어진다.

i) $\theta = 0$: Rayleigh 분포
ii) $\delta = \beta = 0$: 지수분포
iii) $\delta = 0$: 고장률이 감소하는 분포(DFR)
iv) $\delta \geq \theta\beta$: 고장률이 증가하는 분포(IFR)
v) $0 < \delta < \theta\beta$: 고장률함수가 욕조 모양인 분포

[그림 9.11]은 선택된 θ, δ와 β의 값에 대한 고장률함수의 그래프를 보여 준다.

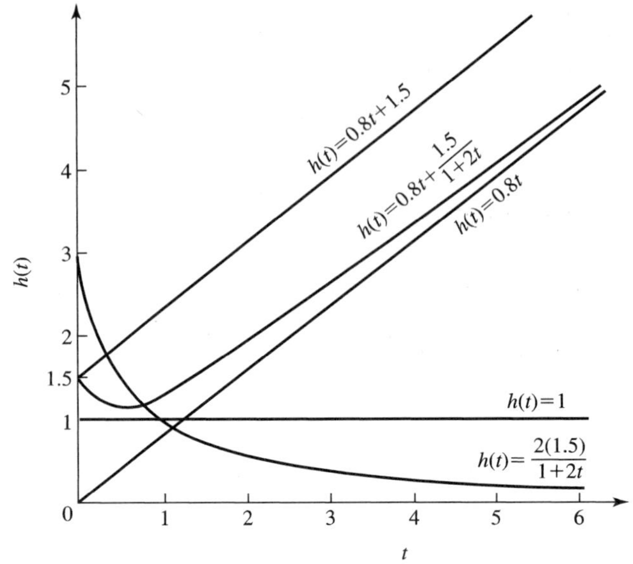

그림 9.11 호스분포의 고장률함수 그래프

9.7.4 딜론(Dhillon)분포

다음과 같은 신뢰도함수, 고장률함수와 확률밀도함수를 가지는 연속확률변수 T의 수명분포를 고려한다.

$$h(t) = k\lambda ct^{c-1} + (1-k)t^{b-1}b\delta\ \exp\delta t^{\delta} \tag{9.28}$$

$$R(t) = \exp[-k\lambda t^{c} - (1-k)(\exp\delta t^{b} - 1)] \tag{9.29}$$

$$f(t) = [k\lambda ct^{c-1} + (1-k)b\delta t^{b-1}\exp\delta t^{b}]\exp[-k\lambda t^{c} - (1-k)(\exp\delta t^{b} - 1)] \tag{9.30}$$

여기서 $b, c, \delta, \lambda > 0,\ 0 \le k \le 1,\ t \ge 0$이다.

이 수명분포는 5개의 모수를 가지는 딜론분포로 알려져 있으며 모수들의 값에 따라서 증가, 감소 및 욕조 모양의 고장률함수를 가지는 분포이다. 이 분포의 특별한 경우로서 다음과 같은 수명분포가 얻어진다.

i) $c = 1, b = 1$: 메이크햄분포
ii) $k = 0, b = 1$: 극치분포(extreme value distribution)
iii) $k = 0$: 와이블분포

iv) $b=0.5$: 욕조 모양의 고장률함수

위에서 정의된 5-모수 딜론분포의 특별한 경우로서 $k=0$, $\delta=\alpha^{-\beta}$, $b=\beta$을 대입하면 다음과 같은 2-모수 딜론분포의 신뢰도함수가 얻어진다.

$$R(t)=\exp[1-\exp(\frac{t}{\alpha})^{\beta}],\ t\geq 0,\ \alpha,\beta\geq 0 \tag{9.31}$$

이 경우 확률밀도함수와 고장률함수는 각각 다음과 같이 표시된다.

$$f(t)=\frac{\beta}{\alpha^{\beta}}\,t^{\beta-1}\exp(\frac{t}{\alpha})^{\beta}\exp[1-\exp(\frac{t}{\alpha})^{\beta}] \tag{9.32}$$

$$h(t)=\frac{\beta}{\alpha^{\beta}}\,t^{\beta-1}\exp(\frac{t}{\alpha})^{\beta} \tag{9.33}$$

[그림 9.12]는 2-모수 딜론분포의 다양한 형태의 고장률함수 패턴을 보여 주고 있다.

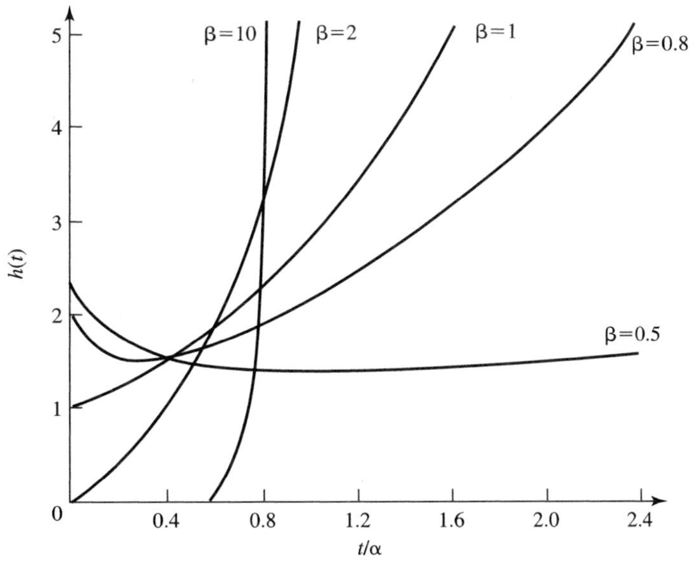

그림 9.12 딜론분포의 고장률함수의 그래프

α와 β값의 변화에 따르는 고장률함수의 패턴 변경은 [그림 9.12]로부터 다음과 같은 사항이 관찰된다.

i) t의 값이 커지면 α와 β에 관계없이 고장률함수는 지수적으로 증가한다.

ii) $\beta = 0.5$인 경우에는 욕조 모양의 고장률함수를 가진다.

이러한 분포는 초기의 일정기간 동안에 매우 신뢰도가 높거나 또는 경우에 따라서는 신뢰도가 증가하나 마모기에는 매우 급격하게 고장률이 증가하는 부품의 수명을 설명하는 데 적당한 모형으로 간주된다.

연습 문제

1. 어떤 섬유의 인장강도는 위치모수(μ)는 100이고 척도모수(σ)가 50인 대수정규분포를 따른다고 한다.

① 이 섬유의 평균 인장강도와 표준편차는 얼마인가?

② 이 섬유가 200의 인장스트레스에 견딜 수 있을 확률은 얼마인가?

2. 어느 베어링 제조회사에서 생산되는 베어링에 대한 수명을 조사한 결과 위치모수(μ)는 4.15이고 척도모수(σ)가 0.5334인 대수정규분포를 따르는 것으로 판명되었다.

① 이 베어링의 평균 수명과 표준편차는 얼마인가?

② 이 베어링이 평균수명 이전에 고장 나는 베어링의 비율은 얼마인가?

3. 어떤 금속의 피로수명(X)은 척도모수(σ)가 3인 대수정규분포를 따른다고 한다. $P(X < 158) = 0.5$가 되기 위해서 위치모수(μ)의 값은 얼마이어야 하는가?

4. 어느 시스템의 수명이 $\mu = 50$(만 시간)이고 $\beta = 2$(만 시간)인 극치분포(Gumbel (최댓값) 분포)를 따른다고 하자.

① 이 시스템의 중앙값은 얼마인가?

② 이 시스템의 평균수명과 표준편차는 얼마인가?

③ 이 시스템이 50만 시간에서의 신뢰도는 얼마인가?

5. 만일 어떤 부품이 $\mu = 45$(시간)이고 $\beta = 3$(시간)인 최소극치분포(Gumbel (최솟값) 분포)를 따른다고 하자.

① 이 시스템의 평균수명과 표준편차는 얼마인가?

② 이 부품이 50시간 이상 정상적으로 작동할 확률은 얼마인가?

6. 만일 어떤 시스템의 수명(T)이 $\mu = 50$(만 시간)이고 $\beta = 2$(만 시간) 최대극치분포(Gumbel (최댓값) 분포)를 따른다고 하면 $\exp(3T)$의 기댓값은 얼마인가?

7. 다음은 베타분포의 확률밀도함수이다.

$$f(t)=\frac{1}{B(p,q)}t^{(p-1)}(1-t)^{(q-1)},\quad 0\leq t\leq 1,\ p\geqq 0,\ q\geqq 0$$

① 평균이 $\frac{p}{p+q}$ 임을 증명하시오.

② 분산이 $\frac{pq}{(p+q)^2(p+q+1)}$ 임을 증명하시오.

8. 미사일 시스템이 평균이 70.8시간이고 분산이 449.53인 베타분포를 따른다고 하자.

① 이 베타분포의 확률밀도함수를 작성하시오.

② 이 미사일이 100시간이상 동작할 확률은 얼마인가?

9. 다음은 Rayleigh 분포의 확률밀도함수이다.

$$f(t)=kt\exp\left[-\frac{kt^2}{2}\right],\quad k>0,\ t\geq 0$$

① 평균이 $\sqrt{\frac{\pi}{2k}}$ 임을 증명하시오.

② 분산이 $\left(\frac{2}{k}\right)\left(1-\frac{\pi}{4}\right)$임을 증명하시오.

10. 어떤 유니트의 수명은 Rayleigh 분포를 따른다고 알려져 있으며 1300시간에서의 고장률이 13인 것으로 나타났다.

① 이 유니트의 고장률함수를 작성하시오.

② 이 유니트의 평균수명과 표준편차는 얼마인가?

③ 이 유니트가 1000시간 이전에 고장 날 확률은 얼마인가?

10장

다 부품 시스템의 수명분포

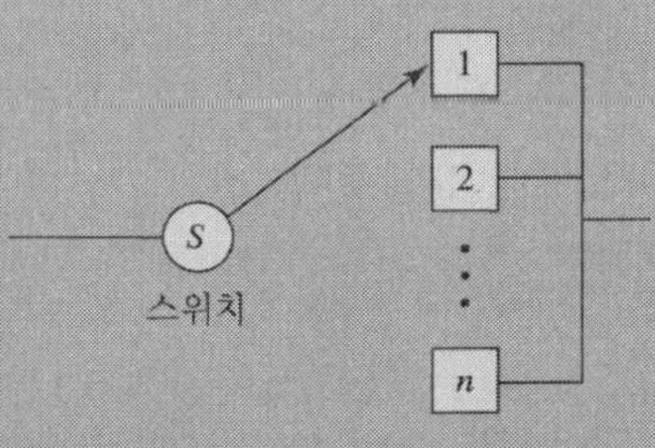

이 장에서는 다 부품으로 구성된 시스템의 신뢰도를 계산하는 방법과 각 부품의 수명분포와 시스템의 수명분포의 관계에 대하여 논의한다. 이러한 다 부품 시스템의 신뢰도 계산과 수명분포를 구하기 위해서는 각 부품의 신뢰도와 시스템의 구조함수(structure function)가 알려져 있다고 가정하며, 또한 각 부품들이 서로 독립적으로 운용(operation)된다는 가정이 필요하다. 시스템의 구조함수는 각 부품의 가동상태와 시스템의 가동상태를 연관시키는 함수이며 시스템의 신뢰도 계산에도 유용하게 사용된다. 10.2절에서는 구조함수를 이용한 신뢰도 계산 방법과 패스 벡터와 컷 벡터를 이용한 계산 방법을 다루며 10.3절에서는 n 중 k 시스템의 구조 함수와 신뢰도 계산에 대하여 살펴보고 특별한 경우인 직렬 시스템과 병렬 시스템에 대하여 자세하게 다룬다. 10.4절에서는 대기 중복 시스템(standby redundant system)에 대하여 정의하고 신뢰도 계산 방법을 설명한다. 그 이외에도 부품 시스템의 수명분포가 부품의 수명분포에 따라 어떻게 변화되는지를 알아보고 척도모수들에 대한 각 부품과 시스템의 관계에 대하여 논의한다.

10.1 시스템의 구조함수

n개의 서로 독립적인 부품으로 구성된 시스템에 대하여 부품 i의 상태를 나타내는 이진함수 x_i를 다음과 같이 정의한다.

$$x_i = \begin{cases} 1, & \text{부품 } i\text{가 가동될 때} \\ 0, & \text{부품 } i\text{가 고장일 때} \end{cases}$$

이러한 n개의 x값들은 벡터 $\underline{x} = (x_1, x_2, \cdots, x_n)$로 표시되며 시스템의 상태벡터를 나타낸다. 시스템의 구조함수 $\phi(\underline{x})$는 $\underline{x}$의 값에 의하여 완전하게 결정되며 다음과 같이 정의된다.

$$\phi(\underline{x}) = \begin{cases} 1, & \text{시스템이 가동될 때} \\ 0, & \text{시스템이 고장일 때} \end{cases}$$

따라서 시스템의 구조함수는 부품들의 상태에 따라 결정되는 이진함수로서 시스템의 구조에 따라 서로 다른 형태를 가지게 된다. 몇 가지 예는 다음과 같다.

예제 10.1

다음과 같은 구조를 가진 직렬 시스템([그림 10.1])은 모든 부품들이 가동될 때에만 가동된다.

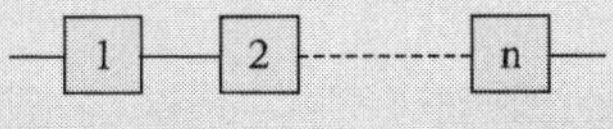

그림 10.1 직렬 시스템의 블록 다이어그램

따라서 모든 i에 대하여 $x_i = 1$인 경우에만 $\phi(\underline{x}) = 1$이며 구조함수는

$$\phi(\underline{x}) = \begin{cases} 1, & \text{모든 } i\text{에 대하여 } x_i = 1\text{일 때} \\ 0, & \text{적어도 한개의 } i\text{에 대하여 } x_i = 0\text{일 때} \end{cases}$$

$$= \min(x_1, x_2, \cdots, x_n)$$

$$= \prod_{i=1}^{n} x_i$$

예제 10.2

다음과 같은 구조를 가진 병렬 시스템([그림 10.2])은 한 개 이상의 부품들이 가동되면 가동된다. 즉 모든 부품들이 고장 날 때에만 시스템이 고장 난다.

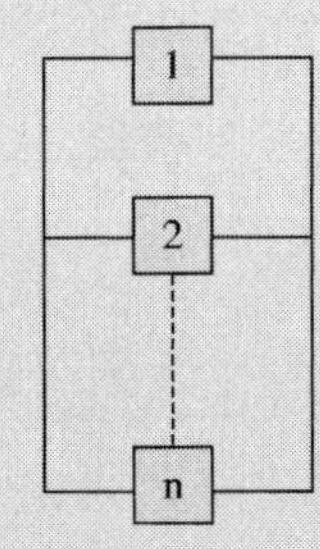

그림 10.2 병렬 시스템의 블록 다이어그램

병렬 시스템의 구조함수는 다음과 같다.

$$\phi(\underline{x}) = \begin{cases} 1, & \text{적어도 한개의 } i\text{에 대하여 } x_i = 1\text{일 때} \\ 0, & \text{모든 } i\text{에 대하여 } x_i = 0\text{일 때} \end{cases}$$

$$= \max(x_i, x_2, \cdots, x_n)$$

$$= 1 - \prod_{i=1}^{n} (1 - x_i)$$

직렬 시스템과 병렬 시스템은 n개의 부품 중에서 k개 이상의 부품이 가동될 때에 가동되는 n 중 k 시스템(k out of n system)의 특별한 경우로서 직렬 시스템은 n 중 n 시스템이고 병렬 시스템은 n 중 1 시스템이다.

예제 10.3

n 중 k 시스템의 구조함수는 일반적으로 다음과 같이 표시된다.

$$\phi(\underline{x}) = \begin{cases} 1, & \sum_{i=1}^{n} x_i \geq k\text{일 때} \\ 0, & \sum_{i=1}^{n} x_i < k\text{일 때} \end{cases}$$

n 중 k 시스템에 대한 $\phi(\underline{x})$의 구체적인 식은 표현이 어려우나 3 중 2 시스템의 경우에는 다음과 같이 표시된다.

$$\begin{aligned} \phi(\underline{x}) &= 1-(1-x_1x_2)(1-x_1x_3)(1-x_2x_3) \\ &= x_1x_2(1-x_3)+x_1x_3(1-x_2)+x_2x_3(1-x_1)+x_1x_2x_3 \end{aligned}$$

예제 10.4

다음과 같은 구조를 가진 3개 부품의 시스템([그림 10.3])을 고려하자.

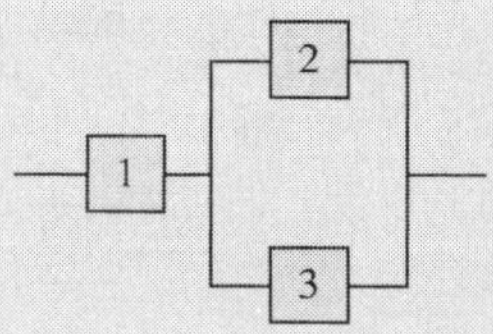

그림 10.3 3-부품 시스템

만일 부품 1과 2가 가동되거나 부품 1과 3이 가동되면 이 시스템은 가동된다. 따라서 구조함수는 다음과 같다.

$$\begin{aligned} \phi(\underline{x}) &= x_1x_2(1-x_3)+x_1x_3(1-x_2)+x_1x_2x_3 \\ &= x_1x_2+x_1x_3-x_1x_2x_3 \end{aligned}$$

시스템의 구조함수로부터 유도될 수 있는 개념 중의 하나는 각 부품이 시스템의 가동에 미치는 영향을 측정하는 부품의 구조적 중요도(structural importance)이다.

각 부품이 시스템의 가동에 미치는 영향은 시스템의 구조나 부품의 신뢰도에 따라서 달라지는데 구조적 중요도는 시스템의 구조에만 의존하는 척도이다. 예를 들면 직렬 시스템이나 병렬 시스템의 경우에는 모든 부품들의 구조적 중요도는 같으나 예제 10.4의 3-부품 시스템의 경우에는 부품 1이 부품 2나 3에 비하여 구조적으로 보다 중요하며 부품 2와 3의 구조적 중요도는 같게 된다.

$(1_i, \underline{x}) = (x_1, x_2, \cdots, x_{i-1}, 1, x_{i+1}, \cdots, x_n)$는 부품 i가 가동되는 경우의 시스템의 상태벡터이고 $(0_i, \underline{x}) = (x_1, x_2, \cdots, x_{i-1}, 0, x_{i+1}, \cdots, x_n)$는 부품 i가 고장 난 경우의 시스템의 상태벡터를 나타낸다고 하자. 만일 $\phi(1_i, \underline{x}) - \phi(0_i, \underline{x}) = 1$이면 다른 부품들의 상태벡터에 관계없이 부품 i의 상태벡터가 시스템의 가동여부를 결정하게 되며 만일 $\phi(1_i, \underline{x}) - \phi(0_i, \underline{x}) = 0$이면 부품 i의 상태벡터는 시스템의 가동여부에 전혀 영향을 미치지 않게 된다. 따라서 $\phi(1_i, \underline{x}) - \phi(0_i, \underline{x}) = 1$인 경우가 많을수록 부품 i가 시스템의 가동에 미치는 영향이 커지게 된다. 이러한 개념을 이용하여 부품 i의 구조적 중요도 $I_\phi(i)$는 다음과 같이 정의된다.

$$I_\phi(i) = \frac{1}{2^{n-1}} \sum_{\{\underline{x} | x_i = 0 \text{ 또는 } 1\}} [\phi(1_i, \underline{x}) - \phi(0_i, \underline{x})]$$

여기에서 2^{n-1}은 부품 i를 제외한 나머지 $(n-1)$개의 부품들의 상태벡터들의 개수이며, $\{\underline{x} | x_i = 0 \text{ 또는 } 1\}$는 x_i가 고정된 벡터 $\underline{x}$를 의미한다.

예제 10.5

(a) 직렬 시스템

이 경우에는 부품 i 이외의 모든 부품들이 가동되는 경우에만 $\phi(1_i, \underline{x}) - \phi(0_i, \underline{x}) = 0$이 성립되므로 모든 $i = 1, 2, \cdots, n$에 대하여 $I_\phi(i) = \frac{1}{2^{n-1}}$이며 모든 부품들의 구조적 중요도는 같다.

(b) 병렬 시스템

이 경우에는 부품 i 이외의 모든 부품들이 고장 난 경우에만 $\phi(1_i, \underline{x}) - \phi(0_i, \underline{x}) = 1$이 성립되므로 직렬 시스템의 경우와 같이 모든

$i=1,2,\cdots,n$ 에 대하여 $I_\phi(i)=\dfrac{1}{2^{n-1}}$ 이며 모든 부품들의 구조적 중요도는 같다.

(c) 예제 10.4의 3-부품 시스템

이 시스템이 취할 수 있는 상태벡터 $\underline{x}$의 개수는 8개로서 (0,0,0), (0,0,1), (0,1,0), (1,0,0), (0,1,1), (1,0,1), (1,1,0), (1,1,1) 등이다. 따라서

$$\phi(1_1,0,0)-\phi(0_1,0,0)=0$$
$$\phi(1_1,0,1)-\phi(0_1,0,1)=1$$
$$\phi(1_1,1,0)-\phi(0_1,1,0)=1$$
$$\phi(1_1,1,1)-\phi(0_1,1,1)=1$$

이므로 $I_\phi(1)=\dfrac{3}{4}$가 얻어진다. 마찬가지 방법으로 $I_\phi(2)=I_\phi(3)=\dfrac{1}{4}$이 되며 따라서 이러한 시스템에 대하여는 부품 1이 부품 2나 3에 비하여 구조적 중요도가 높은 것을 알게 된다.

10.2 시스템 신뢰도

이 절에서는 n개의 부품으로 구성된 시스템의 구조와 각 부품의 신뢰도가 주어진 경우에 시스템의 신뢰도를 계산하는 방법에 대하여 알아본다. 부품 i의 가동여부를 나타내는 확률변수 X_i를 다음과 같이 정의하자.

$$X_i=\begin{cases}1, & \text{부품 } i\text{가 가동될 때}\\ 0, & \text{부품 } i\text{가 고장일 때}\end{cases}$$

n개 부품의 상태를 나타내는 확률변수들에 의하여 대응하는 시스템의 상태벡터는 $\underline{X}=(X_1,X_2,\cdots,X_n)$로 표시된다. 주어진 시점에서 부품 i가 가동되는 확률은 $p_i=EX_i=P(X_i=1)$으로 표시되며 부품 i의 신뢰도라고 부른다. n개 부품의 신뢰도 벡터는 $\underline{p}=(p_1,p_2,\cdots,p_n)$으로 표시된다. 시스템의 신뢰도 벡터가 $\underline{p}$일 때 시스템의 신뢰도 r은 다음과 같이 정의된다.

$$r = E\phi(\underline{X}) = P(\phi(\underline{X}) = 1)$$

r의 값은 신뢰도 벡터 $\underline{p}$에 의존하며, $r = r(\underline{p})$로 표시하는 것이 일반적이다. 함수 $r(\underline{p})$는 시스템의 신뢰도함수라고 부른다. 시스템 신뢰도를 계산하기 위하여 사용되는 방법에는 여러 가지가 있으며 이 절에서는 $r(\underline{p})$의 정의, 기댓값, 패스 벡터, 컷 벡터와 분해방법(decomposition method)에 의한 신뢰도 계산방법을 예제를 이용하여 설명한다.

(a) $r(\underline{p})$의 정의

$r(\underline{p}) = P(\phi(\underline{X}) = 1)$의 정의와 $X_1, X_2, \cdots, X_n$ 의 독립성을 직접적으로 이용하여 시스템 신뢰도를 계산하는 방법으로 다음의 예제를 이용하여 이 방법을 설명한다.

예제 10.6

직렬 시스템의 구조함수는 $\phi(\underline{X}) = \prod_{i=1}^{n} X_i$이다. 따라서

$$\begin{aligned} r(\underline{p}) &= P(\phi(\underline{X}) = 1) \\ &= P(\prod_{i=1}^{n} X_i = 1) \\ &= \prod_{i=1}^{n} P(X_i = 1) \\ &= \prod_{i=1}^{n} p_i \end{aligned}$$

예제 10.6의 결과로부터 직렬 시스템의 신뢰도는 n개의 부품 중에서 가장 약한 부품의 신뢰도보다 항상 적다는 것을 알 수 있으며, 가장 약한 부품의 신뢰도를 향상시키는 것이 직렬 시스템의 신뢰도를 가장 크게 향상시키게 된다. 만일 모든 부품들의 신뢰도가 같은 경우에는, 즉 $p_1 = p_2 = \cdots = p_n = p$인 경우에는 $r(\underline{p}) = r(p) = p^n$이 된다. [그림 10.4]는 부품 신뢰도와 직렬 시스템의 신뢰도 관계를 보여 준다.

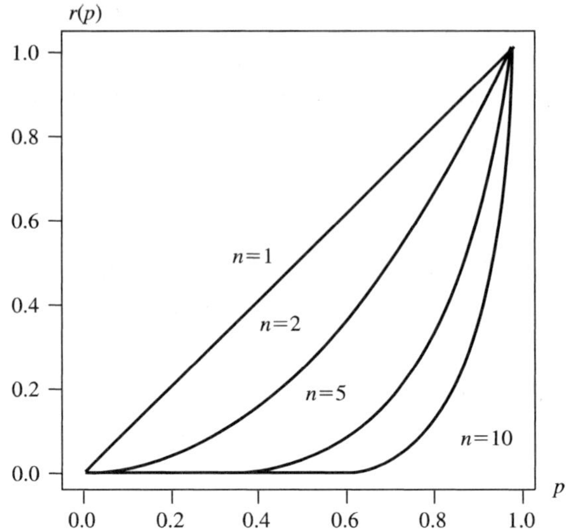

그림 10.4 동일한 n개 부품의 직렬 시스템의 신뢰도

[그림 10.4]에 의하면 부품의 수가 적은 경우에도 시스템의 신뢰도를 비교적 크게 하려면 부품의 신뢰도가 매우 커야 된다는 것을 보여 주며, 부품의 수가 많은 경우에는 부품의 신뢰도가 조금만 향상되어도 시스템의 신뢰도에 많은 영향을 미친다는 사실을 알 수 있다.

(b) 기댓값

$\phi(\underline{X})$는 0과 1을 취하는 확률변수이므로 $E\phi(\underline{X}) = P(\phi(\underline{X}) = 1)$이 성립된다. 따라서 $\phi(\underline{X})$의 기댓값이 시스템의 신뢰도가 된다.

예제 10.7

(a) 직렬 시스템의 경우에는 $\phi(\underline{X}) = \prod_{i=1}^{n} X_i$이므로 $r(\underline{p})$는 다음과 같다.

$$r(\underline{p}) = E\phi(\underline{X}) = E\prod_{i=1}^{n} X_i = \prod_{i=1}^{n} EX_i = \prod_{i=1}^{n} p_i$$

(b) n개의 독립적인 부품들로 구성된 병렬 시스템의 경우에 대한 $r(\underline{p})$는 다음과 같다.

$$\begin{aligned} r(\underline{p}) &= E\phi(\underline{X}) \\ &= E[1-\prod_{i=1}^{n}(1-X_i)] \\ &= 1-E[\prod_{i=1}^{n}(1-X_i)] \\ &= 1-\prod_{i=1}^{n}E(1-X_i) \\ &= 1-\prod_{i=1}^{n}(1-p_i) \end{aligned}$$

예제 10.7에서 만일 $p_1 = p_2 = \cdots = p_n = p$인 경우에는 $r(p) = 1-(1-p)^n$이 된다. [그림 10.5]는 동일한 n개 부품으로 구성된 병렬 시스템의 신뢰도와 부품 신뢰도의 관계를 나타낸다. 이 그래프는 부품의 수가 많아질수록 시스템이 신뢰도가 커진다는 것을 보여 준다.

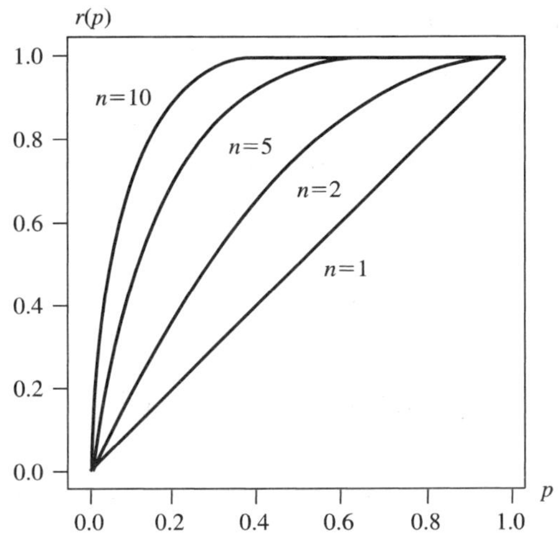

그림 10.5 동일한 n개 부품의 병렬 시스템의 신뢰도

(c) 패스 벡터(path vector)

만일 $\phi(\underline{X}) = 1$이 성립되면 상태벡터 $\underline{X} = (X_1, X_2, \cdots, X_n)$는 시스템의 패스 벡터라고 부른다. 만일 $\underline{X}$가 패스 벡터이고 $\underline{Y} < \underline{X}$(즉 모든 $i = 1, 2, \cdots, n$에 대하여 $y_i \le x_i$이고 한 개 이상의 i에 대하여 $y_i < x_i$가 성립되면)인 모든 $\underline{Y}$에 대하여 $\phi(\underline{Y}) = 0$인 경우에는 상태벡터 $\underline{X}$는 시스템의 최소 패스 벡터라고 정의한다. 최소

패스 벡터를 이용한 시스템의 신뢰도 계산도 가능하나 이 절에서는 패스 벡터를 이용한 방법에 대해서만 설명한다.

패스 벡터 방법은 단순히 시스템의 모든 패스 벡터에 해당되는 확률들의 합에 의하여 계산된다. 따라서 패스 벡터 방법은 복잡한 시스템에 적용하기에는 시간이 많이 걸리는 단점이 있으나 시스템 신뢰도의 계산이 항상 가능하다는 장점이 있다.

패스 벡터 방법에 의한 시스템 신뢰도는

$$r(\underline{p}) = P(\text{패스벡터 } \underline{X})$$

에 의하여 계산되며, 다음의 예제 10.8이 그 방법을 설명한다.

예제 10.8

3개의 부품 중에서 2개 이상의 부품이 가동되면 시스템이 가동되는 3 중 2 시스템을 고려한다. 8개의 서로 배반인 벡터 $\underline{X}=(X_1, X_2, X_3)$ 중에서 패스 벡터는 $(1,1,0), (1,0,1), (0,1,1), (1,1,1)$ 의 4개이다. 따라서 각 패스 벡터에 대응하는 확률을 구하고 합하면 시스템의 신뢰도는 다음과 같이 구해진다.

$$\begin{aligned} r(\underline{p}) &= p_1p_2(1-p_3) + p_1(1-p_2)p_3 + (1-p_1)p_2p_3 + p_1p_2p_3 \\ &= p_1p_2 + p_1p_3 + p_2p_3 - 2p_1p_2p_3 \end{aligned}$$

예제 10.8에서 고려된 3 중 2 시스템의 신뢰도를 계산하기 위하여 기댓값에 의한 방법을 사용할 때에는 주의가 필요하다. 예를 들면 시스템의 구조함수는

$$\phi(\underline{X}) = 1-(1-X_1X_2)(1-X_1X_3)(1-X_2X_3)$$

이다. 시스템의 신뢰도를 계산하기 위하여 단순히 $i=1,2,3$에 대하여 X_i를 p_i로 치환한 $r(\underline{p}) = 1-(1-p_1p_2)(1-p_1p_3)(1-p_2p_3)$는 틀린 값이다. 그 이유는 $EX_i^2 = EX_i$이므로 EX_i^2은 p_i^2이 아니고 p_i와 같아지기 때문이다. 따라서 기댓값 방법에 의한 시스템 신뢰도는 다음과 같이 계산되어야 한다.

$$\begin{aligned} r(\underline{p}) &= E[\phi(\underline{X})] \\ &= E[1-(1-X_1X_2)(1-X_1X_3)(1-X_2X_3)] \\ &= E[X_1X_2+X_1X_3+X_2X_3-X_1^2X_2X_3-X_1X_2^2X_3-X_1X_2X_3^2+X_1^2X_2^2X_3^2] \\ &= p_1p_2+p_1p_3+p_2p_3-p_1p_2p_3-p_1p_2p_3-p_1p_2p_3+p_1p_2p_3 \\ &= p_1p_2+p_1p_3+p_2p_3-2p_1p_2p_3 \end{aligned}$$

(d) 컷 벡터(cut vector)

만일 $\phi(\underline{X})=0$이 성립되면 상태벡터 $\underline{X}=(X_1, X_2, \cdots, X_n)$는 시스템의 컷 벡터라고 부른다. 만일 $\underline{X}$가 컷 벡터이고 $\underline{X}<\underline{Y}$(즉 모든 $i=1, 2, \cdots, n$에 대하여 $x_i \le y_i$이고 한 개 이상의 i에 대하여 $x_i < y_i$가 성립되면)인 모든 $\underline{Y}$에 대하여 $\phi(\underline{Y})=1$인 경우에는 상태벡터 $\underline{X}$는 시스템의 최소 컷 벡터라고 정의한다. 최소 컷 벡터를 이용하여 시스템의 신뢰도를 계산하는 것도 가능하나 이 절에서는 컷 벡터를 이용한 방법에 대해서만 설명한다.

컷 벡터 방법에 의한 시스템 신뢰도는

$$r(\underline{p}) = 1 - P(\text{컷 벡터 } \underline{X})$$

에 의하여 계산되며, 다음의 예제 10.9에서 그 방법을 설명한다.

예제 10.9

다음과 같은 구조를 갖는 4-부품 시스템을 고려하자.

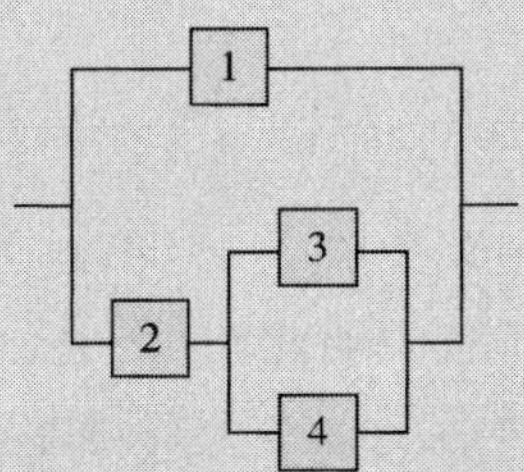

그림 10.6 4-부품 시스템

이 시스템에 대한 16개의 서로 배반인 벡터 $\underline{X}$ 중에서 5개의 컷 벡터는 $(0,0,0,0)$, $(0,0,0,1)$, $(0,0,1,0)$, $(0,0,1,1)$, $(0,1,0,0)$이다. 컷 벡터 방법에 의한 시스템의 신뢰도는 다음과 같이 계산된다.

$$\begin{aligned} r(\underline{p}) &= 1 - P[(0,0,0,0), (0,0,0,1), (0,0,1,0), (0,0,1,1), (0,1,0,0)] \\ &= 1-(1-p_1)(1-p_2)(1-p_3)(1-p_4) \\ &\quad -(1-p_1)(1-p_2)(1-p_3)p_4-(1-p_1)(1-p_2)p_3(1-p_4) \\ &\quad -(1-p_1)(1-p_2)p_3p_4-(1-p_1)p_2(1-p_3)(1-p_4) \end{aligned}$$

(e) 분해방법(decomposition method)

이 방법에서는 한 개의 주요 부품을 선택하고 시스템의 구조함수를 이 부품에 대하여 분해함으로써 시스템의 신뢰도를 계산한다. 부품 i가 시스템의 주요 부품으로 선택되었다고 하면 구조함수 $\phi(\underline{X})$는 다음과 같이 분해되어 표현될 수 있다.

$$\phi(\underline{X}) = X_i \phi(1_i, \underline{X}) + (1 - X_i)\phi(0_i, \underline{X})$$

시스템 신뢰도는 양변의 기댓값을 구함으로서 계산될 수 있다.

$$\begin{aligned} r(\underline{p}) &= E\phi(\underline{X}) \\ &= E[X_i\phi(1_i, \underline{X}) + (1-X_i)\phi(0_i, \underline{X})] \\ &= EX_i E[\phi(1_i, \underline{X})] + E(1-X_i) E[\phi(0_i, \underline{X})] \\ &= p_i r(1_i, \underline{p}) + (1-p_i) r(0_i, \underline{p}) \\ &= P(\text{부품 } i \text{ 가동})\ P(\text{시스템 가동} \mid \text{부품 } i \text{ 가동}) \\ &\qquad + P(\text{부품 } i \text{ 고장})\ P(\text{시스템 가동} \mid \text{부품 } i \text{ 고장}) \end{aligned}$$

여기에서 $r(1_i, \underline{p})$와 $r(0_i, \underline{p})$는 각각 부품 i가 가동과 고장상태이고 나머지 부품들의 신뢰도가 $p_1, p_2, \cdots, p_{i-1}, p_{i+1}, \cdots, p_n$일 때의 시스템 신뢰도를 나타낸다. n개의 부품 중 어느 것이나 주요 부품이 될 수 있으나 일반적으로 블록 다이어그램에서 독특한 위치를 차지하고 있는 부품을 주요 부품으로 선택하는 것이 가장 계산이 용이하다. 다음의 예제 10.10에서 분해방법에 의한 시스템 신뢰도의 계산방법을 제시한다.

예제 10.10

다음과 같은 구조를 가진 4-부품 시스템을 고려하자.

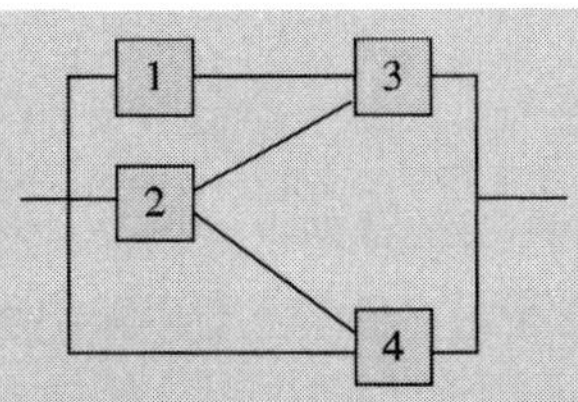

그림 10.7 4-부품 시스템

분해방법을 적용하기 위하여 부품 2를 주요 부품으로 선택한다. 이 경우에는

$$\phi(1_2, \underline{X}) = 1-(1-X_3)(1-X_4)$$
$$\phi(0_2, \underline{X}) = 1-(1-X_1X_3)(1-X_4)$$

이며 $r(1_2, \underline{p}) = 1-(1-p_3)(1-p_4)$과 $r(0_2, \underline{p}) = 1-(1-p_1p_3)(1-p_4)$이 각각 얻어진다. 따라서 시스템 신뢰도는 다음과 같다.

$$\begin{aligned} r(\underline{p}) &= p_2 r(1_2, \underline{p}) + (1-p_2) r(0_i, \underline{p}) \\ &= p_2[1-(1-p_3)(1-p_4)] + (1-p_2)[1-(1-p_1p_3)(1-p_4)] \end{aligned}$$

시스템의 신뢰도가 계산되면 각 부품의 신뢰성 중요도(reliability importance)에 대한 평가가 가능하게 된다. 신뢰성 중요도는 각 부품이 시스템의 가동에 미치는 영향을 시스템의 구조와 부품의 신뢰도를 함께 고려함으로써 계산되는 척도이다.

특정 부품의 신뢰성 중요도는 그 부품의 신뢰도가 증가함에 따라 시스템의 신뢰도가 증가되는 비율에 의하여 측정되며 부품 i의 신뢰성 중요도 $I_r(i)$는 다음과 같은 수식에 의하여 정의된다.

$$I_r(i) = \frac{\partial r(\underline{p})}{\partial p_i}, \quad i = 1, 2, \cdots, n$$

이 정의는 부품 i가 시스템 신뢰도에 미치는 영향을 강조하는 것으로 가장 중요한 부품은 그 부품의 신뢰도 증가로 인한 시스템 신뢰도의 증가가 최대로 되는 부품이다. 부품 i를 주요 부품으로 잡으면 $r(\underline{p}) = p_i r(1_i, \underline{p}) + (1-p_i) r(0_i, \underline{p})$으로 표시되므로 신뢰성 중요도의 정의는 다음과 같이 표시될 수도 있다.

$$I_r(i) = r(1_i, \underline{p}) - r(0_i, \underline{p})$$

모든 i에 대하여 $0 < I_r(i) < 1$이 성립되며, 만일 각 부품의 신뢰도 증가에 소요되는 비용이 같다는 조건에서는 시스템 신뢰도를 향상시키기 위하여 가장 중요한 부품은 신뢰성 중요도가 가장 큰 부품이다.

예제 10.11

시스템을 구성하고 있는 n개의 부품의 신뢰도가 다음과 같은 관계를 가진다고 하자.

$$p_1 \le p_2 \le \cdots \le p_n$$

(1) 직렬 시스템

이 경우에는 $r(\underline{p}) = \prod_{i=1}^{n} p_i$이다. 따라서 $I_r(i) = \dfrac{\partial r(\underline{p})}{\partial p_i} = \prod_{j \ne i} p_j$이 되며 $I_r(1) \ge I_r(2) \ge \cdots \ge I_r(n)$ 의 관계가 성립된다. 즉 직렬 시스템에서는 신뢰도가 가장 낮은 부품이 시스템 신뢰도에 가장 중요한 역할을 한다.

(2) 병렬 시스템

시스템 신뢰도 $r(\underline{p}) = 1 - \prod_{i=1}^{n}(1-p_i)$이므로 $I_r(i) = \prod_{j \ne i}(1-p_j)$이 된다. 따라서 $I_r(1) \le I_r(2) \le \cdots \le I_r(n)$ 의 관계가 성립되며, 시스템 신뢰도에 가장 중요한 부품은 n개의 부품 중 신뢰도가 가장 높은 부품이다.

(iii) 3 중 2 시스템

이 시스템에 대하여는 $r(\underline{p}) = p_1p_2 + p_1p_3 + p_2p_3 - 2p_1p_2p_3$로 표시된다. 따라서

$$I_r(1) = p_2 + p_3 - 2p_2p_3$$
$$I_r(2) = p_1 + p_3 - 2p_1p_3$$
$$I_r(3) = p_1 + p_2 - 2p_1p_2$$

이 얻어지며 만일 모든 $i = 1, 2, 3$에 대하여 $p_i \ge \dfrac{1}{2}$이면 $I_r(1) \le I_r(2) \le I_r(3)$

가 성립되고, 모든 $i=1,2,3$에 대하여 $p_i \le \frac{1}{2}$이면 $I_r(1) \ge I_r(2) \ge I_r(3)$의 관계를 가진다.

10.3 n 중 k 시스템

앞의 두 절에서는 시스템의 구조함수와 부품의 신뢰도를 이용하여 시스템의 신뢰도를 계산하기 위해서 부품과 시스템의 현재의 상태벡터를 고려한 결정적 모형(deterministic model)에 대하여 다루었다. 이 절에서는 부품과 시스템의 신뢰도를 시점 t의 함수로 고려한 확률적 모형에 대하여 설명하고 부품의 수명분포가 지수분포를 따르는 경우의 n 중 k 시스템의 수명분포를 유도한다.

$T_1, T_2, \cdots, T_n$ 을 n개 부품의 수명을 표시하는 확률변수이고 T가 시스템의 수명을 표시하는 확률변수라고 하자. 만일 시점 t에서의 n개 부품의 상태를 나타내는 변수를 $X_1(t), X_2(t), \cdots, X_n(t)$ 로 표시하면 비수리 부품(nonrepairable component)인 경우에는 $i=1,2,\cdots,n$ 에 대하여

$$X_i(t) = \begin{cases} 1, & \text{만일 } T_i > t \\ 0, & \text{만일 } T_i \le t \end{cases}$$

을 나타내며, 그에 대응하는 부품의 상태벡터와 시스템의 상태는 다음과 같이 표시된다.

$$\underline{X}(t) = (X_1(t), X_2(t), \cdots, X_n(t)) \text{ 과 } \phi(\underline{X}(t)).$$

마찬가지로 비수리 시스템(nonrepairable system)에 대하여는

$$\phi(\underline{X}(t)) = \begin{cases} 1, & \text{만일 } T > t \\ 0, & \text{만일 } T \le t \end{cases}$$

을 표시한다. 따라서 부품 $i(i=1,2,\cdots,n)$와 시스템의 신뢰두함수를 $R_i(t)$와 $R_S(t)$로 표시하면

$$R_i(t) = P(T_i > t) = P(X_i = 1) = E[X_i(t)]$$
$$R_S(t) = P(T > t) = P(\phi(\underline{X}(t) = 1) = E[\phi(\underline{X}(t))]$$

이 된다.

n 중 k 시스템의 상태는 부품들의 상태벡터에 의하여 다음과 같이 결정된다.

$$\phi(\underline{X}(t)) = \begin{cases} 1, \text{ 만일 } \sum_{i=1}^{n} X_i(t) \geq k \\ 0, \text{ 만일 } \sum_{i=1}^{n} X_i(t) < k \end{cases}$$

즉 n개의 부품 중에서 k개 이상의 부품이 가동될 때에만 n 중 k 시스템이 가동된다. 만일 모든 부품의 신뢰도가 같으면($R_i(t) = R(t)$, $i = 1,2,\cdots,n$) 시스템 신뢰도 $R_S(t)$는

$$R_S(t) = P(\sum_{i=1}^{n} X_i(t) \geq k) = \sum_{y=k}^{n} \binom{n}{y} [R(t)]^y [1 - R(t)]^{n-y} \qquad (10.1)$$

으로 표시된다.

이 절에서는 $R_S(t)$를 유도하기 위하여 각 부품의 수명분포가 지수분포인 경우를 고려한다. 그러나 이 경우에도 일반적인 n 중 k 시스템에 대한 $R_S(t)$를 구하는 것은 매우 복잡하다. 따라서 간단한 몇 가지 경우에 대하여만 $R_S(t)$를 유도하는 방법을 제시하고 n 중 k 시스템에 대하여는 평균수명(MTTF)을 구하는 공식을 논의한다.

(1) 직렬 시스템(n 중 n 시스템)

직렬 시스템은 모든 n개의 부품이 가동될 때에만 가동되며 시스템의 수명은 가장 먼저 고장이 발생하는 부품의 수명과 같다. 따라서 직렬 시스템의 수명 T는

$$T = \min(T_1, T_2, \cdots, T_n)$$

으로 표시된다. 부품의 수명 $T_1, T_2, \cdots, T_n$ 이 서로 독립이라는 가정 하에서

$$\begin{aligned} R_S(t) &= P(T > t) = P(\min(T_1, T_2, \cdots, T_n) > t) \\ &= P(T_1 > t, T_2 > t, \cdots, T_n > t) \end{aligned}$$

$$= P(T_1 > t)\,P(T_2 > t) \cdots P(T_n > t) \qquad \text{(독립성에 의하여)}$$
$$= R_1(t)\,R_2(t) \cdots R_n(t)$$
$$= \prod_{i=1}^{n} R_i(t)$$

부품 i의 고장률함수를 $h_i(t)$로 표시하면 역공식(3.2.3절 참조)에 의하여

$$R_i(t) = \exp(-\int_0^t h_i(u)du)$$

이므로 시스템의 신뢰도함수 $R_S(t)$는 다음과 같은 식으로 표시된다.

$$R_S(t) = \prod_{i=1}^{n} \exp(-\int_0^t h_i(u)du)$$
$$= \exp(-\int_0^t \sum_{i=1}^{n} h_i(u)\,du) \qquad (10.2)$$

식 (10.2)로부터 직렬 시스템의 고장률함수 $h(t)$는 다음과 같이 n개 부품의 고장률함수의 합과 같다.

$$h(t) = \sum_{i=1}^{n} h_i(t) \qquad (10.3)$$

식 (10.2)를 이용하면 직렬 시스템의 평균수명은 다음과 같이 계산된다.

$$MTTF_S = \int_0^{\infty} R_S(t)dt = \int_0^{\infty} \exp(-\int_0^t \sum_{i=1}^{n} h_i(u)du)dt$$

만일 부품 $i(i = 1, 2, \cdots, n)$가 상수 고장률 λ_i를 갖는다고 가정하면, 즉 각 부품의 수명분포가 지수분포를 따른다면 $R_S(t)$는

$$R_S(t) = \exp(-\int_0^t \sum_{i=1}^{n} \lambda_i du) = \exp(-(\sum_{i=1}^{n} \lambda_i)t) \qquad (10.4)$$

으로 표시된다. 식 (10.4)로부터 직렬 시스템의 수명분포는 고장률이 $\sum_{i=1}^{n} \lambda_i$인 지수분포를 따르며

$$MTTF_S = \int_0^\infty \exp(-(\sum_{i=1}^{n} \lambda_i)t)\,dt = \frac{1}{\sum_{i=1}^{n} \lambda_i}$$

을 갖는다.

(2) 병렬 시스템(n 중 1 시스템)

병렬 시스템은 모든 n개의 부품이 고장이 났을 때에만 고장이 발생하므로 시스템의 수명은 가장 나중에 고장이 발생하는 부품의 수명과 같다. 따라서 병렬 시스템의 수명 T는

$$T = \max(T_1, T_2, \cdots, T_n)$$

으로 표시된다. 부품의 수명 $T_1, T_2, \cdots, T_n$ 이 서로 독립이라는 가정 아래에서

$$\begin{aligned} R_S(t) &= P(T > t) = P(\max(T_1, T_2, \cdots, T_n) > t) \\ &= 1 - P(\max(T_1, T_2, \cdots, T_n) \le t) \\ &= 1 - P(T_1 \le t, T_2 \le t, \cdots, T_n \le t) \\ &= 1 - P(T_1 \le t)P(T_2 \le t)\cdots P(T_n \le t) \quad \text{(독립성에 의하여)} \\ &= 1 - (1 - R_1(t))(1 - R_2(t))\cdots(1 - R_n(t)) \\ &= 1 - \prod_{i=1}^{n} (1 - R_i(t)) \end{aligned}$$

만일 부품 $i(i = 1, 2, \cdots, n)$가 상수 고장률 λ_i를 가진다고 가정하면, 즉 각 부품의 수명분포가 지수분포를 따른다면 $R_i(t) = \exp(-\lambda_i t)$이므로 시스템의 신뢰도함수 $R_S(t)$는

$$R_S(t) = 1 - \prod_{i=1}^{n} (1 - \exp(-\lambda_i t)) \tag{10.5}$$

으로 표시된다. 식 (10.5)로부터 병렬 시스템의 수명분포는 지수분포가 아니라는 것을 쉽게 알 수 있다. 고장률이 λ_1과 λ_2인 2개의 부품으로 구성된 병렬 시스템의 신뢰도 함수는

$$\begin{aligned} R_S(t) &= 1-(1-\exp(-\lambda_1 t))(1-\exp(-\lambda_2 t)) \\ &= \exp(-\lambda_1 t)+\exp(-\lambda_2 t)-\exp(-(\lambda_1+\lambda_2)t) \end{aligned}$$

으로 표시되며 평균수명은 다음과 같이 얻어진다.

$$MTTF_S = \int_0^\infty R_S(t)\,dt = \frac{1}{\lambda_1}+\frac{1}{\lambda_2}-\frac{1}{\lambda_1+\lambda_2}$$

마찬가지 방법으로 고장률이 $\lambda_1, \lambda_2, \cdots, \lambda_n$인 n개의 독립적인 부품으로 구성된 병렬 시스템의 평균수명은 다음과 같다.

$$MTTF_S = \sum_{i=1}^{n}\frac{1}{\lambda_i}-\sum_{i\neq j}\frac{1}{\lambda_i\lambda_j}+\cdots+(-1)^{n+1}\frac{1}{\lambda_1\lambda_2\cdots\lambda_n}$$

특히 $\lambda_1=\lambda_2=\cdots=\lambda_n=\lambda$인 동일한 n개의 부품으로 구성된 병렬 시스템의 경우에는 $R_S(t)=1-(1-\exp(-\lambda t))^n$이므로 이 경우의 평균수명은

$$\begin{aligned} MTTF_S &= \int_0^\infty [1-(1-\exp(-\lambda t))^n]dt \\ &= \frac{1}{\lambda}\int_0^1 (1-x^n)\frac{1}{1-x}\,dx \qquad (x=1-\exp(-\lambda t)\text{로 치환}) \\ &= \frac{1}{\lambda}\int_0^1 (1+x+x^2+\cdots+x^{n-1})dx \\ &= \frac{1}{\lambda}\left(1+\frac{1}{2}+\frac{1}{3}+\cdots+\frac{1}{n}\right) \end{aligned}$$

의 값을 가진다.

(3) 3 중 2 시스템

예제 10.3에서 보인 것과 같이 3 중 2 시스템의 구조함수는

$$\phi(\underline{X}(t)) = X_1(t)X_2(t) + X_1(t)X_3(t) + X_2(t)X_3(t) - 2X_1(t)X_2(t)X_3(t)$$

으로 표시된다. 양변에 기댓값을 취하면 $i=1,2,3$에 대하여 $EX_i(t) = R_i(t)$이므로 시스템의 신뢰도함수 $R_S(t)$는 다음과 같이 얻어진다.

$$\begin{aligned} R_S(t) &= E[\phi(\underline{X}(t))] \\ &= R_1(t)R_2(t) + R_1(t)R_3(t) + R_2(t)R_3(t) - 2R_1(t)R_2(t)R_3(t) \end{aligned}$$

만일 3개 부품의 수명분포가 상수인 고장률 λ를 가지는 동일한 지수분포를 따른다고 가정하면 $R_i(t) = e^{-\lambda t}$, $i=1,2,3$이므로 $R_S(t)$와 $MTTF$는 각각 다음과 같이 계산된다.

$$R_S(t) = 3e^{-2\lambda t} - 2e^{-3\lambda t}$$

$$MTTF = \int_0^\infty (3e^{-2\lambda t} - 2e^{-3\lambda t})\,dt = \frac{3}{2\lambda} - \frac{2}{3\lambda} = \frac{5}{6\lambda}$$

다음에는 지금까지 고려된 아래 3개의 시스템에 대하여 신뢰도함수와 $MTTF$를 비교한다.

(a) 한 개의 부품으로 구성된 시스템
(b) 두 개의 동일한 부품으로 구성된 병렬 시스템
(c) 세 개의 동일한 부품으로 구성된 3 중 2 시스템

이러한 시스템들의 비교를 위하여 각 부품의 고장률은 상수인 λ를 가지고 서로 독립이라고 가정한다. 표 10.1은 세 개 시스템에 대한 블록 다이어그램, 신뢰도함수와 $MTTF$에 대한 비교표를 제공한다. 이 표에 의하면 한 개의 부품으로 구성된 시스템이 3 중 2 시스템보다 큰 $MTTF$를 가진다는 것을 보여 준다. 세 개 시스템의 신뢰도함수는 [그림 10.8]에서 그래프에 의하여 비교된다.

표 10.1 시스템 (a), (b), (c)의 비교

시스템	Survivor Function $R_S(t)$	Mean Time to Failure MTTF
(a) 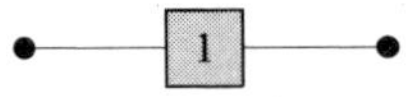	$e^{\lambda t}$	$\frac{1}{\lambda}$
(b) 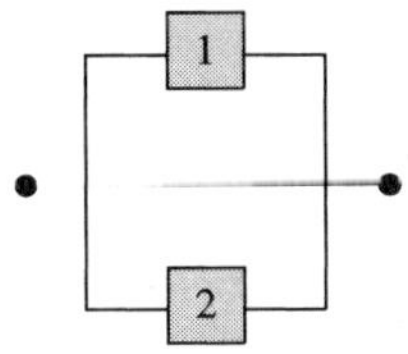	$2e^{-\lambda t} - e^{-2\lambda t}$	$\frac{3}{2}\frac{1}{\lambda}$
(c) 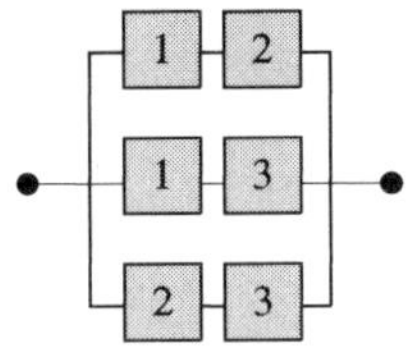	$3e^{-2\lambda t} - 2e^{-3\lambda t}$	$\frac{5}{6}\frac{1}{\lambda}$

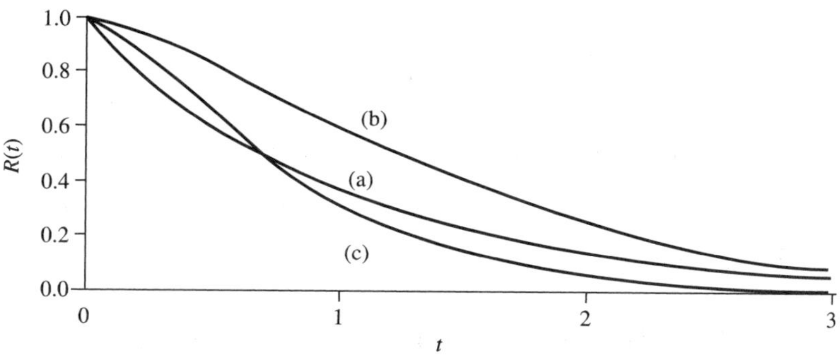

그림 10.8 시스템 (a), (b), (c)의 신뢰도함수

(4) n 중 k 시스템

n개 부품이 서로 독립이고 신뢰도함수 $R(t)$를 가지는 동일한 분포를 가진다는 가정 아래에서 n 중 k 시스템의 신뢰도함수는 식 (10.1)에 주어져 있다. 즉

$$R_S(t) = P(\sum_{i=1}^{n} X_i(t) \geq k) = \sum_{y=k}^{n} \binom{n}{y} [R(t)]^y [1 - R(t)]^{n-y}$$

만일 각 부품이 상수인 고장률 λ를 가진다면 $R(t) = e^{-\lambda t}$이므로 n 중 k 시스템의 신뢰도함수 $R_S(t)$는 다음과 같이 표시된다.

$$R_S(t) = \sum_{y=k}^{n} \binom{n}{y} (e^{-\lambda t})^y (1-e^{-\lambda t})^{n-y}$$

따라서 n 중 k 시스템의 평균수명은 다음과 같이 계산될 수 있다.

$$\begin{aligned} MTTF_S &= \sum_{y=k}^{n} \binom{n}{y} \int_0^{\infty} e^{-\lambda t y} (1-e^{-\lambda t})^{n-y} dt \\ &= \sum_{y=k}^{n} \binom{n}{y} \frac{1}{\lambda} \int_0^1 u^{y-1} (1-u)^{n-y} du \qquad (u = e^{-\lambda t}\text{로 치환}) \\ &= \sum_{y=k}^{n} \binom{n}{y} \frac{1}{\lambda} \frac{\Gamma(y)\Gamma(n-y+1)}{\Gamma(n+1)} \\ &= \frac{1}{\lambda} \sum_{y=k}^{n} \binom{n}{y} \frac{(y-1)!(n-y)!}{n!} \\ &= \frac{1}{\lambda} \sum_{y=k}^{n} \frac{1}{y} \\ &= \frac{1}{\lambda} \left(\frac{1}{k} + \frac{1}{k+1} + \cdots + \frac{1}{n} \right) \end{aligned} \tag{10.6}$$

여러 개의 n과 k 값에 대한 n 중 k 시스템의 $MTTF$를 식 (10.6)에 의하여 계산한 결과가 표 10.2에 나열되어 있다. 여기에서 $k=1$과 $k=n$이면 각각 병렬 시스템과 직렬 시스템이 된다.

표 10.2 부품의 수명분포가 고장률 λ인 지수분포를 따르는 경우의 n 중 k 시스템의 $MTTF$

k/n	1	2	3	4	5
1	$\frac{1}{\lambda}$	$\frac{3}{2\lambda}$	$\frac{11}{6\lambda}$	$\frac{25}{12\lambda}$	$\frac{137}{60\lambda}$
2	–	$\frac{1}{2\lambda}$	$\frac{5}{6\lambda}$	$\frac{13}{12\lambda}$	$\frac{77}{60\lambda}$
3	–	–	$\frac{1}{3\lambda}$	$\frac{7}{12\lambda}$	$\frac{47}{60\lambda}$
4	–	–	–	$\frac{1}{4\lambda}$	$\frac{9}{20\lambda}$
5	–	–	–	–	$\frac{1}{5\lambda}$

10.4 대기 중복 시스템

시스템의 고장을 최소화하는 방법 중의 하나는 병렬 시스템의 경우와 같이 시스템의 가동을 위하여 필수적으로 가동되어야 하는 개수의 부품 이외에 여분의 부품을 시스템에 중복 설치함으로서써 시스템의 신뢰도를 증가시키는 것이다. 예를 들면 1개의 엔진이 가동되면 비행이 가능한 비행기에 만약의 경우에 대비하여 2개나 4개의 엔진을 장착시킴으로써 비행기의 안전도를 향상시키는 것이 하나의 예이다. 그러나 이와 같은 중복 부품을 필요하지 않은 경우에도 항상 가동시키는 것은 비경제적일 뿐만 아니라 부품의 낭비를 가져오게 되는 바람직하지 않은 시스템 구조라고 볼 수 있다. 따라서 중복 시스템의 이러한 약점을 보완하기 위하여 설계된 구조가 대기 중복 시스템(standby redundant system)이다.

대기 중복 시스템의 구조는 [그림 10.9]에 묘사되어 있다. 스위치(S)는 현재 가동 중인 부품의 고장 여부를 감지하여 고장 발생 즉시 대기 중인 중복 부품에 의하여 대체시키는 역할을 하는데 스위치 자체도 여러 가지 형태의 고장모드를 가지며 이에 따라서 여러 가지 형태의 대기 중복 시스템 구조가 가능하다.

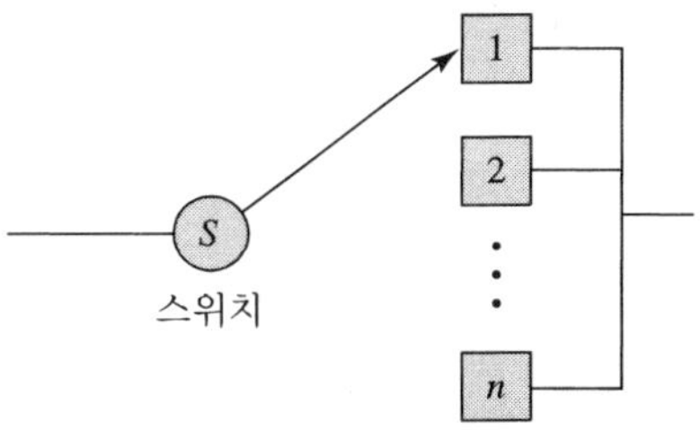

그림 10.9 대기 중복 시스템

위의 [그림 10.9]에서 부품들은 가동되는 순서에 따라서 $1, 2, \cdots, n$ 으로 표시한다. 이 절에서는 완전 스위치와 불완전 스위치의 두 가지 경우의 대기 중복 시스템에 대하여 설명한다.

10.4.1 완전 스위치의 경우

이 절에서는 고장이 없는 완전한 스위치를 고려한다. 먼저 2개의 부품으로 구성된 대기 중복 시스템의 신뢰도함수를 계산하는 방법을 살펴본다. 시점 t까지 진행이 가능한 시스템의 상태가 [그림 10.10]에 그려져 있다.

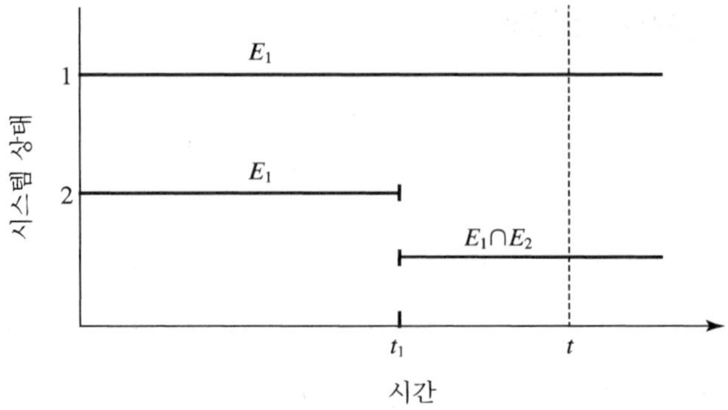

그림 10.10 2-부품 대기 중복 시스템의 진행상태

만일 $T_i, i=1,2,$가 i번째 부품의 수명을 나타내는 확률변수이고 $R_i(t)$가 i번째 부품의 신뢰도함수를 나타낸다고 하자. 그러면 [그림 10.10]에서 묘사된 2-부품 대기 중복 시스템의 신뢰도함수 $R_S^2(t)$는 다음과 같이 계산될 수 있다.

$$
\begin{aligned}
R_S^2(t) &= P(T_1 > t) + P(T_1 \le t \bigcup T_1 + T_2 > t) \\
&= R_1(t) + \int_0^t f_1(u) R_2(t-u) du \qquad (10.7)
\end{aligned}
$$

여기에서 f_1은 T_1의 확률밀도함수를 표시한다.

만일 모든 부품이 상수인 고장률 λ를 가지는 지수분포를 따른다고 가정하면 $f_1(t) = \lambda e^{-\lambda t}$, $R_1(t) = R_2 = e^{-\lambda t}$이므로 식 (10.7)에 대입하면

$$
\begin{aligned}
R_S^2(t) &= e^{-\lambda t} + \int_0^t \lambda e^{-\lambda u} e^{-\lambda(t-u)} du \\
&= e^{-\lambda t} + \int_0^t \lambda e^{-\lambda t} du \\
&= e^{-\lambda t}(1 + \lambda t), \ \ t \ge 0
\end{aligned}
$$

다음에는 3개의 부품으로 구성된 대기 중복 시스템의 경우를 고려한다. 이 경우의 시점 t까지의 시스템 상태는 [그림 10.11]에 설명되어진다.

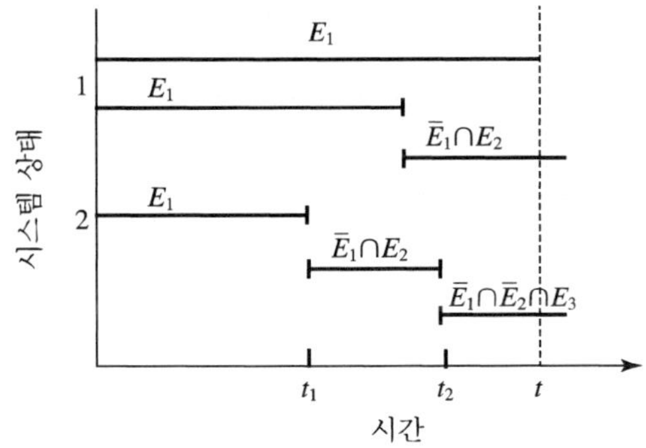

그림 10.11 3-부품 대기 중복 시스템의 진행 상태

처음의 두 가지 진행 상태는 2-부품 대기 중복 시스템의 경우와 동일하다. 세 번째 진행 상태가 일어나는 확률은 다음과 같다.

$$P(T_1 \le t \bigcup T_1 + T_2 \le t \bigcup T_1 + T_2 + T_3 > t)$$
$$= \int_0^t f_1(u) \int_0^{t-u} f_2(v) R_3(t-u-v) dv\, du$$

따라서 3-부품 대기 중복 시스템의 신뢰도함수 $R_S^3(t)$는 다음과 같이 얻어진다.

$$R_S^3(t) = R_S^2(t) + \int_0^t f_1(u) \int_0^{t-u} f_2(v) R_3(t-u-v) dv\, du \tag{10.8}$$

모든 부품이 상수인 고장률 λ를 가지는 지수분포를 따른다고 가정하면 $f_1(t) = f_2(t) = \lambda e^{-\lambda t}$, $R_1(t) = R_2(t) = R_3(t) = e^{-\lambda t}$이므로 식 (10.8)에 대입하면

$$R_S^3(t) = e^{-\lambda t}(1+\lambda t) + \int_0^t \lambda e^{-\lambda u} \int_0^{t-u} \lambda e^{-\lambda v} e^{-\lambda(t-u-v)} dv\, du$$
$$= e^{-\lambda t}(1+\lambda t) + \int_0^t \lambda e^{-\lambda u} \lambda (t-u) e^{-\lambda(t-u)} du$$
$$= e^{-\lambda t}(1+\lambda t) + \lambda^2 e^{-\lambda t} \int_0^t (t-u) du$$
$$= e^{-\lambda t}[1 + \lambda t + \frac{1}{2}(\lambda t)^2], \quad t \ge 0$$

마찬가지 방법으로 모든 n개의 부품이 상수인 고장률 λ를 가지는 지수분포를 따른다고 가정하면 n-부품 대기 중복 시스템의 신뢰도함수 $R_S^n(t)$는 다음과 같은 형태를 가진다는 것을 보일 수 있다.

$$R_S^n(t) = e^{-\lambda t}\sum_{i=0}^{n-1}\frac{(\lambda t)^i}{i!},\ t \geq 0$$

10.4.2 불완전 스위치의 경우

이 절에서는 스위치 고장이 두 가지 원인에 의하여 발생하는 경우를 고려한다. 첫 번째 경우는 필요할 때 스위치가 가동되는 확률이 p_S이고 가동되지 않는 확률이 $1-p_S$인 정적인 스위치 고장(static switch failure)이다. 이러한 스위치를 사용한다면 [그림 10.10]에서 설명된 2-부품 대기 중복 시스템의 신뢰도함수 $R_{S1}^2(t)$는 식 (10.7)의 두 번째 진행 상태에 p_S를 적용하여 다음과 같이 얻어진다.

$$R_{S1}^2(t) = R_1(t) + p_S\int_0^t f_1(u)R_2(t-u)du \tag{10.9}$$

마찬가지로 [그림 10.11]의 세 번째 진행 상태에 p_S를 적용하면 3-부품 대기 중복 시스템의 신뢰도함수식 $R_I^3(t)$은 식 (10.8)을 이용하여 다음과 같이 계산된다.

$$R_{S1}^3(t) = R_{S1}^2(t) + p_S^2\int_0^t f_1(u)\int_0^{t-u} f_2(v)R_3(t-u-v)dv\,du \tag{10.10}$$

불완전 스위치의 두 번째 경우는 스위치가 상수인 고장률 λ_S를 가지는 수명분포를 따르는 스위치 고장이다. 따라서 스위치의 신뢰도함수 $R_w(t)$는 다음과 같다.

$$R_w(t) = e^{-\lambda_S t},\ t \geq 0$$

또한 스위치는 그것이 필요한 시점 이전에도 고장이 발생할 수 있다고 가정한다. 먼저 2-부품 대기 중복 시스템의 신뢰도함수 $R_{S2}^2(t)$는 다음과 같이 계산된다.

$$R_{S2}^2(t) = P[T_1 > t \cup T_1 \leq t \cap T_S > T_1 \cap T_1 + T_2 > t]$$

$$= R_1(t) + \int_0^t f_1(u) R_w(u) R_2(t-u) du$$

$$= R_1(t) + \int_0^t f_1(u) e^{-\lambda_S u} R_2(t-u) du \qquad (10.11)$$

여기에서 T_S는 스위치의 고장까지의 시간을 나타내는 확률변수이다. 만일 모든 부품이 상수인 고장률 λ를 가지는 지수분포를 따른다고 가정하면 식 (10.11)은 다음과 같이 나타낼 수 있다.

$$R_{S2}^2(t) = e^{-\lambda t} + \int_0^t \lambda e^{-\lambda u} e^{-\lambda_S u} e^{-\lambda(t-u)} du$$

$$= e^{-\lambda t} + \int_0^t \lambda e^{-\lambda t} e^{-\lambda_S u} du$$

$$= e^{-\lambda t}[1 + \frac{\lambda}{\lambda_S}(1 - e^{-\lambda_S t})], \ t \geq 0 \qquad (10.12)$$

3-부품 대기 중복 시스템의 신뢰도함수 $R_{S2}^3(t)$를 계산하기 위해서는 [그림 10.11]의 세 번째 진행 상태에 대한 확률을 식 (10.11)에 더하면 된다. 이 확률은

$$P[T_1 \leq t \cap T_1 + T_2 \leq t \cap T_1 + T_2 + T_3 > t \cap T_S > T_1 + T_2]$$
$$= \int_0^t f_1(u) \int_0^{t-u} f_2(v) R_3(t-u-v) R_S(u+v) dv du$$

이 되며, 따라서 $R_{S2}^3(t)$는 다음과 같이 된다.

$$R_{S2}^3(t) = R_{S2}^2(t) + \int_0^t f_1(u) \int_0^{t-u} f_2(v) R_3(t-u-v) R_S(u+v) dv du \qquad (10.13)$$

위에서와 마찬가지로 모든 부품의 고장률이 상수인 λ를 가진다면 식 (10.13)은 다음과 같이 표시된다.

$$R_{S2}^3(t) = e^{-\lambda t}\left[1 + \frac{\lambda}{\lambda_S}(1 - e^{-\lambda_S t})\right] + c^{-\lambda t}\left(\frac{\lambda}{\lambda_S}\right)^2\left[1 - c^{-\lambda_S t} - \lambda_S t e^{-\lambda_S t}\right], \ t \geq 0$$

그 이외에도 여러 가지 형태의 스위치 고장이 가능하며, 예를 들면 부품의 고장이

아닌 경우에 스위치가 작동된다든지 하는 경우로서 각각의 경우에 따라서 신뢰도함수의 계산이 다르게 된다.

10.5 다 부품 시스템의 수명분포

다 부품으로 구성된 시스템의 각 부품과 시스템의 수명은 모두 확률변수로서 각각 신뢰도함수, 고장률함수 및 평균잔여수명함수 등에 의하여 정의된다. 이 절에서는 부품의 수명분포가 주어졌을 때 시스템의 수명분포와의 관계를 살펴본다.

주어진 시스템이 n개의 부품으로 구성되었다고 가정하고 각 부품의 신뢰도함수와 고장률함수를 각각 $R_i(t)$와 $h_i(t)$, $i=1,2,\cdots,n$ 으로 표시하고 시스템의 신뢰도함수와 고장률함수는 각각 $R_s(t)$ 와 $h_s(t)$로 나타내자. 그러면 시점 t에서의 시스템의 신뢰도함수는 부품들의 신뢰도함수와 다음과 같은 관계를 가진다.

$$R_S(t)=g(R_1(t),R_2(t),\cdots,R_n(t))$$

여기에서 함수 g는 시스템 구조에 따라 결정되는 함수로, 10.3절에서 몇 가지 예제를 다루었다. 일단 $R_s(t)$가 결정되면 3장에서 정의된 신뢰성 척도함수는 쉽게 계산될 수 있다. 다음의 예제를 통하여 $R_s(t)$를 이용하여 각종 신뢰성 척도함수를 계산하는 방법을 설명한다.

예제 10.12

다음과 같은 상수인 고장률을 가지는 두 개의 독립된 부품으로 구성된 시스템의 고장률함수를 구하고 단조성을 검토한다.

$$h_1(t)=1,\ h_2(t)=2,\ t\ge 0$$

(1) 직렬시스템

직렬시스템의 신뢰도함수는 식 (10.4)에 의하여

$$R_S(t)=R_1(t)R_2(t)=e^{-t}e^{-2t}=e^{-3t}$$

가 되며 이 경우 $g(x,y) = xy$의 형태를 가진다. 따라서 직렬시스템의 수명분포는 고장률이 3의 고장률을 가지는 지수분포를 따르게 된다.

(2) 병렬시스템

병렬시스템의 신뢰도함수는 식 (10.5)에 의하여

$$\begin{aligned} R_S(t) &= 1-(1-R_1(t))(1-R_2(t)) \\ &= R_1(t)+R_2(t)-R_1(t)R_2(t) \\ &= e^{-t}+e^{-2t}-e^{-3t} \end{aligned}$$

가 되며 $g(x,y) = x+y-xy$의 형태를 가진다. 따라서 병렬시스템의 수명분포는 다음과 같은 고장률함수를 가지게 된다.

$$h_S(t) = \frac{e^{-t}+2e^{-2t}-3e^{-3t}}{e^{-t}+e^{-2t}-e^{-3t}},\ t \geq 0 \tag{10.14}$$

이 고장률함수는 어느 시점까지는 t의 증가함수이나 그 이후에는 t의 감소함수가 된다. 이러한 결과는 고장률이 증가하는 부품들로 구성된 시스템의 고장률은 반드시 증가하지는 않는다는 것을 보여 준다.

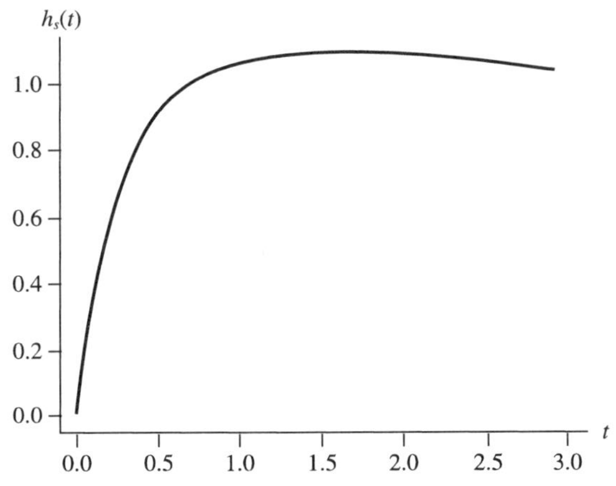

그림 10.12 2-부품 병렬시스템의 고장률함수

[그림 10.12]는 식 (10.14)의 고장률함수의 패턴을 보여 주며 $t=1.2$ 근처에서 고장률의 단조성이 달라진다는 것을 알 수 있다.

예제 10.13

[그림 10.13]의 3-부품 시스템을 고려하자.

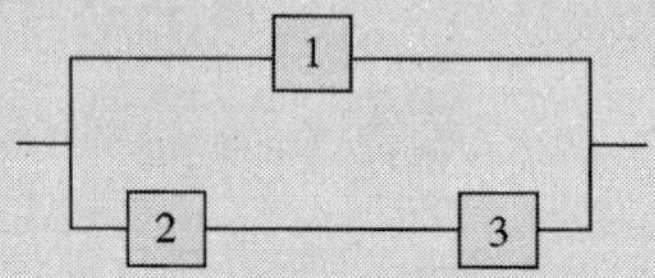

그림 10.13 3-부품 시스템

$R_i(t),\ i=1,2,3$을 각 부품의 신뢰도함수라고 하면 3-부품 시스템의 신뢰도함수는

$$\begin{aligned} R_S(t) &= 1-(1-R_1(t))(1-R_2(t)R_3(t)) \\ &= R_1(t)+R_2(t)R_3(t)-R_1(t)R_2(t)R_3(t) \end{aligned}$$

으로 표시되며, 이 경우 $g(x,y,z)=x+yz-xyz$의 형태를 가지게 된다.

연습 문제

1. 다음과 같이 4개의 부품으로 구성된 시스템이 아래와 같은 두 종류의 구조를 갖는다면 각각의 시스템에 대해 구조함수를 구하여라.

① 직렬–병렬구조　　　　② 병렬–직렬구조

2. 문제 1에서 고려한 직렬–병렬구조와 병렬–직렬구조의 신뢰도를 구한 구조함수를 이용하여 구하여라. 만일 네 개의 부품의 신뢰도가 모두 같다면 어느 구조의 신뢰도가 더 높다고 할 수 있는지 설명하여라.

3. 문제 1에서 고려한 직렬–병렬구조와 병렬–직렬구조에 대하여 다음 물음에 답하여라.

① 두 구조에 대하여 패스벡터와 컷 벡터를 구하고, 최소 패스벡터와 최소 컷 벡터를 구하여라.

② 두 구조에 대하여 최소 패스벡터와 최소 컷 벡터를 이용하여 신뢰도를 구하여라.

③ 두 구조에 대하여 분해방법을 이용하여 신뢰도를 구하여라.

4. 문제 1에서 고려한 시스템에서 부품 1, 2, 3, 4의 신뢰도가 $p_1 \le p_2 \le p_3 \le p_4$와는 같은 관계를 갖는다면 부품 1의 중요도는 각각 얼마인가?

5. 각 부품의 신뢰도가 0.99인 부품 5개로 이루어진 시스템에서 3개의 부품만 작동되면 임무수행이 가능하다고 할 때, 이 시스템의 신뢰도를 구하여라.

6. 이전 2번 [단 그림에서 회색으로 된 부분은 채우지 말 것] 부품의 고장수명이 서로 독립인 다음과 같은 시스템의 신뢰도를 $R_1, R_2, \cdots, R_6$ 의 함수로 나타내어라.

①

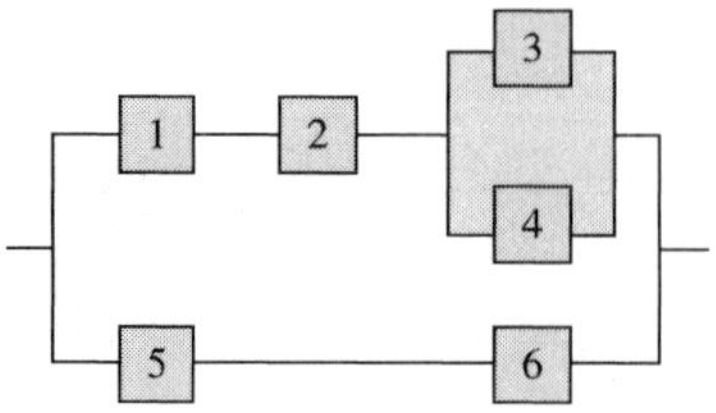

②

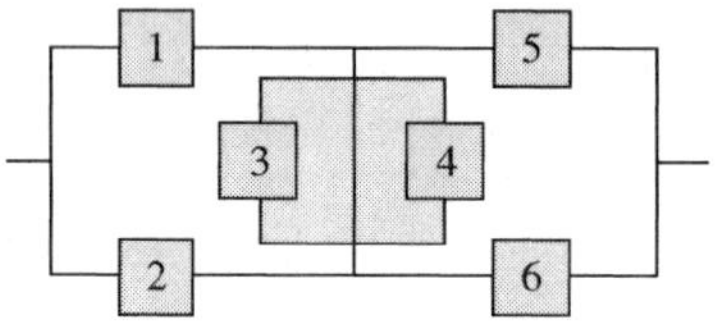

7. n개의 독립된 부품으로 이루어진 병렬시스템에서

① 시스템에 대한 확률밀도함수를 구하여라.

② 시스템의 고장률함수를 구하여라.

8. n개의 독립된 부품으로 이루어진 직렬시스템을 고려해 보자. 각 부품의 수명은 와이블분포를 따른다고 한다.

① 이 시스템의 신뢰도함수를 구하여라.

② 이 시스템의 고장률함수를 구하여라.

③ $\sigma = 0.5$이고, $\mu = 2.3$일 때, $t = 1$에서 각 부품의 신뢰도와 고장률을 계산하여라.

④ ③의 정보를 이용하여 부품의 수가 10일 때, 이 시스템의 신뢰도와 고장률을 구하여라.

9. n 중 k 시스템과 n 중 $(n-k+1)$ 시스템은 서로 쌍대(dual)임을 증명하여라.

10. 안전경보시스템이 4개의 동일한 부품으로 다음과 같이 구성되어 있다고 하자.

① 3 중 4 시스템

② 2 중 4 시스템

i) 각 부품의 신뢰도가 p일 때, 각 시스템의 신뢰도를 구하여라.

ii) 각 부품의 신뢰도 값 p가 1에 가깝다면 어느 시스템의 신뢰도가 가장 좋은가?

11. 신뢰도 분석가는 두 종류의 비행기에 대한 분석을 의뢰받았다. 한 종류의 비행기는 두 개의 엔진이 있으며 다른 종류의 비행기는 4개의 엔진을 보유하고 있다. 그리고 두 종류의 비행기는 반 이상의 엔진이 정상적으로 작동하면 비행이 가능하다고 한다. 만일 엔진들의 신뢰도가 모두 동일하다면 어느 종류의 비행기가 더 신뢰도가 높다고 할 수 있는가?

12. 병렬구조를 가진 시스템의 부품들이 지수분포를 따를 때 부품 수를 증가시키면 MTTF는 증가하나, n번째 부품의 부가효과는 $\frac{1}{n}$밖에 되지 않음을 보여라.

13. 다음과 같은 구조를 가지고 있는 시스템에서

① 이 시스템의 패스벡터를 모두 구하고, 이를 이용하여 시스템의 신뢰도를 구하여라.

② 이 시스템의 컷 벡터를 모두 구하고, 이를 이용하여 시스템의 신뢰도를 구하여라.

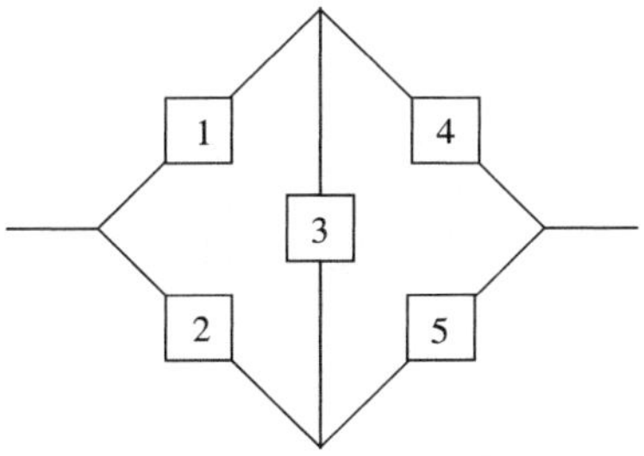

14. 평균고장률이 0.01이고 $t = 20$에서의 신뢰도가 0.97인 대기결합구조의 시스템 신뢰도를 구하여라.

11장

비모수적 군들에 대한 가설검정

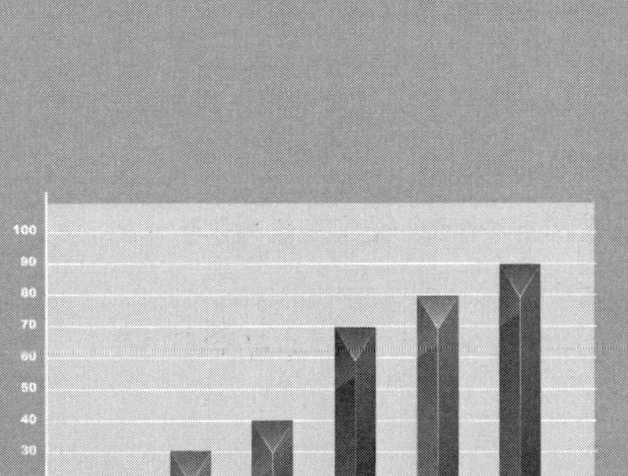

수명분포의 비모수적 분류에 대해서는 3.5절에서 기술하였다. 비모수적 분류는 수명분포의 확률밀도함수나 누적분포 함수의 형태에 관계없이 신뢰도함수, 고장률함수나 평균잔여수명함수 등 여러 가지 척도함수들의 단조성 또는 기타 성질에 의하여 수명분포를 분류하는 것으로 IFR, IFRA, NBU, NBUE, NBU-t_0, DMRL 등이 있다. 또한 이러한 군들의 쌍대(dual) 군인 DFR, DFRA, NWU, NWUE, NWU-t_0, IMRL 등도 단조성의 방향을 반대로 함으로써 정의된다. 이러한 수명분포 군들은 각각 시스템의 노화에 따르는 서로 다른 특성을 가지고 있으며, 따라서 주어진 수명분포가 어떤 비모수적 군에 속하는지를 검정하는 것이 매우 중요하다. 여러 가지 비모수적 검정방법이 개발되어 있으며, 이 장에서는 각 수명분포의 군를 확인하기 위한 비모수적 검정방법에 대하여 살펴본다. 먼저 11.1절에서는 가설검정에 대한 정의와 기본성질을 소개한다. 11.2절 – 11.5절에서는 IFR, NBU, NBU-t_0와 DMRL 군을 검정하기 위한 대표적인 비모수적 방법의 유도과정과 검정방법을 논의하고 기타 검정방법에 대한 참고문헌을 소개한다.

11.1 가설검정방법

가설검정은 모수나 분포 자체에 대한 점추정과 구간추정과는 다른 형태의 통계적 추론 방법으로서 표본으로부터 계산된 통계량을 이용하여 모집단의 모수나 분포에 대한 가설이 참인지 거짓인지를 판단하는 통계적 기법이다. 이 절에서는 가설검정에서 사용되는 용어와 의미를 살펴보고 결론을 내리는 과정 및 검정방법의 효용성 등을 어떻게 측정하는지에 대한 기본적인 검정방법 내용을 기술한다.

가설검정은 일반적으로 다음과 같은 단계를 거쳐서 수행된다.

i) 모집단의 모수나 분포에 대한 가설을 세운다.

ii) 가설검정을 위하여 사용되는 적절한 통계량을 선택한다.

iii) 가설을 기각하거나 채택하기 위한 규칙을 정한다. 이러한 규칙은 통계량의 표본분포를 이용한 기각역을 정의함으로써 만들어진다.

iv) 모집단으로부터 수집된 표본을 이용하여 통계량을 계산하고 iii)의 규칙에 따라 가설을 기각하거나 채택하는 결정을 내린다.

(a) 귀무가설과 대립가설

가설검정을 위해서는 귀무가설과 대립가설이라는 두 개의 가설을 세우게 된다. 귀무가설은 H_0로 대립가설은 H_1으로 표시되는데, 주로 우리가 참인 것으로 증명하기를 원하는 가설을 H_1으로 하고 거짓인 것으로 증명하기를 원하는 가설을 H_0로 취한다. 따라서 H_0와 H_1은 서로 반대되는 가설로서 만일 H_0가 기각된다면 H_0는 거짓이고 H_1이 참이라는 것을 의미한다. 그러나 만일 H_0를 기각하지 않는다고 해서 H_0가 참이라는 것을 의미하지는 않는다. 다만, H_0가 거짓이라고 할 만한 충분한 증거가 없다는 것을 의미한다.

예제 11.1

어느 부품을 생산하는 기계를 고려하자. 만일 생산된 부품의 5% 이하가 불량품이면 그 기계는 정상적으로 가동된다고 하고 5%보다 많은 불량품이 생산되면 그 기계는 수리가 필요하다고 한다. 이 기계를 수리할 필요성이 있는지를 검정하기 위하여는 다음과 같이 가설을 세운다.

$$\begin{cases} H_0 : p \le 0.05 \\ H_1 : p > 0.05 \end{cases}$$

여기에서 p는 모집단의 불량률을 나타낸다. 이 경우 만일 H_0가 기각된다면 H_1이 참이며, 따라서 그 기계는 수리가 필요하다고 결론을 내린다. 그러나 만일 H_0를 기각하지 않는다면 그 기계를 수리할 필요가 있다고 할 만한 충분한 증거는 없다고 결론을 내리게 된다.

b) 검정통계량(test statistics)

가설검정을 하는데 사용되는 통계량을 검정통계량이라고 하는데 일반적으로 검정 대상인 모수의 점추정량이 사용된다. 검정통계량이 되기 위한 바람직한 성질은 통계량의 값이 H_0와 H_1의 가설을 구별할 수 있도록 순서화가 가능한 것이다.

따라서 검정통계량의 값이 H_1의 가설을 만족하는 범위에 속하는 경우에는 H_0을 기각하는 결정을 하게 된다. 예제 11.1의 경우에는 표본으로부터 계산된 불량품의 비율이 p의 점 추정량이며, 이 값이 클수록 H_1의 가설을 지지하게 되는 통계량으로 바람직한 검정통계량의 성질을 가지고 있다.

c) 기각역(rejection region)

기각역은 귀무가설 H_0를 기각하는 검정통계량의 집합으로 정의된다. 따라서 만일 표본으로부터 계산된 검정통계량의 값이 기각역에 속하면 H_0를 기각하고 대립 가설 H_1이 참인 것으로 결론을 내리게 된다. 기각역이 아닌 검정통계량의 집합은 채택역(acceptance region)이라고 하며, 만일 검정통계량의 값이 채택역에 속하는 경우에는 H_0를 기각하지 않고 H_0가 거짓이라고 할 만한 충분한 근거가 없다는 결론을 내린다.

d) 유의수준(significance level)

가설검정의 유의수준은 귀무가설 H_0가 사실임에도 H_0를 기각함으로써 대립가설 H_1을 참으로 채택하는 오류를 범하는 최대 확률로 정의하며, 일반적으로 α로 표시하고 때로는 제1종 오류(Type-I error)라고 부르기도 한다. 유의수준의 값은 보통 0.05나 0.01로 잡는다. 일단 가설검정의 유의수준인 α의 값이 결정되면 H_0가 참일 때 검정통계량의 값이 기각역에 속하는 확률이 α가 되도록 기각역을 결정한다.

e) 오류의 종류

가설검정의 결정과정에서는 항상 두 가지 종류의 오류를 범하게 된다. 한 가지 오류는 H_0가 사실임에도 불구하고 H_0를 기각하는 결론을 내리는 것으로 제1종 오류라고 부르고, 다른 종류의 오류는 H_1이 사실임에도 불구하고 H_0을 기각하지 않는 결론을 내리는 것으로 제2종 오류라고 정의한다. 제1종 오류를 범하는 확률은 일반적으로 α로 표시하고 제2종 오류를 범하는 확률은 β로 표시한다.

f) 검정력(power of test)

가설검정 방법의 검정력은 H_1이 사실일 때 H_0를 기각하는 확률로 정의되며, 따라서 검정력이 1에 가까울수록 우수한 검정방법으로 간주된다. 위에서 정의된 두 가지 종류의 오류와 검정력의 관계는 [표 11.1]에 표시한다.

표 11.1 검정결론의 오류와 검정력의 관계

구분		H_0을 채택	H_0을 기각
참값	H_0이 참	맞는 결론$(1-\alpha)$	제1종 오류(α)
	H_1이 참	제2종 오류(β)	맞는 결론$(1-\beta)$, 검정력

g) p값(observed significance level)

계산된 검정통계량의 값에 대하여 H_0가 기각될 수 있는 최소 유의수준이 p값으로 정의된다. 예제 11.1의 경우에 만일 검정통계량으로 사용된 표본 불량품의 비율이 $\hat{p}=0.12$로 계산되었다면 p값은 $P(\hat{p} \geq 0.12)$이 된다.

예제 11.2

정규분포의 평균에 대한 가설검정 A 회사에서 생산하는 전자제품은 평균수명이 500시간이고 분산이 3,600시간인 정규분포를 따른다고 알려져 있다. 최근에 새로 개발된 전자제품의 평균수명이 기존의 제품에 비하여 길다는 가설을 유의수준 $\alpha = 0.05$에서 검정하려고 한다. 이러한 가설을 검정하기 위하여 $n = 36$개의 새 전자제품의 수명을 측정하여 표본평균 $\overline{X}= 520$시간을 얻었다. 만일 새로 개발된 전자제품의 평균수명을 μ로 표시하면 H_0와 H_1이 다음과 같다.

$$\begin{cases} H_0 : \mu = 500 \\ H_1 : \mu > 500 \end{cases}$$

이 경우 μ에 대한 점 추정으로는 $\overline{X}$가 많이 사용되며 또한 검정통계량으로 사용된다. 기각역을 결정하기 위해서는 H_0가 참일 때 $P(\overline{X}> k) = \alpha$을 만족 하는 k의 값을 결정하여야 히며 기각역은 $\overline{\mathrm{x}}: \overline{\mathrm{x}} > \mathrm{k}$이 된다. 만일 H_0가 사실이면 $\overline{X}$는 평균이 500이고 분산이 $\dfrac{\sigma}{\sqrt{n}} = \dfrac{\sqrt{3600}}{\sqrt{36}} = \dfrac{60}{6} = 10$인 정규분포를 가지며, 따라서

$$P(\overline{X}> k) = P\left(Z > \frac{k-500}{10}\right) = \alpha = 0.05$$

이 성립된다. 여기에서 $Z \sim N(0,1)$이며 표준정규분포 표에 의하여 $P(Z > z_{0.05} = 1.645) = 0.05$이므로 $\dfrac{k-500}{10} = 1.645$가 되며 $k = 516.45$가 얻어진다. 표본으로부터 계산된 $\overline{X}= 520$이 기각역에 속하므로 H_0는 기각된다. 따라서 이 가설검정에 의하면 새로 개발된 전자제품의 평균수명은 500시간보다 길다는 결론을 내릴 수 있다. 이 표본에 대한 p값은 다음과 같이 계산된다.

$$P(\overline{X}> 520) = P(Z > \frac{520-500}{10}) = P(Z > 2) = 0.022$$

다음의 11.2절부터 11.5절까지는 모집단의 수명분포가 IFR, NBU, NBU−t_0와 DMRL 군에 속하는지를 검정하기 위한 대표적인 비모수적 검정방법을 소개한다. 수명분포가 지수분포를 따르는 경우에는 고장률과 평균잔여수명이 나이 t에 무관하게 상수이며, 또한 무기억성을 가지고 있는 유일한 연속형의 수명분포라는 것이 잘 알려져 있다(6장 참조). 따라서 지수분포 군은 IFR과 DFR, NBU와 NWU, NBU−t_0와 NWU−t_0, DMRL과 IMRL에 동시에 속하는 유일한 수명분포 군이다. 이러한 특성을 이용하여 수명분포의 비모수적 가설검정을 위한 귀무가설로는 모집단의 수명분포가 지수분포라고 가정한다.

모든 가설검정은 모집단으로부터 수집된 크기 n의 완전 고장자료를 이용하며 유의수준은 α로 가정한다. n개의 고장시간을 나타내는 확률변수를 $T_1, T_2, \cdots, T_n$ 으로 표시한다.

11.2 IFR 검정방법

이 절에서는 모집단의 수명분포가 IFR 군에 속하는지를 찾아내기 위한 다음과 같은 가설검정 문제를 고려한다.

$$\begin{cases} H_0 : F\text{는 지수분포를 따른다}(F(t) = 1 - \exp(\lambda t), t \geq 0, \lambda > 0). \\ H_1 : F\text{는 } IFR(\text{지수분포가 아닌})\text{에 속한다}. \end{cases}$$

여기에서 F는 수명분포의 불 신뢰도함수를 나타낸다. IFR 대립가설을 검정하기 위한 비모수적 검정방법은 Proschan and Pyke(1967), Bickel(1969), Bickel and Doksom(1969) 등에 의하여 제안되었으며 여기에서는 다음과 같은 검정방법에 대하여 살펴본다.

(a) Proschan and Pyke(1967) 검정방법

고장률 λ를 가지는 수명분포로부터 관찰된 크기 n의 고장시간을 $T_1, T_2, \cdots, T_n$으로 표시하고 고장시간을 크기 순서로 나열한 순서통계량을 $T_{(1)} \leq T_{(2)} \leq \cdots \leq T_{(n)}$으로 나타내면 k번째 표준화간격은 $D_k = (n-k+1)(T_{(k)} - T_{(k-1)})$으로 정의되고 $T_{(0)} = 0$으로 한다. 이 경우 $D_1, D_2, \cdots, D_n$ 은 서로 독립이고 각각 $\exp(\lambda)$인 동일

한 분포를 가진다는 사실이 알려져 있다(성질 6.3). 만일

$$V_{ij} = \begin{cases} 1, D_i \geq D_j, & i, j = 1, 2, \cdots, n \\ 0, D_i < D_j \end{cases}$$

으로 정의하고 $V_n = \sum_{i<j} V_{ij}$이라고 하자. 귀무가설 H_0가 사실이면 모든 i와 j에 대하여 $P(V_{ij} = 1) = \frac{1}{2}$이 성립되나, 만일 대립가설 H_1이 사실이면, 즉 수명분포 F가 IFR에 속하면 고장간격시간이 짧아질 것으로 기대되기 때문에 $P(V_{ij} = 1) > \frac{1}{2}$이 성립된다. 따라서 V_n의 값이 크면 클수록 H_1의 가정이 참이라는 것을 의미하며 V_n은 이 가설검정의 검정통계량이 된다.

$P_n(k)$가 $D_1, D_2, \cdots, D_n$의 크기의 순서가 아래첨자의 순서와 정확하게 k번 바뀐 순서화의 개수를 나타낸다고 할 때 Kendal에 의하여 다음과 같은 재귀관계가 증명되었다.

$$P_n(k) = P_{n-1}(k) + P_{n-1}(k-1) + \cdots + P_{n-1}(k-n+1) \tag{11.1}$$

이고 $k < 0$에 대하여 $P_n(k) = 0$으로 정의된다. 따라서 $P(V_n = k) = P_n(k)/n!$이므로 식 (11.1)을 이용하면 $P(V_n = k)$을 정확하게 순환적으로 계산할 수 있다.

귀무가설 H_0가 참이면 검정통계량 V_n의 평균 μ_n과 분산 σ_n^2은 각각 다음과 같다.

$$\mu_n = \frac{n(n-1)}{4} \tag{11.2}$$

$$\sigma_n^2 = \frac{(2n+5)(n-1)n}{72} \tag{11.3}$$

Kendall은 V_n의 점근분포가 정규분포라는 사실을 증명하였으며, 따라서 표준화된 검정통계량

$$Z_1(n) = \frac{V_n - \mu_n}{\sigma_n}$$

의 점근분포는 표준정규분포이며, Proschan and Pyke(1969)의 IFR 검정은 만일 $Z_1(n)$이 z_α보다 크면 H_0을 기각하고 H_1을 채택하게 되며, 따라서 F가 IFR에 속한

다는 결론을 내리게 된다. 여기에서 z_α는 표준정규분포의 $100(1-\alpha)\%$ 백분위수를 나타낸다.

만일 모집단의 수명분포가 DFR에 속하는지를 검정하기 위해서는 다음의 대립 가설 H_1'을 고려한다.

$$\begin{cases} H_0 : F\text{는 지수분포를 따른다}(F(t)=1-\exp(\lambda t), t \geq 0, \lambda > 0). \\ H_1' : F\text{는 } DFR(\text{지수분포가 아닌})\text{에 속한다.} \end{cases}$$

이 경우에는 만일 H_1'이 참이면 검정통계량 V_n의 값은 작아지게 되며, 따라서 IFR 검정방법에서 부등식의 방향을 바꾸면 된다. 즉 DFR 검정은 $Z_1(n)$이 $-z_\alpha$보다 작으면 H_0을 기각하고 H_1'을 채택하게 되며, 따라서 F가 DFR에 속한다는 결론을 내리게 된다.

(b) Bickel and Doksum(1969) 검정방법

위에서 정의된 표준화 간격 $D_1, D_2, \cdots, D_n$의 순위를 각각 $R_1, R_2, \cdots, R_n$으로 나타내자. 그러면 Bickel and Doksum(1969)에 의하여 제안된 검정통계량은 다음과 같이 정의된다.

$$W_n = \sum_{i=1}^{n} i \ln\left[1 - \frac{R_i}{n+1}\right]$$

만일 H_1이 참이면 검정통계량 W_n은 큰 값을 가지게 되며 H_1'이 참이면 W_n의 값은 작아진다. 따라서 Bickel and Doksum(1969)의 검정은 W_n의 큰 값에 대하여 H_0을 기각하고 H_1을 참으로 채택하며 기각역은 W_n의 확률분포에 의하여 결정된다. 마찬가지로 DFR 검정은 작은 W_n의 값에 대하여 H_0을 기각하고 H_1'을 참으로 채택한다. 자세한 내용은 Bickel and Doksum(1969)에 설명되어 있다.

이외에도 IFR(DFR) 대립가설을 검정하기 위한 여러 가지 검정방법이 제안되었으며 그 중에는 다음과 같은 전체시험시간(Total Time on Test)에 근거한 검정통계량을 이용한 검정방법도 존재한다. 만일 다음 통계량

$$S_n = \frac{\sum_{i=1}^{n-1} \sum_{j=1}^{i} D_j}{\sum_{k=1}^{n} D_k}$$

의 값이 크면(작으면) H_0를 기각하고 $H_1(H_1')$을 참으로 채택한다.

11.3 NBU 검정방법

이 절에서는 모집단의 수명분포가 NBU(NWU) 군에 속하는지를 찾아내기 위한 다음과 같은 가설검정 문제를 고려한다.

$$\begin{cases} H_0 : F\text{는 지수분포를 따른다}(F(t) = 1 - \exp(\lambda t), t \geq 0, \lambda > 0). \\ H_2(H_2') : F\text{는 } NBU(NWU)(\text{지수분포가아닌})\text{에 속한다}. \end{cases}$$

모든 $s \geq 0$과 $t \geq 0$에 대하여 만일 $R(s+t) \leq R(s)R(t)$이 성립되면 F는 NBU(New Better than Used)에 속한다고 하며, 식의 부등식이 반대로 되면 F는 NWU(New Worse than Used)에 속한다고 한다(3.5.1절 참조). 지수분포 군은 NBU와 NWU에 동시에 속하는 유일한 연속 수명분포로서 $R(s+t) = R(s)R(t)$의 관계가 성립된다. H_0와 $H_2(H_2')$를 검정하기 위한 비모수적 방법에는 여러 가지가 있으나, 이 절에서는 대표적인 방법으로 Hollander and Proschan(1972)의 NBU(NWU) 검정방법을 살펴본다.

이 경우의 검정통계량은 다음과 같은 측도(measure)를 고려하여 유도되었다.

$$\begin{aligned} \gamma(F) &= \int\int [R(x)R(y) - R(x+y)]dF(x)F(y) \\ &= \frac{1}{4} - \int\int R(x+y)dF(x)dF(y) \\ &= \frac{1}{4} - \Delta(F) \end{aligned}$$

여기에서 $\Delta(F) = \int\int R(x+y)dF(x)dF(y)$로 정의된다. 모수 $\gamma(F)$는 수명분포 F의 H_0로부터의 편차에 대한 측도로서 만일 H_0가 참이면 $\gamma(F) = \Delta(F) = 0$이 되며, 만일 $H_2(H_2')$가 참이면 $\gamma(F) > 0(\gamma(F) < 0)$이고 $\Delta(F) < 0(\Delta(F) > 0)$이 성립된다. 따라서 이 경우의 검정통계량은 $\Delta(F)$의 F를 5.1절에서 얻어진 경험적 분포함수 $\hat{F}_n$을 대입함으로써 얻어지는 $\Delta(\hat{F}_n)$이다. 그러나 Hollander and

Proscahn은 그 대신에 $\Delta(\hat{F}_n)$과 점근적으로 동치인 다음과 같은 검정통계량을 이용하였다.

$$J_n = 2[n(n-1)(n-2)]^{-1}\sum\psi(T_{\alpha_1}, T_{\alpha_2}+T_{\alpha_3})$$

여기에서

$$\psi(a,b) = \begin{cases} 1, & a > b\text{이면} \\ 0, & a \le b\text{이면} \end{cases}$$

또한 Σ은 $1 \le \alpha_1, \alpha_2, \alpha_3 \le n$, $\alpha_1 \ne \alpha_2$, $\alpha_1 \ne \alpha_3$, $\alpha_2 < \alpha_3$를 만족하는 세 정수 $(\alpha_1, \alpha_2, \alpha_3)$의 $n(n-1)(n-2)/2$개의 조합에 대한 합을 나타낸다. 이러한 형태의 통계량은 U-통계량으로 알려져 있으며 Hoeffding(1948)의 U통계량정리에 의하여 검정통계량 J_n의 점근분포가 유도될 수 있다.

귀무가설 H_0가 참이면 검정통계량 J_n의 평균 μ_n과 분산 σ_n^2은 각각 다음과 같다.

$$\mu_n = \frac{1}{4} \tag{11.4}$$

$$\sigma_n^2 = \frac{5}{432\,n} \tag{11.5}$$

표준화된 검정통계량

$$Z_2(n) = \frac{\sqrt{n}\,(J_n - \frac{1}{4})}{\sqrt{5/432}}$$

의 점근분포는 표준정규분포이며, Hollander and Proschan의 NBU 검정은 만일 $Z_2(n)$이 z_α보다 크면 H_0를 기각하고 H_2를 채택하게 되며, 따라서 F가 NBU에 속한다는 결론을 내리게 된다. 마찬가지로 만일 $Z_2(n)$이 $-z_\alpha$보다 작으면 H_0을 기각하고 $H_2{}'$을 채택하게 되어 F가 NWU에 속한다는 검정결과를 얻을 수 있다.

만일 표본의 크기가 점근분포를 이용할 만큼 충분히 크지 않은 소표본의 경우는 위에서 제안된 점근분포를 이용할 수 없으며, 그 대신 검정통계량 J_n의 정확한 분포를 유도하여야 한다. 만일

$$T_n = \frac{n(n-1)(n-2)}{2} J_n$$

으로 놓으면 T_n의 정확한 분포가 알려져 있다. 따라서 J_n의 분포를 알 수 있으며 이러한 분포를 이용하면 NBU(NWU) 검정방법의 적용을 위한 기각역이 결정된다.

11.4 DMRL 검정방법

이 절에서는 모집단의 수명분포가 DMRL(IMRL) 군에 속하는지를 찾아내기 위한 다음과 같은 가설검정 문제를 고려한다.

$$\begin{cases} H_0 : F\text{는 지수분포를 따른다}(F(t) = 1 - \exp(\lambda t), t \geq 0, \lambda > 0). \\ H_3(H_3') : F\text{는 } DMRL(IMRL)(\text{지수분포가 아닌})\text{에 속한다.} \end{cases}$$

만일 3.3절에서 정의된 평균 잔여함수 $m(t)$가 $t \geq 0$의 비 증가함수이면 수명분포 F는 DMRL(Decreasing Mean Residual Life)에 속한다고 하고 $m(t)$가 $t \geq 0$의 비 감소함수이면 F는 IMRL(Increasing Mean Residual Life)에 속한다고 한다.

DMRL(IMRL) 군은 IFR(DFR) 군을 포함하며, DMRL과 IMRL 군에 동시에 속하는 유일한 수명분포는 지수분포 군이라는 것은 잘 알려져 있다.

따라서 위의 가설검정에서 H_0가 기각되면 F가 DMRL 또는 IMRL에 속한다는 가설이 채택된다. DMRL 대립가설을 검정하기 위한 비모수적 검정방법은 Holllander and Proschan(1975), Bergman and Klefsjö(1989), Bandyopadhyay and Basu(1990), Aly(1990), Ahmad(1993) 등에 의하여 제안되었으며 여기에서는 다음과 같은 두 가지 검정방법에 대하여 살펴본다.

(a) Hollander and Proschan(1975) 검정방법

DMRL 대립가설을 검정하기 위하여 제안된 첫 번째 비모수적 검정방법으로 알려져 있으며, 검정통계량은 다음과 같은 척도를 수명분포 F의 H_0로부터의 편차로 고려하여 유도되었다.

$$\delta(F) = \int\int_{s<t} R(s)R(t)[m(s) - m(t)]dF(s)dF(t)$$

만일 H_0가 참이면 $\delta(F)=0$이 되며, 만일 $H_3(H_3')$가 참이면 $\delta(F)>0\ (<0)$이 성립된다. $\delta(F)$의 피적분함수는 DMRL 성질의 H_0로부터의 가중 편차를 의미하며 $\delta(F)$는 이 편차의 평균이다. 가중인자인 $R(s)$와 $R(t)$는 각각 시점 s와 t에 아직도 가동되는 모집단의 비율을 나타내며, 따라서 $\delta(F)$는 시점 s와 t 이후의 평균잔여수명에 대한 비교값을 제공한다. $\delta(F)$의 F 대신에 5.1절에서 얻어진 경험적 분포함수 $\hat{F}_n$을 대입함으로써 얻어지는 $\delta(\hat{F}_n)$와 점근적으로 동치인 다음의 통계량을 H_0와 H_3를 검정하기 위하여 Hollander and Proschan이 제안하였다.

$$Y_n = n^{-4}\sum_{i=1}^{n} C_{\in}\, T_{(i)} \tag{11.6}$$

$$C_{\in} = \frac{4}{3}i^3 - 4\ni^2 + 3n^2 i - \frac{1}{2}n^3 + \frac{1}{2}n^2 - \frac{1}{2}i^2 + \frac{1}{6}i, \tag{11.7}$$

여기에서 $T_{(1)} < \cdots < T_{(n)}$은 표본의 순서통계량을 표시한다. 식 (11.6)과 식 (11.7)로부터 Y_n은 다음의 통계량에 의하여 근사된다.

$$Y_n \cong n^{-1}\sum_{i=1}^{n} J_1\left(\frac{i}{n}\right) T_{(i)} \tag{11.8}$$

이 식의 $J_1(u)$는 다음과 같이 정의되는 함수이다.

$$J_1(u) = \frac{4}{3}u^3 - 4u^2 + 3u - \frac{1}{2}$$

Y_n과 같이 순서통계량의 선형조합의 형태를 가진 통계량은 L–통계량으로 알려져 있다. Hollander and Proschan(1975)은 검정통계량으로 $Y_n^* = Y_n/\overline{T}$ 을 사용하였으며 $\overline{T}$는 표본평균이고 Y_n^*는 척도불변성을 가지는 검정통계량이다.

Y_n^*의 점근분포는 L–통계량 정리를 이용함으로써 구해질 수 있으며, 따라서 Hollander and Proschan의 대표본 DMRL 검정은 만일 $(210n)^{1/2}Y_n^*$이 z_α보다 같거나 크면 H_0를 기각하고 H_3를 채택하게 되므로 F가 DMRL에 속한다는 결론을 내리게 된다. 마찬가지로 만일 $(210n)^{1/2}Y_n^*$이 $-z_\alpha$보다 작거나 같으면 H_0를 기각하고 H_3'을 채택하게 되므로 F가 IMRL에 속한다는 검정결과를 얻을 수 있다. 이 검정

방법의 일치성은 수명분포 F의 연속성에 의하여 만일 $H_3(H_3{}')$가 참이면 $\delta(F)>0\ (<0)$가 성립된다는 사실을 이용하여 증명될 수 있다.

(b) Aly(1990) 검정방법

수명분포 F의 H_0로부터의 편차를 고려하기 위하여 Aly(1990)는 다음과 같은 측도를 제안하였다.

$$\nu(F)=\int_0^1 h(y)dF^{-1}(y) \tag{11.9}$$

여기에서 $h(y)=(1-y)(1+\log(1-y)),\ 0\le y\le 1$으로 정의된다. $\nu(F)$는 다음과 같은 측도와 동치인 것이 증명된다.

$$\nu(F)=\int_0^\infty (m(0)-m(t))dF(t)$$

식 (11.9)에서 제안된 $\nu(F)$는 만일 F가 DMRL 군에 속하면 모든 t에 대하여 $R(t)m'(t)\le 0$을 만족한다는 사실에 의하여 유도된 것이며 결과적으로 수명분포 F가 NBUE 군으로부터의 편차를 측정하는 측도로서도 사용될 수 있다.

$\nu(F)$의 F 대신에 경험적 분포함수 $\hat{F}_n$을 대입함으로써 DMRL 대립가설을 검정하기 위하여 Aly는 다음과 같은 통계량을 유도하였다.

$$\nu(\hat{F}_n)=(1+n^{-1}\sum_{i=1}^{n} C_{\in}T_{(i)})/\overline{T}$$

여기에서 $C_{nn}=-\log n$이고 $C_{\in}=\log((n-i+1)/n)((n-i+1)/(n-i))^{n-i}$, $i=1,\cdots,n-1$이다. 표준화된 검정통계량 $A=n^{1/2}\nu(\hat{F}_n)$의 점근분포가 표준 정규분포를 따른다는 것이 Aly(1990)에서 증명되었다.

Aly의 대표본 DMRL 검정은 만일 A가 z_α보다 같거나 크면 H_0를 기각하고 H_3을 채택하게 되므로, F가 DMRL에 속한다는 결론을 내리게 된다. 마찬가지로 만일 A가 $-z_\alpha$보다 작거나 같으면 H_0를 기각하고 $H_3{}'$을 채택하게 되므로 F가 IMRL에 속한다는 검정결과를 얻을 수 있다. 이 검정방법은 모든 NBUE 군에 대하여 일치검정이며, 또한 DMRL 군은 NBUE에 속하므로 Aly의 검정방법은 DMRL 군에 대하여도 일치성이 성립된다.

11.5 NBU $-t_0$ 검정방법

이 절에서는 모집단의 수명분포가 NBU$-t_0$(NWU$-t_0$) 군에 속하는지를 찾아 내기 위한 다음과 같은 가설검정 문제를 고려한다.

$$\begin{cases} H_0 : R(x+t_0) = R(x)R(t_0), \ \ x \geq 0 \\ H_4(H_4') : R(x+t_0) \leq (\geq) R(x)R(t_0), \ x \geq 0 (\text{어떤 } x\text{에 대하여는 부등식 성립}) \end{cases}$$

고정된 $t_0 > 0$와 모든 $x \geq 0$에 대하여 만일 $R(x+t_0) \leq R(x)R(t_0)$ 이 성립되면 F는 NBU$-t_0$(New Better than Used of age t_0)에 속한다고 하며, 식의 부등식이 반대로 되면 F는 NWU$-t_0$(New Worse than Used of age t_0)에 속한다고 한다(3.5.1절 참조). NBU$-t_0$와 NWU$-t_0$는 각각 NBU 군과 NWU 군을 포함하는 보다 일반적인 군으로서 Hollander, Park and Proschan(HPP)(1986)에서 처음으로 제안되었다.

지수분포 군이 IFR과 DFR, NBU와 NWU, DMRL과 IMRL에 동시에 속하는 유일한 군이라는 것은 잘 알려져 있다. 그러나 NBU$-t_0$와 NWU$-t_0$에 동시에 속하는 군에는 지수분포 군을 포함하여 다음과 같은 세 가지 종류의 군들을 포함하고 있으며, 따라서 이 경우에는 H_0가 참이라고 가정을 하는 경우에도 수명분포 F는 결정되지 않으며 이러한 점이 위의 IFR, NBU 및 DMRL 대립 가설에 대한 검정방법과는 많은 차이가 있다.

i) $R_1(t) = e^{-\lambda t}, \ \lambda > 0, \ t \geq 0$(지수분포 군)

ii) $R_2(t_0) = 0$을 만족하는 수명분포 군(이 경우에는 최대수명이 t_0이다)

iii) $\overline{G}(t)$를 모든 $t \geq 0$에 대하여 정의되는 신뢰도함수라고 하자. 이 경우

$$\begin{aligned} R_3(t) &= \overline{G}(t), \ \ 0 \leq t < t_0 \\ &= \overline{G}^j(t_0)\overline{G}(t - jt_0), \ \ jt_0 \leq t < (j+1)t_0, \ \ j = 0, 1, 2, \cdots \end{aligned}$$

으로 정의하면 $R_3(t)$는 귀무가설 H_0를 만족한다. 이 수명분포의 고장률함수는 주기 t_0을 가지는 주기함수가 된다.

H_0와 $H_4(H_4')$의 가설을 검정하는 통계량을 유도하기 위하여 HPP(1986)는 다음과 같은 모수를 고려하였다.

$$\begin{aligned}\tau(F) &= \int_0^\infty R(t+t_0) - R(x)R(t_0)\,dF(t) \\ &= \int_0^\infty R(t+t_0)dF(t) - \frac{1}{2}R(t_0) \\ &\overset{\mathrm{def}}{=} T_1(F) - T_2(F).\end{aligned}$$

만일 H_0가 참이면 $T_1(F) = T_2(F)$이며, 따라서 $\tau(F) = 0$이다. 만일 $H_4(H_4')$이 참이면 $T_1(F) \le (\ge) T_2(F)$이며, 따라서 $\tau(F) \le (\ge) 0$이다. 특히 수명분포 F가 연속이기 때문에 $\tau(F) < (>) 0$이 성립된다. 모수 $\tau(F)$는 수명분포 F의 $H_4(H_4')$에 대한 H_0로부터의 편차에 대한 측도로서 $\tau(F)$의 값이 작을수록 H_4를 지지하게 되며 $\tau(F)$의 값이 클수록 H_4'을 지지하게 된다. 또한 $\tau(F)$의 값이 0에 가까울수록 H_0가 참이라는 사실을 받아들이게 된다. 따라서 이 경우의 검정통계량은 $\tau(F)$의 F를 5.1절에서 얻어진 경험적 분포함수 $\hat{F}_n$을 대입함으로써 얻어지는 $\tau(\hat{F}_n)$이다. 그러나 HPP(1986)는 $\tau(\hat{F}_n)$ 대신에 이 통계량과 점근적으로 동치인 다음과 같은 U-통계량을 검정통계량으로 사용하였다.

$$z_n = \{n(n-1)\}^{-1}\sum{}'\,\psi(T_{\alpha_1}, T_{\alpha_2}+t_0) - (2n)^{-1}\sum_{i=1}^{n}\psi(T_i, t_0) \tag{11.10}$$

여기에서 $\psi(\cdot)$는 11.3절에서 정의된 지시함수이고 Σ'는 $1 \le \alpha_i \le n$, $(i=1,2)$과 $\alpha_1 \ne \alpha_2$를 만족하는 두 정수 (α_1, α_2)의 $n(n-1)$개의 조합에 대한 합을 나타낸다. 이러한 형태의 U-통계량에 대한 점근분포는 Hoeffding(1948)의 U-통계량정리에 의하여 유도될 수 있다.

만일 H_0가 참이면 $\sqrt{n}\,z_n$의 평균 μ_0와 분산 σ_0^2은 다음과 같이 계산된다.

$$\begin{aligned}\mu_0 &= 0 \\ \sigma_0^2 &= \frac{1}{12}R(t_0) + \frac{1}{12}R^2(t_0) - \frac{1}{6}R^3(t_0)\end{aligned} \tag{11.11}$$

σ_0^2은 수명분포 $F(t)$에 의존하며 따라서 고장데이터를 이용하여 추정되어야 한다. $R(t_0)$를 경험적 분포함수를 이용하여 추정하면 $\hat{R}_n(t_0) = 1 - \hat{F}_n(t_0)$이 되며, 여기서

$$\hat{F}_n(t_0) = \frac{t_0 \text{ 보다 같거나 작은 관측수}}{n}$$

으로 계산된다. 따라서 σ_0^2의 일치추정량을 $\hat{\sigma}_0^2$으로 표시하면

$$\hat{\sigma}_0^2 = \frac{1}{12}\hat{R}_n(t_0) + \frac{1}{12}\hat{R}_n^2(t_0) - \frac{1}{6}\hat{R}_n^3(t_0) \tag{11.12}$$

이 된다. 표준화된 검정통계량 $\sqrt{n}\, z_n / \hat{\sigma}_0$의 점근분포는 표준정규분포이므로, HPP(1986)의 대표본 NBU-t_0 검정은 만일 $\sqrt{n}\, z_n / \hat{\sigma}_0$이 $-z_\alpha$보다 작으면 H_0를 기각하고 H_4를 채택하게 된다. 따라서 F가 NBU-t_0에 속한다는 결론을 내리게 된다. 마찬가지로 만일 $\sqrt{n}\, z_n / \hat{\sigma}_0$이 z_α보다 크면 H_0를 기각하고 H_4'을 채택하게 되므로 F가 NWU-t_0에 속한다는 검정결과를 얻을 수 있다.

12장

수명분포의 부분 순서화

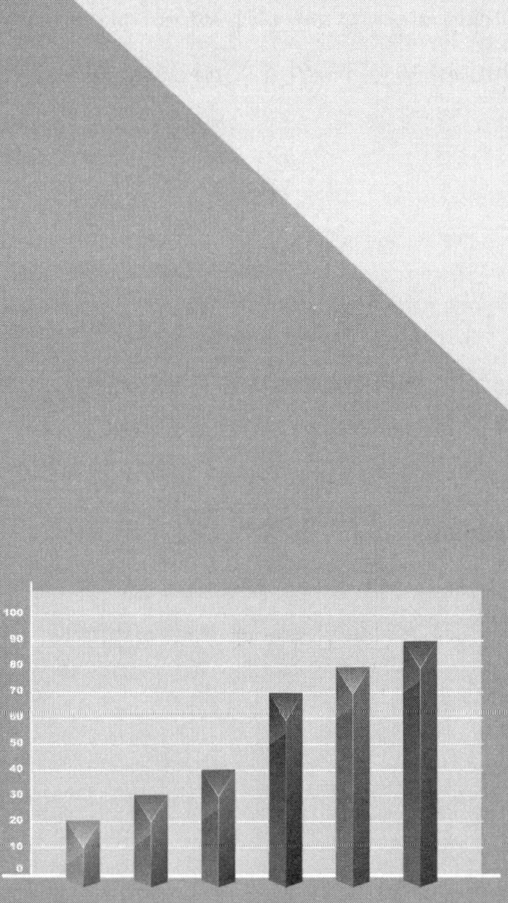

수명분포의 신뢰도함수, 고장률함수 및 평균잔여수명함수 등 여러 가지 척도 함수들의 단조성과 순서화에 의한 비모수적 수명분포 군에 대한 정의와 비교에 대하여는 3.5절에서 논의하였고 수명분포 군의 가설검정 방법에 대하여는 11장에서 상세하게 제시하였다. 이 장에서는 각 수명분포 군을 특징짓는 부분 순서화에 대하여 설명하고, 이러한 부분 순서화가 수명분포 군들의 상호 관계를 정립하기 위하여 어떻게 사용되는지에 대한 이론적인 측면을 제공한다. 12.1절에서는 고장률의 단조성을 조사하기 위하여 매우 유익하게 응용되는 PF_2(Polya frequency function of order 2)를 소개하고 그 성질에 대하여 살펴본다. 이 함수는 특히 IFR 군과 밀접한 관계를 가지고 있으며 이러한 군의 신뢰성 연산에 많이 이용되고 있다. 12.2절에서는 볼록 함수, 별모양 함수 및 초가법 함수의 개념을 소개하고 이러한 함수들이 수명분포 군의 분류에 어떻게 이용될 수 있는지에 대하여 설명한다. 12.3절에서는 세 가지 형태의 부분 순서화의 개념을 소개하고 그 성질에 대하여 상세하게 설명한다. 또한 이러한 순서화를 이용하여 IFR, IFRA와 NBU 군의 수명분포가 어떻게 정의될 수 있는지를 살펴보고 상호관계에 대한 증명방법을 제시한다. 12.4절에서는 여러 가지 신뢰성 연산을 적용하였을 때 수명분포 군이 보존(preservation)될 수 있는지에 대한 가능성을 검토한다. 이러한 보존성은 응집(coherent) 시스템, 수명의 합(convolution) 및 분포들의 혼합(mixture) 등의 연산에 대하여 조사된다.

12.1 PF_2 함수

수명분포의 성질에 관한 보다 추가적인 결과를 얻기 위해서는 수명분포 군들의 기하학적인 성질, 예를 들면 PF_2 함수, 단봉성, 절대 연속성, 단조우도비 등을 이해하는 것이 매우 중요하다. 특히 고장률함수의 단조성을 조사하는데 매우 유익한 함수가 이 절에서 고려하는 PF_2 함수이며 다음과 같이 정의된다.

정의 12.1 함수 $h(x)$, $-\infty < x < \infty$가 다음의 조건을 만족할 때 PF_2 함수라고 정의한다.

(a) $h(x) \geq 0$, $-\infty < x < \infty$

(b) 모든 $-\infty < x_1 < x_2 < \infty$ 와 $-\infty < y_1 < y_2 < \infty$ 에 대하여

$$\begin{vmatrix} f(x_1 - y_1) & f(x_1 - y_2) \\ f(x_2 - y_1) & f(x_2 - y_2) \end{vmatrix} \geq 0$$

다음의 조건 (b′) 또는 (b″)은 (b)와 동치이다.

(b′) $\log h(x)$ 는 $-\infty < x < \infty$ 에 대하여 오목(concave) 이다

(b″) 고정된 $\delta > 0$에 대하여 $h(x+\delta)/\,h(x)$는 $a \leq x \leq b$의 감소함수이다. 여기서 $a = inf_{h(y)>0}\,y$, $b = sup_{h(y)>0}\,y$이다.

위에서 정의된 $h(x)$에 대하여 $\int_{-\infty}^{\infty} h(x)dx$의 값이 1이 되거나 또는 유한값일 필요가 없기 때문에 PF_2 함수는 반드시 확률밀도함수일 필요는 없다.

예제 12.1

PF_2인 확률밀도함수의 예

(a) 지수분포: $f(x) = \lambda e^{-\lambda x}$, $x \geq 0$, $\lambda > 0$

(b) 감마분포: $f(x) = \dfrac{1}{\Gamma(\alpha)} \lambda^{\alpha} x^{\alpha-1} e^{-\lambda x}$, $x \geq 0$, $\lambda > 0$

(c) 와이블분포: $f(x) = \alpha\lambda(\lambda x)^{\alpha-1} e^{-(\lambda x)^{\alpha}}$, $x \geq 0$, $\lambda > 0$

(d) 정규분포: $f(x) = \dfrac{1}{\sqrt{2\pi}\,\sigma} e^{-(x-\mu)^2/2\sigma^2}$, $-\infty < x$, $\mu < \infty$, $\sigma > 0$

(e) 라플라스: $f(x) = \dfrac{1}{2} e^{-|x|}$, $-\infty < x < \infty$

예제 12.2

PF_2가 아닌 확률밀도함수의 예

(a) 형상모수 α가 1보다 작은 와이블분포:

$$f(x) = \alpha\lambda(\lambda x)^{\alpha-1} e^{-(\lambda x)^{\alpha}}, \quad x \geq 0, \ \lambda > 0$$

(b) 코쉬분포: $f(x) = \dfrac{1}{\pi(1+x^2)}$, $-\infty < x < \infty$

성질 12.1 수명분포 F가 IFR 군에 속하는 것은 $R(=1-F)$이 PF_2 함수인 것과 동치이다.

증명 만일 F가 IFR 군에 속하면 모든 $\delta \geq 0$에 대하여 $\dfrac{R(x+\delta)}{R(x)}$는 $0 \leq t < \infty$의 감소함수이다. 정의 12.1의 조건 (b'')에 의하여 $R(x)$는 PF_2 함수 이다. ●

성질 12.2 만일 확률밀도함수 $f(x)$가 $[0, \infty)$에서 정의된 PF_2 함수이면 대응하는 수명분포 $F(t) = \int_0^t f(x)dx$는 IFR 군에 속한다.

증명 F의 고장률함수 $h(t) = f(t)/R(t)$가 t의 감소함수인 것을 보이기 위하여는 $t_1 < t_2$에 대하여 다음의 부등식이 성립되는 것을 증명하는 것으로 충분하다.

$$0 \geq \begin{vmatrix} f(t_1) & f(t_2) \\ R(t_1) & R(t_2) \end{vmatrix} = \int_0^\infty \begin{vmatrix} f(t_1) & f(t_2) \\ f(t_1+x) & f(t_2+x) \end{vmatrix} dx$$

$f(t)$가 PF_2 함수이기 때문에 두 번째 행렬식의 값은 0보다 같거나 작으며, 따라서 부등식이 성립된다. 즉 $h(t)$는 t의 감소함수이며, 따라서 F는 IFR 군에 속한다. ●

성질 12.3 만일 확률밀도함수 $f(x)$가 $[0, \infty)$에서 정의되고 $\log f(x)$가 $[0, \infty)$에서 볼록(convex)이면 대응되는 수명분포 F는 DFR 군에 속한다.

증명 연습 문제로 남겨둔다. ●

12.2 수명분포 군들의 상호관계

이 부분 절에서는 다음과 같은 세 개의 함수를 정의하고 이러한 함수를 이용하여 IFR,

IFRA, NBU 등의 비모수적 군들을 정의한다. 또한 이러한 함수들의 상호관계를 정립하고 이러한 관계를 이용하여 IFR → IFRA → NBU을 증명하는 방법을 소개한다.

정의 12.2 구간 $(-\infty, \infty)$에서 정의된 함수 $u(x)$가 다음의 조건을 만족할 때 볼록(오목) 함수라고 한다.

$$u(ax+(1-a)y) \le (\ge)\, au(x)+(1-a)u(y),\ \ 0 \le a \le 1,\ \ -\infty < x, y < \infty$$

만일 함수 $u(x)$의 2계 도함수가 존재한다면 $u''(x) \ge (\le)\, 0$일 때 볼록(오목) 함수라고 한다. ●

정의 12.3 구간 $[0, \infty)$에서 정의되고 $\frac{1}{x}u(x)$가 이 구간에서 증가함수일 때 함수 $u(x)$는 별모양 함수(star-shaped function)로 정의된다. 이 정의와 동치인 또 다른 정의는 다음과 같다.

$$u(ax) \le a\,u(x),\ \ 0 \le a \le 1,\ \ x \ge 0$$ ●

정의 12.4 구간 $[0, \infty)$에서 정의된 함수 $u(x)$가 다음의 조건을 만족할 때 초가법 함수(superadditive)로 정의한다.

$$u(x+y) \ge u(x)+u(y),\ \ x,\ y \ge 0$$ ●

예제 12.3

(a) 함수 $u(x)=x^2,\ x \ge 0$을 고려하자.

$u''(x)=2>0$ → $u(x)$는 볼록함수

$\frac{1}{x}u(x)=x$는 증가함수 → $u(x)$는 별모양 함수

$u(x+y)=(x+y)^2 \ge x^2+y^2=u(x)+u(y),\ x,\ y \ge 0$ → $u(x)$는 초가법 함수

(b) 함수 $u(x)=-\ln x,\ x>0$을 고려하자.

$u''(x)=\frac{1}{x^2}>0$ → $u(x)$는 볼록함수

$g(x)=\frac{1}{x}u(x)=-\frac{\ln x}{x}$ 으로 놓자. 그러면 $g'(x)=\frac{-1+\ln x}{x^2}$ 이므로 $x>0$에 대하여 증가함수가 아니다 → $u(x)$는 별모양 함수가 아니다. $u(x+y)=-\ln(x+y)$, $u(x)+u(y)=-\ln x-\ln y=-\ln xy$이며 모든 $x,y>0$에 대하여 $u(x+y)\geq u(x)+u(y)$이 성립되지는 않는다. → $u(x)$는 초가법 함수가 아니다.

성질 12.4

(a) F는 IFR ↔ $-\ln R$은 볼록 함수

(b) F는 IFRA ↔ $-\ln R$은 별모양 함수

(c) F는 NBU ↔ $-\ln R$은 초가법 함수

증명

(a) $-\ln R$이 볼록 함수 ↔ $\frac{d}{dx}(-\ln R(x))=\frac{f(x)}{R(x)}=h(x)$ (고장률)은 증가함수 ↔ F는 IFR

(b) $-\ln R$이 별모양 함수 ↔ $-\frac{\ln R(x)}{x}$은 증가함수 ↔ F는 IFRA

(c) $-\ln R$이 초가법 함수

↔ $-\ln R(x+y)\geq -\ln R(x)-\ln R(y)=-\ln R(x)R(y)$

↔ $R(x+y)\leq R(x)R(y),\ x,y>0$

↔ F는 NBU ●

성질 12.5

(a) 함수 $g(x),\ x\geq 0$가 볼록 함수이고 $g(0)=0$이면 $g(x)$는 별모양 함수이다.

(b) 함수 $g(x),\ x\geq 0$가 별모양 함수이면 $g(x)$는 초가법 함수이다.

증명

(a) $g(x)$가 볼록함수이면 정의 12.2에 의하여 $0\leq a\leq 1,\ x,y\geq 0$ 에 대하여 $g(ax+(1-a)y)\leq ag(x)+(1-a)g(y)$이 성립된다. 이 식에서 $y=0$을 취하면 $g(ax)\leq ag(x)+(1-a)g(0)=ag(x)$이 되며 정의 12.3에 의하여 함수 $g(x)$는 별모양 함수이다.

(b) $g(x)$가 별모양 함수이면 정의 12.3에 의하여 $\frac{1}{x}g(x)$가 $x \geq 0$의 증가함수이다. 따라서 $x, y \geq 0$에 대하여 $x+y \geq x$, $x+y \geq y$이므로 다음과 같은 두 개의 식이 성립한다.

$$\frac{g(x+y)}{x+y} \geq \frac{g(x)}{x}, \quad \frac{g(x+y)}{x+y} \geq \frac{g(y)}{y}$$

$$\rightarrow \quad x\,g(x+y) \geq (x+y)\,g(x)\,, \; y\,g(x+y) \geq (x+y)\,g(y)$$

이 부등식의 양변을 각각 합하면 다음과 같은 부등식

$$(x+y)\,g(x+y) \geq (x+y)\,(g(x)+g(y))$$

이 성립되며, 따라서 $g(x+y) \geq g(x)+g(y)$의 관계를 가진다. 정의 12.4에 의하여 함수 $g(x)$는 초가법 함수이다. ●

따름성질 12.6 성질 12.4와 12.5를 이용하면 다음과 같은 관계를 쉽게 얻을 수 있다.

(a) F는 IFR → F는 IFRA
(b) F는 IFRA → F는 NBU

마찬가지 방법으로 DFR → DFRA → NWU가 증명될 수 있다. ●

12.3 부분 순서화

이 부분 절에서 고려하는 부분 순서화(partial ordering)는 비모수적 군들인 IFR, IFRA 및 NBU를 정의하기 위하여 유용하게 사용될 수 있으며, 12.2절에서 정의된 볼록 함수, 별모양 함수 및 초가법 함수와 그 성질을 응용한다.

정의 12.5 두 개의 수명분포함수 F와 G가 연속이고 G는 그 함수의 지지(support)인 실수의 구간에서 순증가를 하며 $F(0)=G(0)=0$을 가정한다.

(a) 만일 $G^{-1}F(x)$가 실수의 구간인 F의 지지(support)에서 x의 볼록 함수이면 F는 G에 대하여 볼록($F \underset{c}{<} G$으로 표기)이라고 한다.

(b) 만일 $G^{-1}F(x)$가 $x \geq 0$에 대하여 별모양 함수이면 F는 G에 대하여 별모양 ($F \underset{*}{<} G$으로 표기)이라고 한다.

(c) 만일 $G^{-1}F(x)$가 $x \geq 0$에 대하여 초가법 함수이면 F는 G에 대하여 초가법 ($F \underset{su}{<} G$으로 표기)이라고 한다. ●

예제 12.4

(a) $F(x) = 1 - \exp(-x^{\alpha})$, $\alpha > 0$, $G(x) = 1 - \exp(-x)$라고 하자. 이 경우 $G^{-1}F(x) = x^{\alpha}$이 된다. 만일 $\alpha \geq 1$이면 $G^{-1}F(x)$는 볼록 함수이며 $G^{-1}F(0) = 0$이므로 성질 12.5에 의하여 $G^{-1}F(x)$는 또한 별모양 함수와 초가법 함수이다. 따라서 이 경우에는 $F \underset{c}{<} G$, $F \underset{*}{<} G$, $F \underset{su}{<} G$ 이 동시에 성립된다.

(b) $F(x) = 1 - \exp(-x^{\alpha})$, $G(x) = 1 - e(-x^{\beta})$, $\alpha, \beta > 0$라고 하자. 이 경우에는 $G^{-1}F(x) = x^{\alpha/\beta}$가 된다. 따라서 만일 $\alpha \geq \beta$이면 $G^{-1}F(x)$는 볼록 함수, 별모양 함수 및 초가법 함수의 조건을 동시에 만족한다.

성질 12.7 순서관계 $F \underset{c}{<} G$, $F \underset{*}{<} G$, $F \underset{su}{<} G$ 은 모두 부분 순서화이다.

증명 여기에서는 순서관계 $\underset{c}{<}$ 의 부분 순서화에 대한 조건을 증명하고 나머지 순서관계에 대한 증명은 연습 문제로 남겨 둔다.

i) $F^{-1}F(x) = x$는 볼록함수이므로 $F \underset{c}{<} F$ 이다. → 반사적(reflective)

ii) $F \underset{c}{<} G$이고 $G \underset{c}{<} H$이 성립된다고 가정하자. 정의 12.5에 의하여 $G^{-1}F(x)$와 $H^{-1}G(x)$는 각각 볼록함수이고, 수명분포의 정의에 의하여 $H^{-1}G(x)$는 $x \geq 0$의 증가함수이다. 따라서 $H^{-1}GG^{-1}F(x) = H^{-1}F(x)$는 볼록함수이

며, $F \underset{c}{<} H$이 성립된다. → 전이적(transitive)

iii) $F \underset{c}{<} G$이고 $G \underset{c}{<} F$이 동시에 성립된다고 가정하자. 그러면 $0 \le \alpha \le 1$에 대하여 $G^{-1}F(x)$와 $F^{-1}G(x)$가 각각 볼록함수이고 $x \ge 0$의 증가함수이므로 $\alpha x = G^{-1}FF^{-1}G(\alpha x) \ge G^{-1}F(\alpha F^{-1}G(x)) \ge \alpha G^{-1}FF^{-1}G(x) = \alpha x$ 이 성립된다. 따라서 모든 $x \ge 0$에 대하여

$$
\begin{aligned}
& G^{-1}F(\alpha F^{-1}G(x)) = \alpha x \\
\to\ & F^{-1}G(\alpha x) = \alpha F^{-1}G(x) \\
\to\ & \frac{1}{\alpha x}F^{-1}G(\alpha x) = \frac{1}{x}F^{-1}G(x)
\end{aligned}
$$

가 성립된다. 마지막 식은 $F^{-1}G(x)$가 선형함수일 때에만 만족되므로 $\alpha, \beta > 0$ 에 대하여 $F(\alpha x) = G(\beta x)$, 즉 $F = G$(척도모수만 다르다)이 성립된다. → 반대칭적(antisymmetric)

i), ii)와 iii)이 성립되기 때문에 순서관계 $\underset{c}{<}$ 는 부분 순서화이다. ●

따름성질 12.8 $G^{-1}F(0) = 0$이므로 성질 12.5에 의하여 다음의 관계가 성립된다.

$$F \underset{c}{<} G \to F \underset{*}{<} G \to F \underset{su}{<} G$$

비모수적 군들인 IFR, IFRA 및 NBU는 지수분포에 대한 부분 순서화에 의하여 다음과 같이 특정되어질 수 있다. ●

성질 12.9 만일 $G(x) = 1 - \exp(-\lambda x)$, $x \ge 0$을 취하면 다음의 관계가 성립된다.

i) F가 IFR ↔ $F \underset{c}{<} G$

ii) F가 IFRA ↔ $F \underset{*}{<} G$

iii) F가 NBU $\leftrightarrow F \underset{su}{<} G$

증명

만일 $G(x) = 1 - \exp(-\lambda x)$이면 $G^{-1}F(x) = -\dfrac{1}{\lambda}\ln[1 - F(x)]$이다. 따라서 성질 12.4에 의하여 이 결과가 성립된다. ●

따름성질 12.10 따름성질 12.8과 성질 12.9에 의하여 다음과 같은 관계가 성립된다.

$$\text{IFR} \longrightarrow \text{IFRA} \longrightarrow \text{NBU}$$

$$(\text{비슷한 방법으로 DFR} \longrightarrow \text{DFRA} \longrightarrow \text{NWU})$$ ●

12.4 수명분포 군 보존성

이 절에서는 신뢰성 연산을 적용하였을 경우에 수명분포의 비모수적 군이 보존되는지에 대하여 조사하고자 한다. 대상이 되는 수명분포 군들은 IFR, IFRA, NBU, DMRL, NBU−t_0와 그에 대응하는 쌍대 군들인 DFR, DFRA, NWU, IMRL, NWU−t_0이며, 신뢰성 연산으로는 응집(coherent)시스템, 수명의 합(convolution) 및 분포들의 혼합(mixture) 등을 고려한다. 먼저 각 신뢰성 연산에 대한 정의와 실제적인 예제를 제공하고 증명이나 반례(counter example)를 제시함으로써 각각의 수명분포 군들의 보존성 여부에 관한 결과를 얻는다.

a) 응집 시스템

$\phi(\underline{x})$를 10.1절에서 정의된 대로 n개의 부품으로 구성된 시스템의 구조함수를 나타낸다고 하고 여기에서 $\underline{x} = (x_1, x_2, \cdots, x_n)$는 각 부품의 가동상태를 나타내는 0과 1의 벡터를 표시한다. 만일 $n = 5$이고 $\underline{x} = (1, 0, 0, 1, 1)$이면 5개의 부품 중에서 부품 1, 4, 5가 가동되는 시스템의 가동상태는 $\phi((1, 0, 0, 1, 1))$으로 표시된다. 만일 시스템이 가동되면 $\phi((1, 0, 0, 1, 1)) = 1$이고 시스템이 가동되지 않으면 $\phi((1, 0, 0, 1, 1)) = 0$의 값을 취한다.

정의 12.6 만일 i번째 부품을 제외한 나머지 $(n-1)$개의 부품의 가동상태 x에 대하여 $\phi(x_1,\cdots,x_{i-1},1,x_{i+1},\cdots x_n)=\phi(x_1,\cdots,x_{i-1},0,x_{i+1},\cdots x_n)$이 성립되면 i번째 부품은 구조함수 ϕ에 무관(irrelevant)하다고 정의한다. 그 이외의 경우에는 i번째 부품은 구조함수에 연관(relevant)된다고 한다. ●

정의 12.7 다음의 조건을 만족하는 시스템은 응집 시스템이라고 부른다.

i) $\phi(x_1, x_2, \cdots, x_n)$ 는 각 x_i의 증가함수이다.

ii) 모든 부품은 구조함수에 연관된다. ●

예제 12.5

n 중 k 시스템은 n개의 부품 중에서 k개 이상의 부품이 가동될 때에만 가동되는 시스템으로 이러한 시스템의 구조함수는 일반적으로 다음과 같이 표시할 수 있다.

$$\phi(x_1, x_2, \cdots, x_n)=\sum x_1^{e_1}x_2^{e_2}\cdots x_n^{e_n}(1-x_1)^{1-e_1}(1-x_2)^{1-e_2}\cdots(1-x_n)^{1-e_n}$$

이 식의 합은 $e_1+e_2+\cdots+e_n \geq k$이며 $i=1,2,\cdots,n$ 에 대하여 $e_i=1$ 또는 0을 만족하는 모든 $(e_1,\cdots,e_n)$ 에 대한 것이다. 만일 $n=3$, $k=2$인 경우에는 $\phi(x_1,x_2,x_3)=x_1x_2(1-x_3)+x_1(1-x_2)x_3+(1-x_1)x_2x_3+x_1x_2x_3$의 구조함수를 가지며 모든 부품이 시스템에 연관된다.

예제 12.6

응집 시스템이 아닌 예

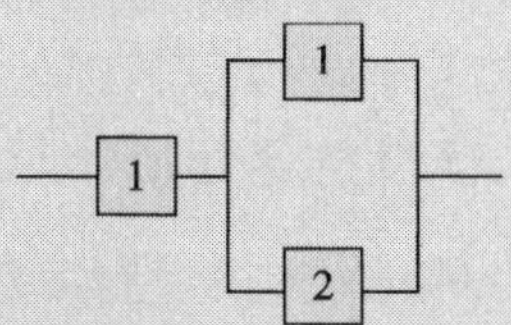

그림 12.1 응집 시스템이 아닌 예

[그림 12.1]의 구조를 가진 시스템에서 부품 1은 시스템에 연관되나 $\phi(1,1)=$

$\phi(1,0)=1$이고 $\phi(0,1)=\phi(0,0)=0$으로 부품 2는 시스템의 가동에 영향을 미치지 못하며 시스템에 무관하다. 따라서 이러한 시스템은 응집 시스템이 아니다.

정의 12.8 수명의 길이를 나타내는 두 개의 확률변수 T_1과 T_2를 각각 수명분포 F_1과 F_2를 가지고 서로 독립이라고 가정하자. 이 경우 두 확률변수의 합 T_1+T_2는 다음과 같은 수명분포 F를 가진다.

$$F(t)=F_1 \star F_2=\int_0^t F_2(t-x)\,dF_1(x)$$

이 경우에 $F(t)=F_1 \star F_2$는 F_1과 F_2의 합분포(convolution)라고 부른다. ●

예제 12.7

시스템의 유지와 보수를 위하여 모든 부품에 대하여 한 개씩의 스페어 부품을 준비하고 있다고 가정하자. 만일 어떤 부품이 고장이 나면 즉시(대체시간은 0으로 가정) 스페어 부품으로 대체한다고 하자. 이때 두 개 부품의 전체수명시간에 대한 수명분포는 고장 난 부품과 대체한 부품의 수명분포의 합분포에 의하여 구해진다. 만일 두 개의 부품이 각각 동일한 평균수명 λ를 가지는 지수분포를 따른다면 두 부품의 합분포는 형상모수가 2이고 척도모수가 λ인 감마분포를 따르게 된다.

정의 12.9 $\{\mathrm{F}_\alpha\}$를 α에 의하여 특정되는 수명분포들의 집합이라고 하고 G를 α에 대한 확률분포함수라고 하자. 그러면

$$F(t)=\int F_\alpha(t)\,dG(\alpha)$$

는 G에 의한 수명분포 $\{\mathrm{F}_\alpha\}$의 혼합(mixture)이라고 정의한다. 특히 만일 α가 유한 개의 상이한 값을 가진다면, 즉 $p(\alpha=i)=p_i,\ i=1,2,\cdots,n$인 경우에는

$$F(t)=\sum_{i=1}^{n} p_i F_i$$

이 된다. ●

예제 12.8

어떤 제품의 생산자가 그 제품의 60%는 공장 A에서 생산하고 40%는 공장 B에서 생산된다고 한다. 각 공장에서 사용하는 생산시설이나 인력 등이 다르기 때문에 두 공장에서 생산되는 제품의 수명에 대한 분포가 서로 다른 것으로 알려져 있으며, 각각 수명분포 F_1과 F_2를 따른다고 하자. 일정기간 동안의 생산이 완료된 이후 두 공장으로부터 생산된 제품을 한군데 모아서 소비자에게 출하하는 과정을 거치게 되는데 이때 한군데 모아진 제품의 수명분포는 두 수명분포 F_1과 F_2의 혼합을 따르게 된다. 이 경우 모아진 로트로부터 추출된 한 개의 임의의 제품의 수명분포는 $F(t)=0.6F_1(t)+0.4F_2(t)$이 된다.

표 12.1 비모수적 군들의 보존성

수명분포 군	응집 시스템	합 분포	혼합분포
IFR	비보전	보존	비보전
IFRA	보존	보존	비보전
NBU	보존	보존	비보전
DMRL	비보전	비보전	비보전
NBU−t_0	보존	비보전	비보전
DFR	비보전	비보전	보존
DFRA	비보전	비보전	보존
NWU	비보전	비보전	비보전
IMRL	비보전	비보전	보존
NWU−t_0	비보전	비보전	비보전

성질 12.11 표 12.1은 위에서 정의된 세 개의 신뢰성 연산을 적용하였을 경우 각 비모수적 수명분포 군들이 보존되는지에 대한 성질을 요약한 것이다.

증명

여기에서는 몇 가지 비보전인 경우에 대한 반례를 제시한다.

(a) DFR은 합분포에서 비보전이다.

각각 독립이며 다음과 같은 감마분포를 따르는 확률변수 T_1과 T_2를 고려한다.

$$T_1 \sim \gamma\left(\alpha = \frac{2}{3},\ \lambda > 0\right),\ T_2 \sim \gamma\left(\alpha = \frac{2}{3}, \lambda > 0\right)$$

형상모수 α가 1보다 작기 때문에 T_1과 T_2는 모두 DFR인 수명분포를 가진다. 그러나 $T_1 + T_2$는 형상모수가 $\frac{4}{3} > 1$이고 척도모수가 $\lambda > 0$인 감마분포를 따르며 이 수명분포는 IFR이다. 따라서 합분포는 DFR인 경우에 보존되지 않는다.

(b) NWU는 합분포에서 비보전이다.
만일 두 개의 확률변수 T_1과 T_2가 서로 독립이고 고장률이 $\lambda > 0$인 동일한 지수분포를 따른다고 하면 T_1과 T_2는 모두 NWU인 수명분포를 가진다. 그러나 $T_1 + T_2$는 형상모수가 2인 감마분포를 가지며 NBU 군에 속한다. 따라서 합분포는 NWU인 경우에 보존되지 않는다.

(c) NBU−t_0는 혼합분포에서 비보전이다.
α에 의하여 특정되는 각 수명분포 F_α가 다음과 같은 지수분포를 가진다고 하자.

$$F_\alpha(t) = 1 - \exp(-\alpha t),\ t \geq 0$$

또한 모수 α의 확률분포는 $G(\alpha) = 1 - \exp(-\alpha),\ \alpha \geq 0$으로 가정한다. 이 경우 $\{F_\alpha\}$의 혼합분포 $F(t)$는 다음과 같이 얻어진다.

$$\begin{aligned} F(t) &= \int_0^\infty F_\alpha(t)\, dG(\alpha) = \int_0^\infty (1 - e^{-\alpha t}) e^{-\alpha} d\alpha \\ &= 1 - \int_0^\infty e^{-(1+t)\alpha} d\alpha = 1 - \frac{1}{1+t} \end{aligned}$$

따라서 확률밀도함수 $f(t)$와 고장률함수 $h(t)$는 각각 다음과 같이 계산된다.

$$f(t) = \frac{d}{dt}F(t) = \frac{1}{(1+t)^2}$$

$$h(t) = \frac{f(t)}{1 - F(t)} = \frac{1}{1+t}$$

고장률함수 $H(t)$는 $t \geq 0$의 감소함수이며, 따라서 $H(t)$는 NWU$-t_0$ 군에 속한다. 그러므로 각 F_α는 NBU$-t_0$이나 그 분포들의 혼합분포는 NWU$-t_0$이므로 NBU$-t_0$는 혼합분포에서 보존되지 않는다. ●

부록

표 1 표준정규분포표

표 2 카이제곱분포표

표 3 포아송분포표

표 4 Student t 분포표

표 5 F 분포표

그림 1 와이블 확률지

그림 2 정규 확률지

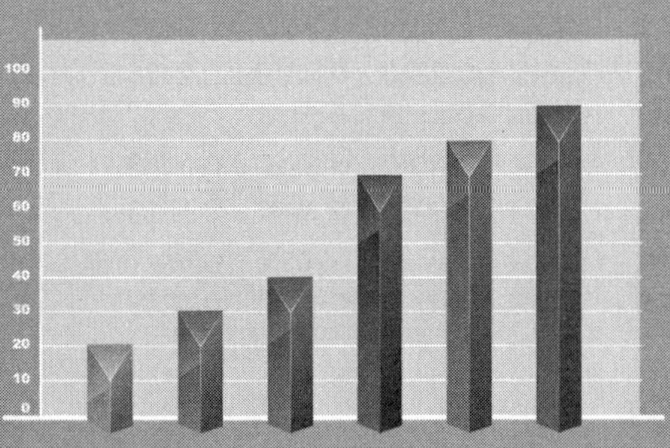

표 1 표준정규분포표

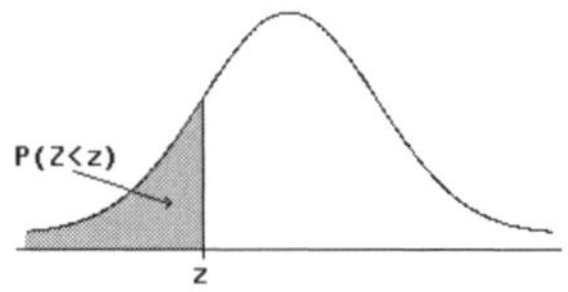

	0	0.01	0.02	0.03	0.04	0.05	0.06	0.07	0.08	0.09
−3.4	0.0003	0.0003	0.0003	0.0003	0.0003	0.0003	0.0003	0.0003	0.0003	0.0002
−3.3	0.0005	0.0005	0.0005	0.0004	0.0004	0.0004	0.0004	0.0004	0.0004	0.0003
−3.2	0.0007	0.0007	0.0006	0.0006	0.0006	0.0006	0.0006	0.0005	0.0005	0.0005
−3.1	0.0010	0.0009	0.0009	0.0009	0.0008	0.0008	0.0008	0.0008	0.0007	0.0007
−3	0.0013	0.0013	0.0013	0.0012	0.0012	0.0011	0.0011	0.0011	0.0010	0.0010
−2.9	0.0019	0.0018	0.0018	0.0017	0.0016	0.0016	0.0015	0.0015	0.0014	0.0014
−2.8	0.0026	0.0025	0.0024	0.0023	0.0023	0.0022	0.0021	0.0021	0.0020	0.0019
−2.7	0.0035	0.0034	0.0033	0.0032	0.0031	0.0030	0.0029	0.0028	0.0027	0.0026
−2.6	0.0047	0.0045	0.0044	0.0043	0.0041	0.0040	0.0039	0.0038	0.0037	0.0036
−2.5	0.0062	0.0060	0.0059	0.0057	0.0055	0.0054	0.0052	0.0051	0.0049	0.0048
−2.4	0.0082	0.0080	0.0078	0.0075	0.0073	0.0071	0.0069	0.0068	0.0066	0.0064
−2.3	0.0107	0.0104	0.0102	0.0099	0.0096	0.0094	0.0091	0.0089	0.0087	0.0084
−2.2	0.0139	0.0136	0.0132	0.0129	0.0125	0.0122	0.0119	0.0116	0.0113	0.0110
−2.1	0.0179	0.0174	0.0170	0.0166	0.0162	0.0158	0.0154	0.0150	0.0146	0.0143
−2	0.0228	0.0222	0.0217	0.0212	0.0207	0.0202	0.0197	0.0192	0.0188	0.0183
−1.9	0.0287	0.0281	0.0274	0.0268	0.0262	0.0256	0.0250	0.0244	0.0239	0.0233
−1.8	0.0359	0.0351	0.0344	0.0336	0.0329	0.0322	0.0314	0.0307	0.0301	0.0294
−1.7	0.0446	0.0436	0.0427	0.0418	0.0409	0.0401	0.0392	0.0384	0.0375	0.0367
−1.6	0.0548	0.0537	0.0526	0.0516	0.0505	0.0495	0.0485	0.0475	0.0465	0.0455
−1.5	0.0668	0.0655	0.0643	0.0630	0.0618	0.0606	0.0594	0.0582	0.0571	0.0559
−1.4	0.0808	0.0793	0.0778	0.0764	0.0749	0.0735	0.0721	0.0708	0.0694	0.0681
−1.3	0.0968	0.0951	0.0934	0.0918	0.0901	0.0885	0.0869	0.0853	0.0838	0.0823
−1.2	0.1151	0.1131	0.1112	0.1093	0.1075	0.1056	0.1038	0.1020	0.1003	0.0985
−1.1	0.1357	0.1335	0.1314	0.1292	0.1271	0.1251	0.1230	0.1210	0.1190	0.1170
−1	0.1587	0.1562	0.1539	0.1515	0.1492	0.1469	0.1446	0.1423	0.1401	0.1379
−0.9	0.1841	0.1814	0.1788	0.1762	0.1736	0.1711	0.1685	0.1660	0.1635	0.1611
−0.8	0.2119	0.2090	0.2061	0.2033	0.2005	0.1977	0.1949	0.1922	0.1894	0.1867
−0.7	0.2420	0.2389	0.2358	0.2327	0.2296	0.2266	0.2236	0.2206	0.2177	0.2148
−0.6	0.2743	0.2709	0.2676	0.2643	0.2611	0.2578	0.2546	0.2514	0.2483	0.2451
−0.5	0.3085	0.3050	0.3015	0.2981	0.2946	0.2912	0.2877	0.2843	0.2810	0.2776
−0.4	0.3446	0.3409	0.3372	0.3336	0.3300	0.3264	0.3228	0.3192	0.3156	0.3121
−0.3	0.3821	0.3783	0.3745	0.3707	0.3669	0.3632	0.3594	0.3557	0.3520	0.3483
−0.2	0.4207	0.4168	0.4129	0.4090	0.4052	0.4013	0.3974	0.3936	0.3897	0.3859
−0.1	0.4602	0.4562	0.4522	0.4483	0.4443	0.4404	0.4364	0.4325	0.4286	0.4247
0	0.5000	0.5040	0.5080	0.5120	0.5160	0.5199	0.5239	0.5279	0.5319	0.5359

(계속)

	0	0.01	0.02	0.03	0.04	0.05	0.06	0.07	0.08	0.09
0.1	0.5398	0.5438	0.5478	0.5517	0.5557	0.5596	0.5636	0.5675	0.5714	0.5753
0.2	0.5793	0.5832	0.5871	0.5910	0.5948	0.5987	0.6026	0.6064	0.6103	0.6141
0.3	0.6179	0.6217	0.6255	0.6293	0.6331	0.6368	0.6406	0.6443	0.6480	0.6517
0.4	0.6554	0.6591	0.6628	0.6664	0.6700	0.6736	0.6772	0.6808	0.6844	0.6879
0.5	0.6915	0.6950	0.6985	0.7019	0.7054	0.7088	0.7123	0.7157	0.7190	0.7224
0.6	0.7257	0.7291	0.7324	0.7357	0.7389	0.7422	0.7454	0.7486	0.7517	0.7549
0.7	0.7580	0.7611	0.7642	0.7673	0.7704	0.7734	0.7764	0.7794	0.7823	0.7852
0.8	0.7881	0.7910	0.7939	0.7967	0.7995	0.8023	0.8051	0.8078	0.8106	0.8133
0.9	0.8159	0.8186	0.8212	0.8238	0.8264	0.8289	0.8315	0.8340	0.8365	0.8389
1	0.8413	0.8438	0.8461	0.8485	0.8508	0.8531	0.8554	0.8577	0.8599	0.8621
1.1	0.8643	0.8665	0.8686	0.8708	0.8729	0.8749	0.8770	0.8790	0.8810	0.8830
1.2	0.8849	0.8869	0.8888	0.8907	0.8925	0.8944	0.8962	0.8980	0.8997	0.9015
1.3	0.9032	0.9049	0.9066	0.9082	0.9099	0.9115	0.9131	0.9147	0.9162	0.9177
1.4	0.9192	0.9207	0.9222	0.9236	0.9251	0.9265	0.9279	0.9292	0.9306	0.9319
1.5	0.9332	0.9345	0.9357	0.9370	0.9382	0.9394	0.9406	0.9418	0.9429	0.9441
1.6	0.9452	0.9463	0.9474	0.9484	0.9495	0.9505	0.9515	0.9525	0.9535	0.9545
1.7	0.9554	0.9564	0.9573	0.9582	0.9591	0.9599	0.9608	0.9616	0.9625	0.9633
1.8	0.9641	0.9649	0.9656	0.9664	0.9671	0.9678	0.9686	0.9693	0.9699	0.9706
1.9	0.9713	0.9719	0.9726	0.9732	0.9738	0.9744	0.9750	0.9756	0.9761	0.9767
2	0.9772	0.9778	0.9783	0.9788	0.9793	0.9798	0.9803	0.9808	0.9812	0.9817
2.1	0.9821	0.9826	0.9830	0.9834	0.9838	0.9842	0.9846	0.9850	0.9854	0.9857
2.2	0.9861	0.9864	0.9868	0.9871	0.9875	0.9878	0.9881	0.9884	0.9887	0.9890
2.3	0.9893	0.9896	0.9898	0.9901	0.9904	0.9906	0.9909	0.9911	0.9913	0.9916
2.4	0.9918	0.9920	0.9922	0.9925	0.9927	0.9929	0.9931	0.9932	0.9934	0.9936
2.5	0.9938	0.9940	0.9941	0.9943	0.9945	0.9946	0.9948	0.9949	0.9951	0.9952
2.6	0.9953	0.9955	0.9956	0.9957	0.9959	0.9960	0.9961	0.9962	0.9963	0.9964
2.7	0.9965	0.9966	0.9967	0.9968	0.9969	0.9970	0.9971	0.9972	0.9973	0.9974
2.8	0.9974	0.9975	0.9976	0.9977	0.9977	0.9978	0.9979	0.9979	0.9980	0.9981
2.9	0.9981	0.9982	0.9982	0.9983	0.9984	0.9984	0.9985	0.9985	0.9986	0.9986
3	0.9987	0.9987	0.9987	0.9988	0.9988	0.9989	0.9989	0.9989	0.9990	0.9990
3.1	0.9990	0.9991	0.9991	0.9991	0.9992	0.9992	0.9992	0.9992	0.9993	0.9993
3.2	0.9993	0.9993	0.9994	0.9994	0.9994	0.9994	0.9994	0.9995	0.9995	0.9995
3.3	0.9995	0.9995	0.9995	0.9996	0.9996	0.9996	0.9996	0.9996	0.9996	0.9997
3.4	0.9997	0.9997	0.9997	0.9997	0.9997	0.9997	0.9997	0.9997	0.9997	0.9998

표 2 카이제곱분포표

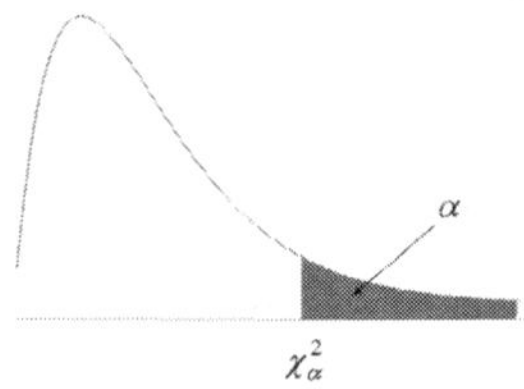

df	α														
	0.995	0.990	0.975	0.950	0.900	0.800	0.700	0.500	0.300	0.200	0.100	0.050	0.025	0.005	0.001
1	0.000	0.000	0.001	0.004	0.016	0.064	0.148	0.455	1.07	1.64	2.71	3.84	5.02	6.63	7.88
2	0.010	0.020	0.051	0.103	0.211	0.446	0.713	1.39	2.41	3.22	4.61	5.99	7.38	9.21	10.60
3	0.072	0.115	0.216	0.352	0.584	1.01	1.42	2.37	3.66	4.64	6.25	7.81	9.35	11.34	12.84
4	0.207	0.297	0.484	0.711	1.06	1.65	2.19	3.36	4.88	5.99	7.78	9.49	11.14	13.28	14.86
5	0.412	0.554	0.831	1.15	1.61	2.34	3.00	4.35	6.06	7.29	9.24	11.07	12.83	15.09	16.75
6	0.676	0.872	1.24	1.64	2.20	3.07	3.83	5.35	7.23	8.56	10.64	12.59	14.45	16.81	18.55
7	0.969	1.24	1.69	2.17	2.83	3.82	4.67	6.35	8.38	9.80	12.02	14.07	16.01	18.48	20.28
8	1.34	1.65	2.18	2.73	3.49	4.59	5.53	7.34	9.52	11.03	13.36	15.51	17.53	20.09	21.96
9	1.73	2.09	2.70	3.33	4.17	5.38	6.39	8.34	10.66	12.24	14.68	16.92	19.02	21.67	23.59
10	2.16	2.56	3.25	3.94	4.87	6.18	7.27	9.34	11.78	13.44	15.99	18.31	20.48	23.21	25.19
11	2.60	3.05	3.82	4.57	5.58	6.99	8.15	10.34	12.90	14.63	17.28	19.68	21.92	24.73	26.76
12	3.07	3.57	4.40	5.23	6.30	7.81	9.03	11.34	14.01	15.81	18.55	21.03	23.34	26.22	28.30
13	3.56	4.11	5.01	5.89	7.04	8.63	9.93	12.34	15.12	16.97	19.81	22.36	24.74	27.69	29.82
14	4.07	4.66	5.63	6.57	7.79	9.47	10.82	13.34	16.22	18.15	21.06	23.68	26.12	29.14	31.32
15	4.60	5.23	6.26	7.06	8.55	10.31	11.72	14.34	17.32	19.31	22.31	25.00	27.49	30.58	32.80
16	5.14	5.81	6.91	7.96	9.31	11.15	12.62	15.34	18.42	20.47	23.54	26.30	28.85	32.00	34.27
17	5.70	6.41	7.56	8.67	10.09	12.00	13.53	16.34	19.51	21.61	24.77	27.59	30.19	33.41	35.72
18	6.26	7.01	8.23	9.39	10.86	12.86	14.44	17.34	20.60	22.76	25.99	28.87	31.53	34.81	37.16
19	6.84	7.63	8.91	10.12	11.65	13.72	15.35	18.34	21.69	23.90	27.20	30.14	32.85	36.19	38.58
20	7.43	8.26	9.59	10.85	12.44	14.58	16.27	19.34	22.77	25.04	28.41	31.41	34.17	37.57	40.00
21	8.03	8.90	10.28	11.59	13.24	15.44	17.18	20.34	23.86	26.17	29.62	32.67	35.48	38.93	41.10
22	8.64	9.54	10.98	12.34	14.04	16.31	18.10	21.34	24.94	27.30	30.81	33.92	36.78	40.29	42.80
23	9.26	10.20	11.69	13.09	14.85	17.19	19.02	22.34	26.02	28.43	32.01	35.17	38.08	41.64	44.18
24	9.89	10.86	12.40	13.85	15.66	18.06	19.94	23.34	27.10	29.55	33.20	36.42	39.36	42.98	45.56
25	10.52	11.52	13.12	14.61	16.47	18.94	20.87	24.34	28.17	30.68	34.38	37.65	40.65	44.31	46.93
26	11.16	12.20	13.84	15.38	17.29	19.82	21.79	25.34	29.25	31.79	35.56	38.89	41.92	45.64	48.29
27	11.81	12.88	14.57	16.15	18.11	20.70	22.72	26.34	30.32	32.91	36.74	40.11	43.19	46.96	49.64
28	12.46	13.56	15.31	16.93	18.94	21.59	23.65	27.34	31.39	34.03	37.92	41.34	44.46	48.28	50.99
29	13.12	14.26	16.05	17.71	19.77	22.48	24.58	28.34	32.46	35.15	39.09	42.56	45.72	49.59	52.34
30	13.79	14.95	16.76	18.49	20.60	23.36	25.51	29.34	33.53	36.25	40.26	43.77	46.98	50.89	53.67

표 3 포아송분포표 $\sum_{x=0}^{r} p(x;\mu)$

r	μ								
	0.1	0.2	0.3	0.4	0.5	0.6	0.7	0.8	0.9
0	0.9048	0.8187	0.7408	0.6703	0.6065	0.5488	0.4966	0.4493	0.4066
1	0.9953	0.9825	0.9631	0.9384	0.9098	0.8781	0.8442	0.8088	0.7725
2	0.9998	0.9989	0.9964	0.9921	0.9856	0.9769	0.9659	0.9526	0.9371
3	1.0000	0.9999	0.9997	0.9992	0.9982	0.9966	0.9942	0.9909	0.9865
4		1.0000	1.0000	0.9999	0.9998	0.9996	0.9992	0.9986	0.9977
5				1.0000	1.0000	1.0000	0.9999	0.9998	0.9997
6							1.0000	1.0000	1.0000

r	μ								
	1.0	1.5	2.0	2.5	3.0	3.5	4.0	4.5	5.0
0	0.3679	0.2231	0.1353	0.0821	0.0498	0.0302	0.0183	0.0111	0.0067
1	0.7358	0.5578	0.4060	0.2873	0.1991	0.1359	0.0916	0.0611	0.0404
2	0.9197	0.8088	0.6767	0.5438	0.4232	0.3208	0.2381	0.1736	0.1247
3	0.9810	0.9344	0.8571	0.7576	0.6472	0.5366	0.4335	0.3423	0.2650
4	0.9963	0.9814	0.9473	0.8912	0.8153	0.7254	0.6288	0.5321	0.4405
5	0.9994	0.9955	0.9834	0.9580	0.9161	0.8576	0.7851	0.7029	0.6160
6	0.9999	0.9991	0.9955	0.9858	0.9665	0.9347	0.8893	0.8311	0.7622
7	1.0000	0.9998	0.9989	0.9958	0.9881	0.9733	0.9489	0.9134	0.8666
8		1.0000	0.9998	0.9989	0.9962	0.9901	0.9786	0.9597	0.9319
9			1.0000	0.9997	0.9989	0.9967	0.9919	0.9829	0.9682
10				0.9999	0.9997	0.9990	0.9972	0.9933	0.9863
11				1.0000	0.9999	0.9997	0.9991	0.9976	0.9945
12					1.0000	0.9999	0.9997	0.9992	0.9980
13						1.0000	0.9999	0.9997	0.9993
14							1.0000	0.9999	0.9998
15								1.0000	0.9999
16									1.0000

(계속)

r	μ								
	5.5	6.0	6.5	7.0	7.5	8.0	8.5	9.0	9.5
0	0.0041	0.0025	0.0015	0.0009	0.0006	0.0003	0.0002	0.0001	0.0001
1	0.0266	0.0174	0.0113	0.0073	0.0047	0.0030	0.0019	0.0012	0.0008
2	0.0884	0.0620	0.0430	0.0296	0.0203	0.0138	0.0093	0.0062	0.0042
3	0.2017	0.1512	0.1118	0.0818	0.0591	0.0424	0.0301	0.0212	0.0149
4	0.3575	0.2851	0.2237	0.1730	0.1321	0.0996	0.0744	0.0550	0.0403
5	0.5289	0.4457	0.3690	0.3007	0.2414	0.1912	0.1496	0.1157	0.0885
6	0.6860	0.6063	0.5265	0.4497	0.3782	0.3134	0.2562	0.2068	0.1649
7	0.8095	0.7440	0.6728	0.5987	0.5246	0.4530	0.3856	0.3239	0.2687
8	0.8944	0.8472	0.7916	0.7291	0.6620	0.5925	0.5231	0.4557	0.3918
9	0.9462	0.9161	0.8774	0.8305	0.7764	0.7166	0.6530	0.5874	0.5218
10	0.9747	0.9574	0.9332	0.9015	0.8622	0.8159	0.7634	0.7060	0.6453
11	0.9890	0.9799	0.9661	0.9467	0.9208	0.8881	0.8487	0.8030	0.7520
12	0.9955	0.9912	0.9840	0.9730	0.9573	0.9362	0.9091	0.8758	0.8364
13	0.9983	0.9964	0.9929	0.9872	0.9784	0.9658	0.9486	0.9261	0.8981
14	0.9994	0.9986	0.9970	0.9943	0.9897	0.9827	0.9726	0.9585	0.9400
15	0.9998	0.9995	0.9988	0.9976	0.9954	0.9918	0.9862	0.9780	0.9665
16	0.9999	0.9998	0.9996	0.9990	0.9980	0.9963	0.9934	0.9889	0.9823
17	1.0000	0.9999	0.9998	0.9996	0.9992	0.9984	0.9970	0.9947	0.9911
18		1.0000	0.9999	0.9999	0.9997	0.9993	0.9987	0.9976	0.9957
19			1.0000	1.0000	0.9999	0.9997	0.9995	0.9989	0.9980
20					1.0000	0.9999	0.9998	0.9996	0.9991
21						1.0000	0.9999	0.9998	0.9996
22							1.0000	0.9999	0.9999
23								1.0000	0.9999
24									1.0000

(계속)

r	μ								
	10.0	11.0	12.0	13.0	14.0	15.0	16.0	17.0	18.0
0	0.0000	0.0000	0.0000						
1	0.0005	0.0002	0.0001	0.0000	0.0000				
2	0.0028	0.0012	0.0005	0.0002	0.0001	0.0000	0.0000		
3	0.0103	0.0049	0.0023	0.0011	0.0005	0.0002	0.0001	0.0000	0.0000
4	0.0293	0.0151	0.0076	0.0037	0.0018	0.0009	0.0004	0.0002	0.0001
5	0.0671	0.0375	0.0203	0.0107	0.0055	0.0028	0.0014	0.0007	0.0003
6	0.1301	0.0786	0.0458	0.0259	0.0142	0.0076	0.0040	0.0021	0.0010
7	0.2202	0.1432	0.0895	0.0540	0.0316	0.0180	0.0100	0.0054	0.0029
8	0.3328	0.2320	0.1550	0.0998	0.0621	0.0374	0.0220	0.0126	0.0071
9	0.4579	0.3405	0.2424	0.1658	0.1094	0.0699	0.0433	0.0261	0.0154
10	0.5830	0.4599	0.3472	0.2517	0.1757	0.1185	0.0774	0.0491	0.0304
11	0.6968	0.5793	0.4616	0.3532	0.2600	0.1848	0.1270	0.0847	0.0549
12	0.7916	0.6887	0.5760	0.4631	0.3585	0.2676	0.1931	0.1350	0.0917
13	0.8645	0.7813	0.6815	0.5730	0.4644	0.3632	0.2745	0.2009	0.1426
14	0.9165	0.8540	0.7720	0.6751	0.5704	0.4657	0.3675	0.2808	0.2081
15	0.9513	0.9074	0.8444	0.7636	0.6694	0.5681	0.4667	0.3715	0.2867
16	0.9730	0.9441	0.8987	0.8355	0.7559	0.6641	0.5660	0.4677	0.3751
17	0.9857	0.9678	0.9370	0.8905	0.8272	0.7489	0.6593	0.5640	0.4686
18	0.9928	0.9823	0.9626	0.9302	0.8826	0.8195	0.7423	0.6550	0.5622
19	0.9965	0.9907	0.9787	0.9573	0.9235	0.8752	0.8122	0.7363	0.6509
20	0.9984	0.9953	0.9884	0.9750	0.9521	0.9170	0.8682	0.8055	0.7307
21	0.9993	0.9977	0.9939	0.9859	0.9712	0.9469	0.9108	0.8615	0.7991
22	0.9997	0.9990	0.9970	0.9924	0.9833	0.9673	0.9418	0.9047	0.8551
23	0.9999	0.9995	0.9985	0.9960	0.9907	0.9805	0.9633	0.9367	0.8989
24	1.0000	0.9998	0.9993	0.9980	0.9950	0.9888	0.9777	0.9594	0.9317
25		0.9999	0.9997	0.9990	0.9974	0.9938	0.9869	0.9748	0.9554
26		1.0000	0.9999	0.9995	0.9987	0.9967	0.9925	0.9848	0.9718
27			0.9999	0.9998	0.9994	0.9983	0.9959	0.9912	0.9827
28			1.0000	0.9999	0.9997	0.9991	0.9978	0.9950	0.9897
29				1.0000	0.9999	0.9996	0.9989	0.9973	0.9941
30					0.9999	0.9998	0.9994	0.9986	0.9967
31					1.0000	0.9999	0.9997	0.9993	0.9982
32						1.0000	0.9999	0.9996	0.9990
33							0.9999	0.9998	0.9995
34							1.0000	0.9999	0.9998
35								1.0000	0.9999
36									0.9999
37									1.0000

표 4 Student t 분포표

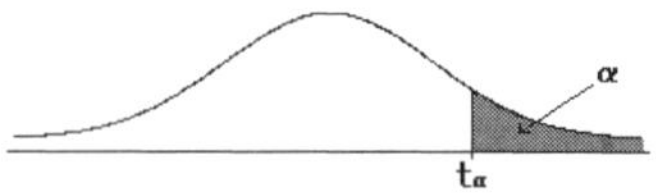

df	α										
	0.001	0.005	0.01	0.025	0.05	0.1	0.15	0.2	0.3	0.4	0.5
1	318.309	63.6567	31.8205	12.7062	6.3138	3.0777	1.9626	1.3764	0.7265	0.3249	0.0000
2	22.3271	9.9248	6.9646	4.3027	2.9200	1.8856	1.3862	1.0607	0.6172	0.2887	0.0000
3	10.2145	5.8409	4.5407	3.1824	2.3534	1.6377	1.2498	0.9785	0.5844	0.2767	0.0000
4	7.1732	4.6041	3.7469	2.7764	2.1318	1.5332	1.1896	0.9410	0.5686	0.2707	0.0000
5	5.8934	4.0321	3.3649	2.5706	2.0150	1.4759	1.1558	0.9195	0.5594	0.2672	0.0000
6	5.2076	3.7074	3.1427	2.4469	1.9432	1.4398	1.1342	0.9057	0.5534	0.2648	0.0000
7	4.7853	3.4995	2.9980	2.3646	1.8946	1.4149	1.1192	0.8960	0.5491	0.2632	0.0000
8	4.5008	3.3554	2.8965	2.3060	1.8595	1.3968	1.1081	0.8889	0.5459	0.2619	0.0000
9	4.2968	3.2498	2.8214	2.2622	1.8331	1.3830	1.0997	0.8834	0.5435	0.2610	0.0000
10	4.1437	3.1693	2.7638	2.2281	1.8125	1.3722	1.0931	0.8791	0.5415	0.2602	0.0000
11	4.0247	3.1058	2.7181	2.2010	1.7959	1.3634	1.0877	0.8755	0.5399	0.2596	0.0000
12	3.9296	3.0545	2.6810	2.1788	1.7823	1.3562	1.0832	0.8726	0.5386	0.2590	0.0000
13	3.8520	3.0123	2.6503	2.1604	1.7709	1.3502	1.0795	0.8702	0.5375	0.2586	0.0000
14	3.7874	2.9768	2.6245	2.1448	1.7613	1.3450	1.0763	0.8681	0.5366	0.2582	0.0000
15	3.7328	2.9467	2.6025	2.1314	1.7531	1.3406	1.0735	0.8662	0.5357	0.2579	0.0000
16	3.6862	2.9208	2.5835	2.1199	1.7459	1.3368	1.0711	0.8647	0.5350	0.2576	0.0000
17	3.6458	2.8982	2.5669	2.1098	1.7396	1.3334	1.0690	0.8633	0.5344	0.2573	0.0000
18	3.6105	2.8784	2.5524	2.1009	1.7341	1.3304	1.0672	0.8620	0.5338	0.2571	0.0000
19	3.5794	2.8609	2.5395	2.0930	1.7291	1.3277	1.0655	0.8610	0.5333	0.2569	0.0000
20	3.5518	2.8453	2.5280	2.0860	1.7247	1.3253	1.0640	0.8600	0.5329	0.2567	0.0000
21	3.5272	2.8314	2.5176	2.0796	1.7207	1.3232	1.0627	0.8591	0.5325	0.2566	0.0000
22	3.5050	2.8188	2.5083	2.0739	1.7171	1.3212	1.0614	0.8583	0.5321	0.2564	0.0000
23	3.4850	2.8073	2.4999	2.0687	1.7139	1.3195	1.0603	0.8575	0.5317	0.2563	0.0000
24	3.4668	2.7969	2.4922	2.0639	1.7109	1.3178	1.0593	0.8569	0.5314	0.2562	0.0000
25	3.4502	2.7874	2.4851	2.0595	1.7081	1.3163	1.0584	0.8562	0.5312	0.2561	0.0000
26	3.4350	2.7787	2.4786	2.0555	1.7056	1.3150	1.0575	0.8557	0.5309	0.2560	0.0000
27	3.4210	2.7707	2.4727	2.0518	1.7033	1.3137	1.0567	0.8551	0.5306	0.2559	0.0000
28	3.4082	2.7633	2.4671	2.0484	1.7011	1.3125	1.0560	0.8546	0.5304	0.2558	0.0000
29	3.3962	2.7564	2.4620	2.0452	1.6991	1.3114	1.0553	0.8542	0.5302	0.2557	0.0000
30	3.3852	2.7500	2.4573	2.0423	1.6973	1.3104	1.0547	0.8538	0.5300	0.2556	0.0000
35	3.3400	2.7238	2.4377	2.0301	1.6896	1.3062	1.0520	0.8520	0.5292	0.2553	0.0000
40	3.3069	2.7045	2.4233	2.0211	1.6839	1.3031	1.0500	0.8507	0.5286	0.2550	0.0000
45	3.2815	2.6896	2.4121	2.0141	1.6794	1.3006	1.0485	0.8497	0.5281	0.2549	0.0000
50	3.2614	2.6778	2.4033	2.0086	1.6759	1.2987	1.0473	0.8489	0.5278	0.2547	0.0000
60	3.2317	2.6603	2.3901	2.0003	1.6706	1.2958	1.0455	0.8477	0.5272	0.2545	0.0000
80	3.1953	2.6387	2.3739	1.9901	1.6641	1.2922	1.0432	0.8461	0.5265	0.2542	0.0000
100	3.1737	2.6259	2.3642	1.9840	1.6602	1.2901	1.0418	0.8452	0.5261	0.2540	0.0000
120	3.1595	2.6174	2.3578	1.9799	1.6577	1.2886	1.0409	0.8446	0.5258	0.2539	0.0000
∞	3.0910	2.5763	2.3267	1.9602	1.6450	1.2816	1.0365	0.8417	0.5244	0.2534	0.0000

표 5 F 분포표

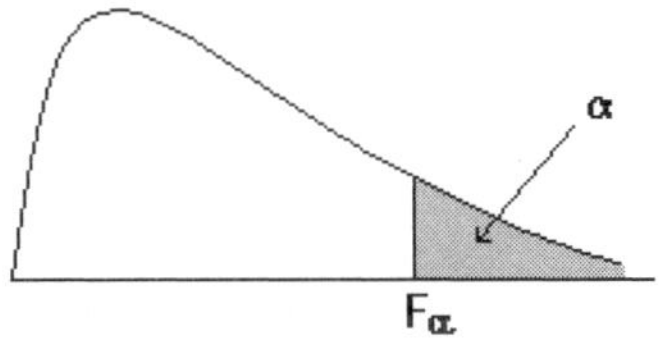

$\alpha = 0.005$

r_2 (분모자유도)	r_1(분자자유도) 1	2	3	4	5	6	7	8	9
1	16210.72	19999.50	21614.74	22499.58	23055.80	23437.11	23714.57	23925.41	24091.00
2	198.5013	199.0000	199.1664	199.2497	199.2996	199.3330	199.3568	199.3746	199.3885
3	55.5520	49.7993	47.4672	46.1946	45.3916	44.8385	44.4341	44.1256	43.8824
4	31.3328	26.2843	24.2591	23.1545	22.4564	21.9746	21.6217	21.3520	21.1391
5	22.7848	18.3138	16.5298	15.5561	14.9396	14.5133	14.2004	13.9610	13.7716
6	18.6350	14.5441	12.9166	12.0275	11.4637	11.0730	10.7859	10.5658	10.3915
7	16.2356	12.4040	10.8824	10.0505	9.5221	9.1553	8.8854	8.6781	8.5138
8	14.6882	11.0424	9.5965	8.8051	8.3018	7.9520	7.6941	7.4959	7.3386
9	13.6136	10.1067	8.7171	7.9559	7.4712	7.1339	6.8849	6.6933	6.5411
10	12.8265	9.4270	8.0807	7.3428	6.8724	6.5446	6.3025	6.1159	5.9676
11	12.2263	8.9122	7.6004	6.8809	6.4217	6.1016	5.8648	5.6821	5.5368
12	11.7542	8.5096	7.2258	6.5211	6.0711	5.7570	5.5245	5.3451	5.2021
13	11.3735	8.1865	6.9258	6.2335	5.7910	5.4819	5.2529	5.0761	4.9351
14	11.0603	7.9216	6.6804	5.9984	5.5623	5.2574	5.0313	4.8566	4.7173
15	10.7980	7.7008	6.4760	5.8029	5.3721	5.0708	4.8473	4.6744	4.5364
16	10.5755	7.5138	6.3034	5.6378	5.2117	4.9134	4.6920	4.5207	4.3838
17	10.3842	7.3536	6.1556	5.4967	5.0746	4.7789	4.5594	4.3894	4.2535
18	10.2181	7.2148	6.0278	5.3746	4.9560	4.6627	4.4448	4.2759	4.1410
19	10.0725	7.0935	5.9161	5.2681	4.8526	4.5614	4.3448	4.1770	4.0428
20	9.9439	6.9865	5.8177	5.1743	4.7616	4.4721	4.2569	4.0900	3.9564
21	9.8295	6.8914	5.7304	5.0911	4.6809	4.3931	4.1789	4.0128	3.8799
22	9.7271	6.8064	5.6524	5.0168	4.6088	4.3225	4.1094	3.9440	3.8116
23	9.6348	6.7300	5.5823	4.9500	4.5441	4.2591	4.0469	3.8822	3.7502
24	9.5513	6.6609	5.5190	4.8898	4.4857	4.2019	3.9905	3.8264	3.6949
25	9.4753	6.5982	5.4615	4.8351	4.4327	4.1500	3.9394	3.7758	3.6447
26	9.4059	6.5409	5.4091	4.7852	4.3844	4.1027	3.8928	3.7297	3.5989
27	9.3423	6.4885	5.3611	4.7396	4.3402	4.0594	3.8501	3.6875	3.5571
28	9.2838	6.4403	5.3170	4.6977	4.2996	4.0197	3.8110	3.6487	3.5186
29	9.2297	6.3958	5.2764	4.6591	4.2622	3.9831	3.7749	3.6131	3.4832
30	9.1797	6.3547	5.2388	4.6234	4.2276	3.9492	3.7416	3.5801	3.4505
40	8.8279	6.0664	4.9758	4.3738	3.9860	3.7129	3.5088	3.3498	3.2220
60	8.4946	5.7950	4.7290	4.1399	3.7599	3.4918	3.2911	3.1344	3.0083
120	8.1788	5.5393	4.4972	3.9207	3.5482	3.2849	3.0874	2.9330	2.8083
∞	7.8829	5.3011	4.2819	3.7175	3.3522	3.0935	2.8990	2.7466	2.6232

	r_1(분자자유도)									
	10	12	15	20	24	30	40	60	120	∞
r_2 (분모 자유도)										
1	24224.49	24426.37	24630.21	24835.97	24939.57	25043.63	25148.15	25253.14	25358.57	25451.73
2	199.3996	199.4163	199.4329	199.4496	199.4579	199.4663	199.4746	199.4829	199.4912	199.4986
3	43.6858	43.3874	43.0847	42.7775	42.6222	42.4658	42.3082	42.1494	41.9895	41.8477
4	20.9667	20.7047	20.4383	20.1673	20.0300	19.8915	19.7518	19.6107	19.4684	19.3420
5	13.6182	13.3845	13.1463	12.9035	12.7802	12.6556	12.5297	12.4024	12.2737	12.1592
6	10.2500	10.0343	9.8140	9.5888	9.4742	9.3582	9.2408	9.1219	9.0015	8.8941
7	8.3803	8.1764	7.9678	7.7540	7.6450	7.5345	7.4224	7.3088	7.1933	7.0902
8	7.2106	7.0149	6.8143	6.6082	6.5029	6.3961	6.2875	6.1772	6.0649	5.9644
9	6.4172	6.2274	6.0325	5.8318	5.7292	5.6248	5.5186	5.4104	5.3001	5.2012
10	5.8467	5.6613	5.4707	5.2740	5.1732	5.0706	4.9659	4.8592	4.7501	4.6521
11	5.4183	5.2363	5.0489	4.8552	4.7557	4.6543	4.5508	4.4450	4.3367	4.2390
12	5.0855	4.9062	4.7213	4.5299	4.4314	4.3309	4.2282	4.1229	4.0149	3.9174
13	4.8199	4.6429	4.4600	4.2703	4.1726	4.0727	3.9704	3.8655	3.7577	3.6601
14	4.6034	4.4281	4.2468	4.0585	3.9614	3.8619	3.7600	3.6552	3.5473	3.4494
15	4.4235	4.2497	4.0698	3.8826	3.7859	3.6867	3.5850	3.4803	3.3722	3.2739
16	4.2719	4.0994	3.9205	3.7342	3.6378	3.5389	3.4372	3.3324	3.2240	3.1253
17	4.1424	3.9709	3.7929	3.6073	3.5112	3.4124	3.3108	3.2058	3.0971	2.9978
18	4.0305	3.8599	3.6827	3.4977	3.4017	3.3030	3.2014	3.0962	2.9871	2.8871
19	3.9329	3.7631	3.5866	3.4020	3.3062	3.2075	3.1058	3.0004	2.8908	2.7902
20	3.8470	3.6779	3.5020	3.3178	3.2220	3.1234	3.0215	2.9159	2.8058	2.7046
21	3.7709	3.6024	3.4270	3.2431	3.1474	3.0488	2.9467	2.8408	2.7302	2.6283
22	3.7030	3.5350	3.3600	3.1764	3.0807	2.9821	2.8799	2.7736	2.6625	2.5599
23	3.6420	3.4745	3.2999	3.1165	3.0208	2.9221	2.8197	2.7132	2.6015	2.4982
24	3.5870	3.4199	3.2456	3.0624	2.9667	2.8679	2.7654	2.6585	2.5463	2.4423
25	3.5370	3.3704	3.1963	3.0133	2.9176	2.8187	2.7160	2.6088	2.4961	2.3913
26	3.4916	3.3252	3.1515	2.9685	2.8728	2.7738	2.6709	2.5633	2.4501	2.3446
27	3.4499	3.2839	3.1104	2.9275	2.8318	2.7327	2.6296	2.5217	2.4079	2.3017
28	3.4117	3.2460	3.0727	2.8899	2.7941	2.6949	2.5916	2.4834	2.3690	2.2621
29	3.3765	3.2110	3.0379	2.8551	2.7594	2.6600	2.5565	2.4479	2.3331	2.2254
30	3.3440	3.1787	3.0057	2.8230	2.7272	2.6278	2.5241	2.4151	2.2998	2.1914
40	3.1167	2.9531	2.7811	2.5984	2.5020	2.4015	2.2958	2.1838	2.0636	1.9483
60	2.9042	2.7419	2.5705	2.3872	2.2898	2.1874	2.0789	1.9622	1.8341	1.7073
120	2.7052	2.5439	2.3727	2.1881	2.0890	1.9840	1.8709	1.7469	1.6055	1.4550
∞	2.5210	2.3605	2.1889	2.0020	1.9005	1.7914	1.6715	1.5351	1.3668	1.1256

$\alpha = 0.01$

r_2 (분모 자유도)	r_1(분자자유도)								
	1	2	3	4	5	6	7	8	9
1	4052.181	4999.500	5403.352	5624.583	5763.650	5858.986	5928.356	5981.070	6022.473
2	98.5025	99.0000	99.1662	99.2494	99.2993	99.3326	99.3564	99.3742	99.3881
3	34.1162	30.8165	29.4567	28.7099	28.2371	27.9107	27.6717	27.4892	27.3452
4	21.1977	18.0000	16.6944	15.9770	15.5219	15.2069	14.9758	14.7989	14.6591
5	16.2582	13.2739	12.0600	11.3919	10.9670	10.6723	10.4555	10.2893	10.1578
6	13.7450	10.9248	9.7795	9.1483	8.7459	8.4661	8.2600	8.1017	7.9761
7	12.2464	9.5466	8.4513	7.8466	7.4604	7.1914	6.9928	6.8400	6.7188
8	11.2586	8.6491	7.5910	7.0061	6.6318	6.3707	6.1776	6.0289	5.9106
9	10.5614	8.0215	6.9919	6.4221	6.0569	5.8018	5.6129	5.4671	5.3511
10	10.0443	7.5594	6.5523	5.9943	5.6363	5.3858	5.2001	5.0567	4.9424
11	9.6460	7.2057	6.2167	5.6683	5.3160	5.0692	4.8861	4.7445	4.6315
12	9.3302	6.9266	5.9525	5.4120	5.0643	4.8206	4.6395	4.4994	4.3875
13	9.0738	6.7010	5.7394	5.2053	4.8616	4.6204	4.4410	4.3021	4.1911
14	8.8616	6.5149	5.5639	5.0354	4.6950	4.4558	4.2779	4.1399	4.0297
15	8.6831	6.3589	5.4170	4.8932	4.5556	4.3183	4.1415	4.0045	3.8948
16	8.5310	6.2262	5.2922	4.7726	4.4374	4.2016	4.0259	3.8896	3.7804
17	8.3997	6.1121	5.1850	4.6690	4.3359	4.1015	3.9267	3.7910	3.6822
18	8.2854	6.0129	5.0919	4.5790	4.2479	4.0146	3.8406	3.7054	3.5971
19	8.1849	5.9259	5.0103	4.5003	4.1708	3.9386	3.7653	3.6305	3.5225
20	8.0960	5.8489	4.9382	4.4307	4.1027	3.8714	3.6987	3.5644	3.4567
21	8.0166	5.7804	4.8740	4.3688	4.0421	3.8117	3.6396	3.5056	3.3981
22	7.9454	5.7190	4.8166	4.3134	3.9880	3.7583	3.5867	3.4530	3.3458
23	7.8811	5.6637	4.7649	4.2636	3.9392	3.7102	3.5390	3.4057	3.2986
24	7.8229	5.6136	4.7181	4.2184	3.8951	3.6667	3.4959	3.3629	3.2560
25	7.7698	5.5680	4.6755	4.1774	3.8550	3.6272	3.4568	3.3239	3.2172
26	7.7213	5.5263	4.6366	4.1400	3.8183	3.5911	3.4210	3.2884	3.1818
27	7.6767	5.4881	4.6009	4.1056	3.7848	3.5580	3.3882	3.2558	3.1494
28	7.6356	5.4529	4.5681	4.0740	3.7539	3.5276	3.3581	3.2259	3.1195
29	7.5977	5.4204	4.5378	4.0449	3.7254	3.4995	3.3303	3.1982	3.0920
30	7.5625	5.3903	4.5097	4.0179	3.6990	3.4735	3.3045	3.1726	3.0665
40	7.3141	5.1785	4.3126	3.8283	3.5138	3.2910	3.1238	2.9930	2.8876
60	7.0771	4.9774	4.1259	3.6490	3.3389	3.1187	2.9530	2.8233	2.7185
120	6.8509	4.7865	3.9491	3.4795	3.1735	2.9559	2.7918	2.6629	2.5586
∞	6.6374	4.6073	3.7836	3.3210	3.0191	2.8038	2.6411	2.5130	2.4091

	r_1(분자자유도)									
	10	12	15	20	24	30	40	60	120	∞
r_2 (분모 자유도)										
1	6055.847	6106.321	6157.285	6208.730	6234.631	6260.649	6286.782	6313.030	6339.391	6362.682
2	99.3992	99.4159	99.4325	99.4492	99.4575	99.4658	99.4742	99.4825	99.4908	99.4982
3	27.2287	27.0518	26.8722	26.6898	26.5975	26.5045	26.4108	26.3164	26.2211	26.1367
4	14.5459	14.3736	14.1982	14.0196	13.9291	13.8377	13.7454	13.6522	13.5581	13.4745
5	10.0510	9.8883	9.7222	9.5526	9.4665	9.3793	9.2912	9.2020	9.1118	9.0314
6	7.8741	7.7183	7.5590	7.3958	7.3127	7.2285	7.1432	7.0567	6.9690	6.8908
7	6.6201	6.4691	6.3143	6.1554	6.0743	5.9920	5.9084	5.8236	5.7373	5.6601
8	5.8143	5.6667	5.5151	5.3591	5.2793	5.1981	5.1156	5.0316	4.9461	4.8694
9	5.2565	5.1114	4.9621	4.8080	4.7290	4.6486	4.5666	4.4831	4.3978	4.3211
10	4.8491	4.7059	4.5581	4.4054	4.3269	4.2469	4.1653	4.0819	3.9965	3.9196
11	4.5393	4.3974	4.2509	4.0990	4.0209	3.9411	3.8596	3.7761	3.6904	3.6131
12	4.2961	4.1553	4.0096	3.8584	3.7805	3.7008	3.6192	3.5355	3.4494	3.3716
13	4.1003	3.9603	3.8154	3.6646	3.5868	3.5070	3.4253	3.3413	3.2548	3.1763
14	3.9394	3.8001	3.6557	3.5052	3.4274	3.3476	3.2656	3.1813	3.0942	3.0150
15	3.8049	3.6662	3.5222	3.3719	3.2940	3.2141	3.1319	3.0471	2.9595	2.8795
16	3.6909	3.5527	3.4089	3.2587	3.1808	3.1007	3.0182	2.9330	2.8447	2.7641
17	3.5931	3.4552	3.3117	3.1615	3.0835	3.0032	2.9205	2.8348	2.7459	2.6644
18	3.5082	3.3706	3.2273	3.0771	2.9990	2.9185	2.8354	2.7493	2.6597	2.5775
19	3.4338	3.2965	3.1533	3.0031	2.9249	2.8442	2.7608	2.6742	2.5839	2.5009
20	3.3682	3.2311	3.0880	2.9377	2.8594	2.7785	2.6947	2.6077	2.5168	2.4329
21	3.3098	3.1730	3.0300	2.8796	2.8010	2.7200	2.6359	2.5484	2.4568	2.3722
22	3.2576	3.1209	2.9779	2.8274	2.7488	2.6675	2.5831	2.4951	2.4029	2.3175
23	3.2106	3.0740	2.9311	2.7805	2.7017	2.6202	2.5355	2.4471	2.3542	2.2680
24	3.1681	3.0316	2.8887	2.7380	2.6591	2.5773	2.4923	2.4035	2.3100	2.2230
25	3.1294	2.9931	2.8502	2.6993	2.6203	2.5383	2.4530	2.3637	2.2696	2.1818
26	3.0941	2.9578	2.8150	2.6640	2.5848	2.5026	2.4170	2.3273	2.2325	2.1440
27	3.0618	2.9256	2.7827	2.6316	2.5522	2.4699	2.3840	2.2938	2.1985	2.1092
28	3.0320	2.8959	2.7530	2.6017	2.5223	2.4397	2.3535	2.2629	2.1670	2.0769
29	3.0045	2.8685	2.7256	2.5742	2.4946	2.4118	2.3253	2.2344	2.1379	2.0471
30	2.9791	2.8431	2.7002	2.5487	2.4689	2.3860	2.2992	2.2079	2.1108	2.0192
40	2.8005	2.6648	2.5216	2.3689	2.2880	2.2034	2.1142	2.0194	1.9172	1.8189
60	2.6318	2.4961	2.3523	2.1978	2.1154	2.0285	1.9360	1.8363	1.7263	1.6169
120	2.4721	2.3363	2.1915	2.0346	1.9500	1.8600	1.7628	1.6557	1.5330	1.4015
∞	2.3227	2.1865	2.0403	1.8801	1.7927	1.6983	1.5943	1.4752	1.3273	1.1129

$\alpha = 0.025$

	r_1(분자자유도)								
	1	2	3	4	5	6	7	8	9
r_2 (분모 자유도)									
1	647.7890	799.5000	864.1630	899.5833	921.8479	937.1111	948.2169	956.6562	963.2846
2	38.5063	39.0000	39.1655	39.2484	39.2982	39.3315	39.3552	39.3730	39.3869
3	17.4434	16.0441	15.4392	15.1010	14.8848	14.7347	14.6244	14.5399	14.4731
4	12.2179	10.6491	9.9792	9.6045	9.3645	9.1973	9.0741	8.9796	8.9047
5	10.0070	8.4336	7.7636	7.3879	7.1464	6.9777	6.8531	6.7572	6.6811
6	8.8131	7.2599	6.5988	6.2272	5.9876	5.8198	5.6955	5.5996	5.5234
7	8.0727	6.5415	5.8898	5.5226	5.2852	5.1186	4.9949	4.8993	4.8232
8	7.5709	6.0595	5.4160	5.0526	4.8173	4.6517	4.5286	4.4333	4.3572
9	7.2093	5.7147	5.0781	4.7181	4.4844	4.3197	4.1970	4.1020	4.0260
10	6.9367	5.4564	4.8256	4.4683	4.2361	4.0721	3.9498	3.8549	3.7790
11	6.7241	5.2559	4.6300	4.2751	4.0440	3.8807	3.7586	3.6638	3.5879
12	6.5538	5.0959	4.4742	4.1212	3.8911	3.7283	3.6065	3.5118	3.4358
13	6.4143	4.9653	4.3472	3.9959	3.7667	3.6043	3.4827	3.3880	3.3120
14	6.2979	4.8567	4.2417	3.8919	3.6634	3.5014	3.3799	3.2853	3.2093
15	6.1995	4.7650	4.1528	3.8043	3.5764	3.4147	3.2934	3.1987	3.1227
16	6.1151	4.6867	4.0768	3.7294	3.5021	3.3406	3.2194	3.1248	3.0488
17	6.0420	4.6189	4.0112	3.6648	3.4379	3.2767	3.1556	3.0610	2.9849
18	5.9781	4.5597	3.9539	3.6083	3.3820	3.2209	3.0999	3.0053	2.9291
19	5.9216	4.5075	3.9034	3.5587	3.3327	3.1718	3.0509	2.9563	2.8801
20	5.8715	4.4613	3.8587	3.5147	3.2891	3.1283	3.0074	2.9128	2.8365
21	5.8266	4.4199	3.8188	3.4754	3.2501	3.0895	2.9686	2.8740	2.7977
22	5.7863	4.3828	3.7829	3.4401	3.2151	3.0546	2.9338	2.8392	2.7628
23	5.7498	4.3492	3.7505	3.4083	3.1835	3.0232	2.9023	2.8077	2.7313
24	5.7166	4.3187	3.7211	3.3794	3.1548	2.9946	2.8738	2.7791	2.7027
25	5.6864	4.2909	3.6943	3.3530	3.1287	2.9685	2.8478	2.7531	2.6766
26	5.6586	4.2655	3.6697	3.3289	3.1048	2.9447	2.8240	2.7293	2.6528
27	5.6331	4.2421	3.6472	3.3067	3.0828	2.9228	2.8021	2.7074	2.6309
28	5.6096	4.2205	3.6264	3.2863	3.0626	2.9027	2.7820	2.6872	2.6106
29	5.5878	4.2006	3.6072	3.2674	3.0438	2.8840	2.7633	2.6686	2.5919
30	5.5675	4.1821	3.5894	3.2499	3.0265	2.8667	2.7460	2.6513	2.5746
40	5.4239	4.0510	3.4633	3.1261	2.9037	2.7444	2.6238	2.5289	2.4519
60	5.2856	3.9253	3.3425	3.0077	2.7863	2.6274	2.5068	2.4117	2.3344
120	5.1523	3.8046	3.2269	2.8943	2.6740	2.5154	2.3948	2.2994	2.2217
∞	5.0254	3.6902	3.1174	2.7871	2.5678	2.4095	2.2888	2.1931	2.1149

r_2 (분모 자유도)	r_1(분자자유도) 10	12	15	20	24	30	40	60	120	∞
1	968.6274	976.7079	984.8668	993.1028	997.2492	1001.414	1005.598	1009.800	1014.020	1017.749
2	39.3980	39.4146	39.4313	39.4479	39.4562	39.4646	39.4729	39.4812	39.4896	39.4969
3	14.4189	14.3366	14.2527	14.1674	14.1241	14.0805	14.0365	13.9921	13.9473	13.9075
4	8.8439	8.7512	8.6565	8.5599	8.5109	8.4613	8.4111	8.3604	8.3092	8.2636
5	6.6192	6.5245	6.4277	6.3286	6.2780	6.2269	6.1750	6.1225	6.0693	6.0218
6	5.4613	5.3662	5.2687	5.1684	5.1172	5.0652	5.0125	4.9589	4.9044	4.8558
7	4.7611	4.6658	4.5678	4.4667	4.4150	4.3624	4.3089	4.2544	4.1989	4.1492
8	4.2951	4.1997	4.1012	3.9995	3.9472	3.8940	3.8398	3.7844	3.7279	3.6772
9	3.9639	3.8682	3.7694	3.6669	3.6142	3.5604	3.5055	3.4493	3.3918	3.3400
10	3.7168	3.6209	3.5217	3.4185	3.3654	3.3110	3.2554	3.1984	3.1399	3.0871
11	3.5257	3.4296	3.3299	3.2261	3.1725	3.1176	3.0613	3.0035	2.9441	2.8902
12	3.3736	3.2773	3.1772	3.0728	3.0187	2.9633	2.9063	2.8478	2.7874	2.7325
13	3.2497	3.1532	3.0527	2.9477	2.8932	2.8372	2.7797	2.7204	2.6590	2.6032
14	3.1469	3.0502	2.9493	2.8437	2.7888	2.7324	2.6742	2.6142	2.5519	2.4951
15	3.0602	2.9633	2.8621	2.7559	2.7006	2.6437	2.5850	2.5242	2.4611	2.4034
16	2.9862	2.8890	2.7875	2.6808	2.6252	2.5678	2.5085	2.4471	2.3831	2.3245
17	2.9222	2.8249	2.7230	2.6158	2.5598	2.5020	2.4422	2.3801	2.3153	2.2558
18	2.8664	2.7689	2.6667	2.5590	2.5027	2.4445	2.3842	2.3214	2.2558	2.1954
19	2.8172	2.7196	2.6171	2.5089	2.4523	2.3937	2.3329	2.2696	2.2032	2.1419
20	2.7737	2.6758	2.5731	2.4645	2.4076	2.3486	2.2873	2.2234	2.1562	2.0941
21	2.7348	2.6368	2.5338	2.4247	2.3675	2.3082	2.2465	2.1819	2.1141	2.0511
22	2.6998	2.6017	2.4984	2.3890	2.3315	2.2718	2.2097	2.1446	2.0760	2.0122
23	2.6682	2.5699	2.4665	2.3567	2.2989	2.2389	2.1763	2.1107	2.0415	1.9769
24	2.6396	2.5411	2.4374	2.3273	2.2693	2.2090	2.1460	2.0799	2.0099	1.9445
25	2.6135	2.5149	2.4110	2.3005	2.2422	2.1816	2.1183	2.0516	1.9811	1.9149
26	2.5896	2.4908	2.3867	2.2759	2.2174	2.1565	2.0928	2.0257	1.9545	1.8876
27	2.5676	2.4688	2.3644	2.2533	2.1946	2.1334	2.0693	2.0018	1.9299	1.8623
28	2.5473	2.4484	2.3438	2.2324	2.1735	2.1121	2.0477	1.9797	1.9072	1.8389
29	2.5286	2.4295	2.3248	2.2131	2.1540	2.0923	2.0276	1.9591	1.8861	1.8170
30	2.5112	2.4120	2.3072	2.1952	2.1359	2.0739	2.0089	1.9400	1.8664	1.7967
40	2.3882	2.2882	2.1819	2.0677	2.0069	1.9429	1.8752	1.8028	1.7242	1.6481
60	2.2702	2.1692	2.0613	1.9445	1.8817	1.8152	1.7440	1.6668	1.5810	1.4950
120	2.1570	2.0548	1.9450	1.8249	1.7597	1.6899	1.6141	1.5299	1.4327	1.3273
∞	2.0496	1.9460	1.8339	1.7099	1.6416	1.5675	1.4851	1.3900	1.2706	1.0944

$\alpha = 0.05$

	r_1(분자자유도)								
	1	2	3	4	5	6	7	8	9
r_2 (분모 자유도)									
1	161.4476	199.5000	215.7073	224.5832	230.1619	233.9860	236.7684	238.8827	240.5433
2	18.5128	19.0000	19.1643	19.2468	19.2964	19.3295	19.3532	19.3710	19.3848
3	10.1280	9.5521	9.2766	9.1172	9.0135	8.9406	8.8867	8.8452	8.8123
4	7.7086	6.9443	6.5914	6.3882	6.2561	6.1631	6.0942	6.0410	5.9988
5	6.6079	5.7861	5.4095	5.1922	5.0503	4.9503	4.8759	4.8183	4.7725
6	5.9874	5.1433	4.7571	4.5337	4.3874	4.2839	4.2067	4.1468	4.0990
7	5.5914	4.7374	4.3468	4.1203	3.9715	3.8660	3.7870	3.7257	3.6767
8	5.3177	4.4590	4.0662	3.8379	3.6875	3.5806	3.5005	3.4381	3.3881
9	5.1174	4.2565	3.8625	3.6331	3.4817	3.3738	3.2927	3.2296	3.1789
10	4.9646	4.1028	3.7083	3.4780	3.3258	3.2172	3.1355	3.0717	3.0204
11	4.8443	3.9823	3.5874	3.3567	3.2039	3.0946	3.0123	2.9480	2.8962
12	4.7472	3.8853	3.4903	3.2592	3.1059	2.9961	2.9134	2.8486	2.7964
13	4.6672	3.8056	3.4105	3.1791	3.0254	2.9153	2.8321	2.7669	2.7144
14	4.6001	3.7389	3.3439	3.1122	2.9582	2.8477	2.7642	2.6987	2.6458
15	4.5431	3.6823	3.2874	3.0556	2.9013	2.7905	2.7066	2.6408	2.5876
16	4.4940	3.6337	3.2389	3.0069	2.8524	2.7413	2.6572	2.5911	2.5377
17	4.4513	3.5915	3.1968	2.9647	2.8100	2.6987	2.6143	2.5480	2.4943
18	4.4139	3.5546	3.1599	2.9277	2.7729	2.6613	2.5767	2.5102	2.4563
19	4.3807	3.5219	3.1274	2.8951	2.7401	2.6283	2.5435	2.4768	2.4227
20	4.3512	3.4928	3.0984	2.8661	2.7109	2.5990	2.5140	2.4471	2.3928
21	4.3248	3.4668	3.0725	2.8401	2.6848	2.5727	2.4876	2.4205	2.3660
22	4.3009	3.4434	3.0491	2.8167	2.6613	2.5491	2.4638	2.3965	2.3419
23	4.2793	3.4221	3.0280	2.7955	2.6400	2.5277	2.4422	2.3748	2.3201
24	4.2597	3.4028	3.0088	2.7763	2.6207	2.5082	2.4226	2.3551	2.3002
25	4.2417	3.3852	2.9912	2.7587	2.6030	2.4904	2.4047	2.3371	2.2821
26	4.2252	3.3690	2.9752	2.7426	2.5868	2.4741	2.3883	2.3205	2.2655
27	4.2100	3.3541	2.9604	2.7278	2.5719	2.4591	2.3732	2.3053	2.2501
28	4.1960	3.3404	2.9467	2.7141	2.5581	2.4453	2.3593	2.2913	2.2360
29	4.1830	3.3277	2.9340	2.7014	2.5454	2.4324	2.3463	2.2783	2.2229
30	4.1709	3.3158	2.9223	2.6896	2.5336	2.4205	2.3343	2.2662	2.2107
40	4.0847	3.2317	2.8387	2.6060	2.4495	2.3359	2.2490	2.1802	2.1240
60	4.0012	3.1504	2.7581	2.5252	2.3683	2.2541	2.1665	2.0970	2.0401
120	3.9201	3.0718	2.6802	2.4472	2.2899	2.1750	2.0868	2.0164	1.9588
∞	3.8424	2.9966	2.6058	2.3728	2.2150	2.0995	2.0105	1.9393	1.8808

r_2 (분모 자유도)	r_1(분자자유도)									
	10	12	15	20	24	30	40	60	120	∞
1	241.8817	243.9060	245.9499	248.0131	249.0518	250.0951	251.1432	252.1957	253.2529	254.1868
2	19.3959	19.4125	19.4291	19.4458	19.4541	19.4624	19.4707	19.4791	19.4874	19.4947
3	8.7855	8.7446	8.7029	8.6602	8.6385	8.6166	8.5944	8.5720	8.5494	8.5292
4	5.9644	5.9117	5.8578	5.8025	5.7744	5.7459	5.7170	5.6877	5.6581	5.6317
5	4.7351	4.6777	4.6188	4.5581	4.5272	4.4957	4.4638	4.4314	4.3985	4.3690
6	4.0600	3.9999	3.9381	3.8742	3.8415	3.8082	3.7743	3.7398	3.7047	3.6732
7	3.6365	3.5747	3.5107	3.4445	3.4105	3.3758	3.3404	3.3043	3.2674	3.2343
8	3.3472	3.2839	3.2184	3.1503	3.1152	3.0794	3.0428	3.0053	2.9669	2.9324
9	3.1373	3.0729	3.0061	2.9365	2.9005	2.8637	2.8259	2.7872	2.7475	2.7116
10	2.9782	2.9130	2.8450	2.7740	2.7372	2.6996	2.6609	2.6211	2.5801	2.5430
11	2.8536	2.7876	2.7186	2.6464	2.6090	2.5705	2.5309	2.4901	2.4480	2.4098
12	2.7534	2.6866	2.6169	2.5436	2.5055	2.4663	2.4259	2.3842	2.3410	2.3017
13	2.6710	2.6037	2.5331	2.4589	2.4202	2.3803	2.3392	2.2966	2.2524	2.2121
14	2.6022	2.5342	2.4630	2.3879	2.3487	2.3082	2.2664	2.2229	2.1778	2.1365
15	2.5437	2.4753	2.4034	2.3275	2.2878	2.2468	2.2043	2.1601	2.1141	2.0718
16	2.4935	2.4247	2.3522	2.2756	2.2354	2.1938	2.1507	2.1058	2.0589	2.0157
17	2.4499	2.3807	2.3077	2.2304	2.1898	2.1477	2.1040	2.0584	2.0107	1.9666
18	2.4117	2.3421	2.2686	2.1906	2.1497	2.1071	2.0629	2.0166	1.9681	1.9232
19	2.3779	2.3080	2.2341	2.1555	2.1141	2.0712	2.0264	1.9795	1.9302	1.8845
20	2.3479	2.2776	2.2033	2.1242	2.0825	2.0391	1.9938	1.9464	1.8963	1.8497
21	2.3210	2.2504	2.1757	2.0960	2.0540	2.0102	1.9645	1.9165	1.8657	1.8184
22	2.2967	2.2258	2.1508	2.0707	2.0283	1.9842	1.9380	1.8894	1.8380	1.7899
23	2.2747	2.2036	2.1282	2.0476	2.0050	1.9605	1.9139	1.8648	1.8128	1.7639
24	2.2547	2.1834	2.1077	2.0267	1.9838	1.9390	1.8920	1.8424	1.7896	1.7401
25	2.2365	2.1649	2.0889	2.0075	1.9643	1.9192	1.8718	1.8217	1.7684	1.7181
26	2.2197	2.1479	2.0716	1.9898	1.9464	1.9010	1.8533	1.8027	1.7488	1.6978
27	2.2043	2.1323	2.0558	1.9736	1.9299	1.8842	1.8361	1.7851	1.7306	1.6790
28	2.1900	2.1179	2.0411	1.9586	1.9147	1.8687	1.8203	1.7689	1.7138	1.6615
29	2.1768	2.1045	2.0275	1.9446	1.9005	1.8543	1.8055	1.7537	1.6981	1.6452
30	2.1646	2.0921	2.0148	1.9317	1.8874	1.8409	1.7918	1.7396	1.6835	1.6299
40	2.0772	2.0035	1.9245	1.8389	1.7929	1.7444	1.6928	1.6373	1.5766	1.5175
60	1.9926	1.9174	1.8364	1.7480	1.7001	1.6491	1.5943	1.5343	1.4673	1.3994
120	1.9105	1.8337	1.7505	1.6587	1.6084	1.5543	1.4952	1.4290	1.3519	1.2675
∞	1.8316	1.7531	1.6674	1.5716	1.5184	1.4602	1.3952	1.3194	1.2231	1.0787

$\alpha = 0.01$

	r_1(분자자유도)								
	1	2	3	4	5	6	7	8	9
r_2 (분모 자유도)									
1	39.8635	49.5000	53.5932	55.8330	57.2401	58.2044	58.9060	59.4390	59.8576
2	8.5263	9.0000	9.1618	9.2434	9.2926	9.3255	9.3491	9.3668	9.3805
3	5.5383	5.4624	5.3908	5.3426	5.3092	5.2847	5.2662	5.2517	5.2400
4	4.5448	4.3246	4.1909	4.1072	4.0506	4.0097	3.9790	3.9549	3.9357
5	4.0604	3.7797	3.6195	3.5202	3.4530	3.4045	3.3679	3.3393	3.3163
6	3.7759	3.4633	3.2888	3.1808	3.1075	3.0546	3.0145	2.9830	2.9577
7	3.5894	3.2574	3.0741	2.9605	2.8833	2.8274	2.7849	2.7516	2.7247
8	3.4579	3.1131	2.9238	2.8064	2.7264	2.6683	2.6241	2.5893	2.5612
9	3.3603	3.0065	2.8129	2.6927	2.6106	2.5509	2.5053	2.4694	2.4403
10	3.2850	2.9245	2.7277	2.6053	2.5216	2.4606	2.4140	2.3772	2.3473
11	3.2252	2.8595	2.6602	2.5362	2.4512	2.3891	2.3416	2.3040	2.2735
12	3.1765	2.8068	2.6055	2.4801	2.3940	2.3310	2.2828	2.2446	2.2135
13	3.1362	2.7632	2.5603	2.4337	2.3467	2.2830	2.2341	2.1953	2.1638
14	3.1022	2.7265	2.5222	2.3947	2.3069	2.2426	2.1931	2.1539	2.1220
15	3.0732	2.6952	2.4898	2.3614	2.2730	2.2081	2.1582	2.1185	2.0862
16	3.0481	2.6682	2.4618	2.3327	2.2438	2.1783	2.1280	2.0880	2.0553
17	3.0262	2.6446	2.4374	2.3077	2.2183	2.1524	2.1017	2.0613	2.0284
18	3.0070	2.6239	2.4160	2.2858	2.1958	2.1296	2.0785	2.0379	2.0047
19	2.9899	2.6056	2.3970	2.2663	2.1760	2.1094	2.0580	2.0171	1.9836
20	2.9747	2.5893	2.3801	2.2489	2.1582	2.0913	2.0397	1.9985	1.9649
21	2.9610	2.5746	2.3649	2.2333	2.1423	2.0751	2.0233	1.9819	1.9480
22	2.9486	2.5613	2.3512	2.2193	2.1279	2.0605	2.0084	1.9668	1.9327
23	2.9374	2.5493	2.3387	2.2065	2.1149	2.0472	1.9949	1.9531	1.9189
24	2.9271	2.5383	2.3274	2.1949	2.1030	2.0351	1.9826	1.9407	1.9063
25	2.9177	2.5283	2.3170	2.1842	2.0922	2.0241	1.9714	1.9292	1.8947
26	2.9091	2.5191	2.3075	2.1745	2.0822	2.0139	1.9610	1.9188	1.8841
27	2.9012	2.5106	2.2987	2.1655	2.0730	2.0045	1.9515	1.9091	1.8743
28	2.8938	2.5028	2.2906	2.1571	2.0645	1.9959	1.9427	1.9001	1.8652
29	2.8870	2.4955	2.2831	2.1494	2.0566	1.9878	1.9345	1.8918	1.8568
30	2.8807	2.4887	2.2761	2.1422	2.0492	1.9803	1.9269	1.8841	1.8490
40	2.8354	2.4404	2.2261	2.0909	1.9968	1.9269	1.8725	1.8289	1.7929
60	2.7911	2.3933	2.1774	2.0410	1.9457	1.8747	1.8194	1.7748	1.7380
120	2.7478	2.3473	2.1300	1.9923	1.8959	1.8238	1.7675	1.7220	1.6842
∞	2.7060	2.3031	2.0843	1.9454	1.8478	1.7747	1.7173	1.6708	1.6321

	r_1(분자자유도)									
r_2 (분모 자유도)	10	12	15	20	24	30	40	60	120	∞
1	60.1950	60.7052	61.2203	61.7403	62.0020	62.2650	62.5291	62.7943	63.0606	63.2960
2	9.3916	9.4081	9.4247	9.4413	9.4496	9.4579	9.4662	9.4746	9.4829	9.4902
3	5.2304	5.2156	5.2003	5.1845	5.1764	5.1681	5.1597	5.1512	5.1425	5.1348
4	3.9199	3.8955	3.8704	3.8443	3.8310	3.8174	3.8036	3.7896	3.7753	3.7625
5	3.2974	3.2682	3.2380	3.2067	3.1905	3.1741	3.1573	3.1402	3.1228	3.1072
6	2.9369	2.9047	2.8712	2.8363	2.8183	2.8000	2.7812	2.7620	2.7423	2.7246
7	2.7025	2.6681	2.6322	2.5947	2.5753	2.5555	2.5351	2.5142	2.4928	2.4735
8	2.5380	2.5020	2.4642	2.4246	2.4041	2.3830	2.3614	2.3391	2.3162	2.2954
9	2.4163	2.3789	2.3396	2.2983	2.2768	2.2547	2.2320	2.2085	2.1843	2.1623
10	2.3226	2.2841	2.2435	2.2007	2.1784	2.1554	2.1317	2.1072	2.0818	2.0586
11	2.2482	2.2087	2.1671	2.1230	2.1000	2.0762	2.0516	2.0261	1.9997	1.9755
12	2.1878	2.1474	2.1049	2.0597	2.0360	2.0115	1.9861	1.9597	1.9323	1.9071
13	2.1376	2.0966	2.0532	2.0070	1.9827	1.9576	1.9315	1.9043	1.8759	1.8498
14	2.0954	2.0537	2.0095	1.9625	1.9377	1.9119	1.8852	1.8572	1.8280	1.8011
15	2.0593	2.0171	1.9722	1.9243	1.8990	1.8728	1.8454	1.8168	1.7867	1.7589
16	2.0281	1.9854	1.9399	1.8913	1.8656	1.8388	1.8108	1.7816	1.7507	1.7222
17	2.0009	1.9577	1.9117	1.8624	1.8362	1.8090	1.7805	1.7506	1.7191	1.6898
18	1.9770	1.9333	1.8868	1.8368	1.8103	1.7827	1.7537	1.7232	1.6910	1.6609
19	1.9557	1.9117	1.8647	1.8142	1.7873	1.7592	1.7298	1.6988	1.6659	1.6351
20	1.9367	1.8924	1.8449	1.7938	1.7667	1.7382	1.7083	1.6768	1.6433	1.6118
21	1.9197	1.8750	1.8271	1.7756	1.7481	1.7193	1.6890	1.6569	1.6228	1.5907
22	1.9043	1.8593	1.8111	1.7590	1.7312	1.7021	1.6714	1.6389	1.6041	1.5714
23	1.8903	1.8450	1.7964	1.7439	1.7159	1.6864	1.6554	1.6224	1.5871	1.5538
24	1.8775	1.8319	1.7831	1.7302	1.7019	1.6721	1.6407	1.6073	1.5715	1.5375
25	1.8658	1.8200	1.7708	1.7175	1.6890	1.6589	1.6272	1.5934	1.5570	1.5225
26	1.8550	1.8090	1.7596	1.7059	1.6771	1.6468	1.6147	1.5805	1.5437	1.5086
27	1.8451	1.7989	1.7492	1.6951	1.6662	1.6356	1.6032	1.5686	1.5313	1.4957
28	1.8359	1.7895	1.7395	1.6852	1.6560	1.6252	1.5925	1.5575	1.5198	1.4836
29	1.8274	1.7808	1.7306	1.6759	1.6465	1.6155	1.5825	1.5472	1.5090	1.4723
30	1.8195	1.7727	1.7223	1.6673	1.6377	1.6065	1.5732	1.5376	1.4989	1.4617
40	1.7627	1.7146	1.6624	1.6052	1.5741	1.5411	1.5056	1.4672	1.4248	1.3830
60	1.7070	1.6574	1.6034	1.5435	1.5107	1.4755	1.4373	1.3952	1.3476	1.2988
120	1.6524	1.6012	1.5450	1.4821	1.4472	1.4094	1.3676	1.3203	1.2646	1.2026
∞	1.5994	1.5464	1.4878	1.4213	1.3840	1.3427	1.2960	1.2410	1.1699	1.0608

$\alpha = 0.15$

r_2 (분모 자유도)	r_1(분자자유도) 1	2	3	4	5	6	7	8	9
1	17.3497	21.7222	23.5718	24.5825	25.2171	25.6518	25.9679	26.2081	26.3967
2	5.2072	5.6667	5.8258	5.9065	5.9553	5.9880	6.0114	6.0290	6.0427
3	3.7030	3.8133	3.8209	3.8166	3.8109	3.8058	3.8013	3.7976	3.7945
4	3.1620	3.1640	3.1236	3.0916	3.0678	3.0497	3.0357	3.0245	3.0153
5	2.8878	2.8395	2.7764	2.7309	2.6980	2.6733	2.6543	2.6391	2.6268
6	2.7231	2.6462	2.5699	2.5164	2.4780	2.4493	2.4270	2.4093	2.3949
7	2.6134	2.5183	2.4334	2.3746	2.3324	2.3009	2.2764	2.2570	2.2411
8	2.5352	2.4274	2.3366	2.2740	2.2291	2.1955	2.1694	2.1486	2.1316
9	2.4766	2.3597	2.2644	2.1989	2.1520	2.1168	2.0894	2.0675	2.0496
10	2.4312	2.3072	2.2086	2.1408	2.0922	2.0557	2.0273	2.0046	1.9860
11	2.3949	2.2654	2.1640	2.0945	2.0446	2.0071	1.9778	1.9543	1.9351
12	2.3653	2.2313	2.1278	2.0568	2.0058	1.9673	1.9374	1.9133	1.8935
13	2.3407	2.2030	2.0976	2.0254	1.9735	1.9343	1.9037	1.8791	1.8589
14	2.3198	2.1791	2.0722	1.9989	1.9462	1.9064	1.8752	1.8502	1.8296
15	2.3020	2.1586	2.0504	1.9763	1.9228	1.8825	1.8509	1.8254	1.8044
16	2.2865	2.1409	2.0316	1.9567	1.9027	1.8618	1.8298	1.8040	1.7827
17	2.2730	2.1255	2.0152	1.9396	1.8850	1.8437	1.8113	1.7852	1.7636
18	2.2611	2.1119	2.0007	1.9245	1.8695	1.8278	1.7951	1.7686	1.7468
19	2.2506	2.0998	1.9878	1.9111	1.8556	1.8136	1.7806	1.7539	1.7319
20	2.2411	2.0890	1.9764	1.8992	1.8433	1.8010	1.7677	1.7408	1.7185
21	2.2326	2.0793	1.9660	1.8884	1.8322	1.7896	1.7560	1.7289	1.7064
22	2.2249	2.0705	1.9567	1.8787	1.8222	1.7793	1.7455	1.7182	1.6956
23	2.2179	2.0626	1.9482	1.8698	1.8131	1.7699	1.7360	1.7084	1.6856
24	2.2116	2.0553	1.9405	1.8618	1.8047	1.7614	1.7272	1.6995	1.6766
25	2.2057	2.0487	1.9334	1.8544	1.7971	1.7536	1.7192	1.6914	1.6683
26	2.2004	2.0425	1.9269	1.8476	1.7901	1.7464	1.7119	1.6839	1.6607
27	2.1954	2.0369	1.9209	1.8414	1.7836	1.7397	1.7051	1.6770	1.6536
28	2.1908	2.0317	1.9154	1.8356	1.7777	1.7336	1.6988	1.6705	1.6471
29	2.1866	2.0268	1.9102	1.8302	1.7721	1.7279	1.6929	1.6646	1.6410
30	2.1826	2.0223	1.9054	1.8252	1.7669	1.7226	1.6875	1.6590	1.6354
40	2.1542	1.9900	1.8711	1.7894	1.7299	1.6845	1.6485	1.6192	1.5948
60	2.1264	1.9584	1.8375	1.7543	1.6936	1.6471	1.6102	1.5800	1.5548
120	2.0990	1.9274	1.8046	1.7199	1.6580	1.6104	1.5725	1.5414	1.5154
∞	2.0726	1.8975	1.7727	1.6866	1.6235	1.5748	1.5359	1.5038	1.4769

	r_1(분자자유도)									
	10	12	15	20	24	30	40	60	120	∞
r_2 (분모 자유도)										
1	26.5487	26.7786	27.0106	27.2448	27.3626	27.4810	27.5999	27.7193	27.8393	27.9452
2	6.0537	6.0702	6.0867	6.1033	6.1116	6.1199	6.1282	6.1365	6.1448	6.1521
3	3.7918	3.7874	3.7828	3.7778	3.7751	3.7724	3.7695	3.7666	3.7636	3.7609
4	3.0078	2.9959	2.9835	2.9704	2.9636	2.9567	2.9496	2.9423	2.9349	2.9282
5	2.6165	2.6006	2.5838	2.5662	2.5571	2.5477	2.5381	2.5282	2.5181	2.5090
6	2.3830	2.3643	2.3446	2.3239	2.3131	2.3021	2.2907	2.2790	2.2670	2.2561
7	2.2279	2.2072	2.1854	2.1623	2.1503	2.1379	2.1252	2.1120	2.0984	2.0861
8	2.1174	2.0952	2.0717	2.0468	2.0337	2.0202	2.0063	1.9920	1.9771	1.9635
9	2.0347	2.0112	1.9863	1.9598	1.9459	1.9316	1.9167	1.9013	1.8852	1.8706
10	1.9704	1.9459	1.9198	1.8920	1.8774	1.8622	1.8465	1.8301	1.8131	1.7975
11	1.9190	1.8936	1.8666	1.8376	1.8223	1.8065	1.7900	1.7728	1.7548	1.7383
12	1.8770	1.8508	1.8229	1.7929	1.7771	1.7606	1.7434	1.7254	1.7066	1.6893
13	1.8419	1.8151	1.7864	1.7556	1.7392	1.7221	1.7043	1.6857	1.6661	1.6479
14	1.8123	1.7849	1.7555	1.7238	1.7070	1.6894	1.6710	1.6517	1.6314	1.6125
15	1.7868	1.7589	1.7289	1.6965	1.6793	1.6613	1.6423	1.6224	1.6014	1.5818
16	1.7648	1.7364	1.7059	1.6728	1.6552	1.6367	1.6173	1.5968	1.5751	1.5549
17	1.7455	1.7167	1.6856	1.6520	1.6340	1.6151	1.5952	1.5742	1.5519	1.5311
18	1.7285	1.6993	1.6678	1.6335	1.6152	1.5960	1.5757	1.5542	1.5313	1.5098
19	1.7133	1.6838	1.6518	1.6171	1.5985	1.5789	1.5582	1.5362	1.5127	1.4907
20	1.6997	1.6699	1.6376	1.6023	1.5834	1.5635	1.5424	1.5200	1.4960	1.4734
21	1.6875	1.6574	1.6247	1.5890	1.5698	1.5496	1.5282	1.5053	1.4809	1.4577
22	1.6765	1.6460	1.6130	1.5769	1.5575	1.5370	1.5152	1.4920	1.4670	1.4433
23	1.6664	1.6357	1.6024	1.5659	1.5463	1.5255	1.5034	1.4798	1.4543	1.4301
24	1.6572	1.6263	1.5927	1.5559	1.5360	1.5149	1.4925	1.4685	1.4426	1.4179
25	1.6488	1.6177	1.5838	1.5466	1.5265	1.5052	1.4825	1.4582	1.4319	1.4067
26	1.6411	1.6097	1.5756	1.5381	1.5178	1.4962	1.4733	1.4486	1.4219	1.3962
27	1.6339	1.6023	1.5680	1.5302	1.5097	1.4879	1.4647	1.4397	1.4126	1.3864
28	1.6273	1.5955	1.5610	1.5228	1.5022	1.4802	1.4568	1.4315	1.4039	1.3773
29	1.6211	1.5892	1.5544	1.5160	1.4952	1.4730	1.4493	1.4237	1.3958	1.3688
30	1.6154	1.5833	1.5483	1.5097	1.4887	1.4663	1.4424	1.4165	1.3882	1.3608
40	1.5741	1.5408	1.5043	1.4637	1.4414	1.4175	1.3917	1.3635	1.3321	1.3009
60	1.5334	1.4988	1.4606	1.4176	1.3939	1.3682	1.3401	1.3088	1.2731	1.2362
120	1.4932	1.4571	1.4170	1.3715	1.3460	1.3180	1.2869	1.2514	1.2090	1.1613
∞	1.4539	1.4163	1.3741	1.3254	1.2978	1.2670	1.2318	1.1898	1.1349	1.0489

$\alpha = 0.2$

r_2 (분모 자유도)	r_1 (분자자유도) 1	2	3	4	5	6	7	8	9
1	9.4721	12.0000	13.0639	13.6443	14.0084	14.2577	14.4390	14.5767	14.6848
2	3.5556	4.0000	4.1563	4.2361	4.2844	4.3168	4.3401	4.3576	4.3712
3	2.6822	2.8860	2.9359	2.9555	2.9652	2.9707	2.9741	2.9763	2.9779
4	2.3507	2.4721	2.4847	2.4826	2.4780	2.4733	2.4691	2.4654	2.4623
5	2.1782	2.2591	2.2530	2.2397	2.2275	2.2174	2.2090	2.2021	2.1963
6	2.0729	2.1299	2.1126	2.0924	2.0755	2.0619	2.0508	2.0417	2.0342
7	2.0020	2.0434	2.0186	1.9937	1.9736	1.9575	1.9445	1.9339	1.9251
8	1.9511	1.9814	1.9513	1.9230	1.9005	1.8826	1.8682	1.8564	1.8466
9	1.9128	1.9349	1.9007	1.8700	1.8455	1.8262	1.8107	1.7979	1.7874
10	1.8829	1.8986	1.8614	1.8286	1.8027	1.7823	1.7658	1.7523	1.7411
11	1.8589	1.8697	1.8299	1.7955	1.7684	1.7470	1.7298	1.7157	1.7039
12	1.8393	1.8460	1.8042	1.7684	1.7403	1.7182	1.7003	1.6856	1.6734
13	1.8230	1.8262	1.7827	1.7458	1.7169	1.6941	1.6756	1.6605	1.6479
14	1.8091	1.8095	1.7646	1.7267	1.6971	1.6736	1.6547	1.6392	1.6262
15	1.7972	1.7952	1.7490	1.7103	1.6801	1.6561	1.6368	1.6209	1.6076
16	1.7869	1.7828	1.7355	1.6961	1.6653	1.6409	1.6212	1.6050	1.5915
17	1.7779	1.7719	1.7238	1.6837	1.6524	1.6276	1.6076	1.5911	1.5773
18	1.7699	1.7623	1.7134	1.6727	1.6410	1.6159	1.5956	1.5788	1.5648
19	1.7629	1.7538	1.7041	1.6630	1.6308	1.6054	1.5848	1.5679	1.5536
20	1.7565	1.7462	1.6958	1.6543	1.6218	1.5960	1.5752	1.5581	1.5436
21	1.7508	1.7393	1.6884	1.6464	1.6136	1.5876	1.5666	1.5492	1.5346
22	1.7457	1.7331	1.6817	1.6393	1.6062	1.5800	1.5587	1.5412	1.5265
23	1.7410	1.7275	1.6755	1.6328	1.5995	1.5730	1.5516	1.5339	1.5190
24	1.7367	1.7224	1.6699	1.6269	1.5933	1.5667	1.5451	1.5272	1.5122
25	1.7328	1.7176	1.6648	1.6215	1.5877	1.5609	1.5391	1.5211	1.5060
26	1.7292	1.7133	1.6601	1.6166	1.5825	1.5555	1.5336	1.5155	1.5003
27	1.7258	1.7093	1.6558	1.6120	1.5778	1.5506	1.5286	1.5103	1.4949
28	1.7227	1.7056	1.6517	1.6077	1.5733	1.5460	1.5238	1.5055	1.4900
29	1.7199	1.7022	1.6480	1.6038	1.5692	1.5418	1.5195	1.5010	1.4855
30	1.7172	1.6990	1.6445	1.6001	1.5654	1.5378	1.5154	1.4968	1.4812
40	1.6980	1.6760	1.6195	1.5737	1.5379	1.5093	1.4861	1.4668	1.4505
60	1.6792	1.6534	1.5950	1.5478	1.5108	1.4813	1.4572	1.4371	1.4201
120	1.6606	1.6312	1.5709	1.5222	1.4841	1.4536	1.4287	1.4078	1.3901
∞	1.6426	1.6097	1.5475	1.4975	1.4582	1.4267	1.4008	1.3791	1.3606

r_2 (분모 자유도)	r_1(분자자유도)									
	10	12	15	20	24	30	40	60	120	∞
1	14.7719	14.9036	15.0365	15.1706	15.2381	15.3059	15.3740	15.4424	15.5111	15.5717
2	4.3822	4.3986	4.4151	4.4316	4.4399	4.4482	4.4565	4.4648	4.4731	4.4804
3	2.9791	2.9806	2.9819	2.9830	2.9834	2.9838	2.9841	2.9843	2.9845	2.9845
4	2.4596	2.4552	2.4503	2.4450	2.4421	2.4392	2.4361	2.4329	2.4295	2.4265
5	2.1914	2.1835	2.1751	2.1660	2.1612	2.1562	2.1511	2.1457	2.1402	2.1351
6	2.0278	2.0177	2.0068	1.9951	1.9889	1.9825	1.9758	1.9689	1.9618	1.9552
7	1.9176	1.9058	1.8930	1.8793	1.8721	1.8646	1.8567	1.8486	1.8402	1.8324
8	1.8383	1.8251	1.8109	1.7956	1.7875	1.7791	1.7703	1.7611	1.7515	1.7428
9	1.7784	1.7642	1.7488	1.7321	1.7233	1.7141	1.7044	1.6944	1.6839	1.6742
10	1.7316	1.7164	1.7000	1.6823	1.6728	1.6629	1.6525	1.6417	1.6303	1.6198
11	1.6940	1.6780	1.6608	1.6420	1.6320	1.6215	1.6105	1.5990	1.5868	1.5756
12	1.6630	1.6464	1.6284	1.6088	1.5983	1.5873	1.5757	1.5635	1.5506	1.5387
13	1.6372	1.6200	1.6013	1.5809	1.5700	1.5585	1.5464	1.5336	1.5201	1.5075
14	1.6152	1.5975	1.5783	1.5572	1.5459	1.5339	1.5213	1.5080	1.4939	1.4806
15	1.5964	1.5782	1.5584	1.5367	1.5250	1.5127	1.4996	1.4858	1.4711	1.4573
16	1.5800	1.5614	1.5411	1.5189	1.5068	1.4941	1.4807	1.4664	1.4511	1.4367
17	1.5656	1.5467	1.5260	1.5031	1.4908	1.4778	1.4639	1.4492	1.4334	1.4185
18	1.5528	1.5336	1.5125	1.4892	1.4766	1.4632	1.4490	1.4339	1.4176	1.4022
19	1.5415	1.5220	1.5005	1.4768	1.4639	1.4502	1.4357	1.4202	1.4034	1.3875
20	1.5313	1.5115	1.4897	1.4656	1.4525	1.4385	1.4237	1.4078	1.3906	1.3742
21	1.5222	1.5021	1.4800	1.4555	1.4421	1.4280	1.4128	1.3965	1.3789	1.3621
22	1.5139	1.4936	1.4712	1.4463	1.4327	1.4183	1.4029	1.3863	1.3683	1.3510
23	1.5063	1.4858	1.4631	1.4379	1.4242	1.4095	1.3938	1.3769	1.3585	1.3408
24	1.4994	1.4787	1.4558	1.4302	1.4163	1.4014	1.3855	1.3682	1.3495	1.3314
25	1.4931	1.4721	1.4490	1.4232	1.4091	1.3940	1.3778	1.3603	1.3411	1.3226
26	1.4872	1.4661	1.4427	1.4167	1.4024	1.3871	1.3707	1.3529	1.3334	1.3145
27	1.4818	1.4605	1.4370	1.4106	1.3962	1.3807	1.3641	1.3460	1.3262	1.3069
28	1.4768	1.4554	1.4316	1.4050	1.3904	1.3748	1.3579	1.3396	1.3195	1.2999
29	1.4722	1.4506	1.4266	1.3998	1.3851	1.3693	1.3522	1.3336	1.3132	1.2932
30	1.4678	1.4461	1.4220	1.3949	1.3801	1.3641	1.3469	1.3280	1.3073	1.2870
40	1.4365	1.4137	1.3883	1.3596	1.3437	1.3264	1.3076	1.2869	1.2635	1.2401
60	1.4055	1.3816	1.3547	1.3241	1.3069	1.2881	1.2674	1.2441	1.2172	1.1891
120	1.3748	1.3496	1.3211	1.2882	1.2696	1.2489	1.2257	1.1989	1.1666	1.1296
∞	1.3446	1.3180	1.2878	1.2523	1.2319	1.2088	1.1823	1.1502	1.1075	1.0394

$\alpha = 0.3$

r_2 (분모자유도)	r_1 (분자자유도) 1	2	3	4	5	6	7	8	9
1	3.8518	5.0556	5.5572	5.8298	6.0006	6.1174	6.2022	6.2666	6.3172
2	1.9216	2.3333	2.4835	2.5611	2.6084	2.6403	2.6632	2.6805	2.6940
3	1.5619	1.8472	1.9398	1.9845	2.0106	2.0276	2.0396	2.0484	2.0552
4	1.4151	1.6515	1.7215	1.7529	1.7701	1.7809	1.7881	1.7933	1.7972
5	1.3358	1.5466	1.6045	1.6286	1.6410	1.6481	1.6527	1.6557	1.6579
6	1.2863	1.4814	1.5318	1.5513	1.5605	1.5653	1.5680	1.5697	1.5706
7	1.2525	1.4370	1.4822	1.4985	1.5055	1.5086	1.5101	1.5107	1.5108
8	1.2280	1.4048	1.4463	1.4603	1.4655	1.4674	1.4679	1.4677	1.4671
9	1.2094	1.3804	1.4191	1.4312	1.4352	1.4361	1.4358	1.4349	1.4339
10	1.1948	1.3613	1.3977	1.4084	1.4114	1.4115	1.4105	1.4092	1.4076
11	1.1830	1.3459	1.3806	1.3901	1.3922	1.3917	1.3902	1.3883	1.3864
12	1.1733	1.3333	1.3664	1.3750	1.3764	1.3753	1.3733	1.3711	1.3689
13	1.1653	1.3227	1.3546	1.3623	1.3631	1.3616	1.3592	1.3567	1.3543
14	1.1584	1.3137	1.3446	1.3516	1.3519	1.3499	1.3473	1.3445	1.3417
15	1.1525	1.3060	1.3359	1.3424	1.3422	1.3399	1.3369	1.3339	1.3309
16	1.1473	1.2993	1.3284	1.3343	1.3338	1.3311	1.3279	1.3247	1.3215
17	1.1428	1.2934	1.3219	1.3273	1.3264	1.3235	1.3200	1.3166	1.3133
18	1.1389	1.2882	1.3160	1.3211	1.3198	1.3167	1.3130	1.3094	1.3059
19	1.1353	1.2836	1.3109	1.3155	1.3140	1.3106	1.3068	1.3030	1.2994
20	1.1321	1.2794	1.3062	1.3106	1.3088	1.3052	1.3012	1.2973	1.2935
21	1.1293	1.2757	1.3020	1.3061	1.3041	1.3003	1.2961	1.2921	1.2882
22	1.1267	1.2723	1.2983	1.3020	1.2998	1.2959	1.2916	1.2874	1.2834
23	1.1243	1.2693	1.2948	1.2983	1.2959	1.2918	1.2874	1.2831	1.2791
24	1.1222	1.2664	1.2917	1.2949	1.2924	1.2881	1.2836	1.2792	1.2750
25	1.1202	1.2639	1.2888	1.2918	1.2891	1.2847	1.2801	1.2756	1.2714
26	1.1184	1.2615	1.2861	1.2890	1.2861	1.2816	1.2768	1.2722	1.2680
27	1.1167	1.2593	1.2837	1.2863	1.2833	1.2787	1.2739	1.2692	1.2648
28	1.1151	1.2573	1.2814	1.2839	1.2807	1.2760	1.2711	1.2663	1.2619
29	1.1137	1.2554	1.2793	1.2816	1.2784	1.2736	1.2685	1.2637	1.2592
30	1.1123	1.2536	1.2773	1.2795	1.2761	1.2712	1.2661	1.2612	1.2567
40	1.1026	1.2409	1.2631	1.2643	1.2601	1.2545	1.2488	1.2434	1.2384
60	1.0930	1.2285	1.2491	1.2492	1.2442	1.2379	1.2316	1.2257	1.2202
120	1.0835	1.2161	1.2353	1.2343	1.2285	1.2215	1.2146	1.2081	1.2021
∞	1.0743	1.2041	1.2218	1.2198	1.2131	1.2054	1.1978	1.1908	1.1843

r_2 (분모 자유도)	r_1(분자자유도)									
	10	12	15	20	24	30	40	60	120	∞
1	6.3579	6.4194	6.4815	6.5442	6.5757	6.6074	6.6392	6.6711	6.7031	6.7314
2	2.7049	2.7212	2.7375	2.7540	2.7622	2.7705	2.7787	2.7870	2.7953	2.8027
3	2.0607	2.0687	2.0766	2.0844	2.0883	2.0921	2.0960	2.0998	2.1035	2.1068
4	1.8002	1.8045	1.8086	1.8125	1.8143	1.8161	1.8178	1.8195	1.8211	1.8224
5	1.6595	1.6616	1.6634	1.6648	1.6654	1.6658	1.6662	1.6665	1.6667	1.6667
6	1.5712	1.5718	1.5720	1.5717	1.5713	1.5709	1.5703	1.5695	1.5686	1.5677
7	1.5107	1.5101	1.5090	1.5074	1.5063	1.5051	1.5038	1.5022	1.5004	1.4987
8	1.4664	1.4650	1.4629	1.4602	1.4586	1.4568	1.4548	1.4525	1.4500	1.4477
9	1.4327	1.4305	1.4277	1.4241	1.4219	1.4196	1.4170	1.4142	1.4111	1.4081
10	1.4061	1.4033	1.3998	1.3954	1.3929	1.3901	1.3871	1.3837	1.3801	1.3765
11	1.3846	1.3813	1.3772	1.3721	1.3692	1.3661	1.3626	1.3588	1.3546	1.3506
12	1.3668	1.3631	1.3584	1.3528	1.3496	1.3461	1.3422	1.3380	1.3334	1.3289
13	1.3519	1.3477	1.3427	1.3365	1.3330	1.3292	1.3250	1.3204	1.3153	1.3104
14	1.3392	1.3347	1.3292	1.3226	1.3189	1.3147	1.3102	1.3052	1.2998	1.2945
15	1.3282	1.3234	1.3176	1.3106	1.3066	1.3022	1.2974	1.2921	1.2862	1.2805
16	1.3186	1.3135	1.3074	1.3000	1.2958	1.2912	1.2861	1.2805	1.2743	1.2683
17	1.3102	1.3049	1.2984	1.2907	1.2863	1.2814	1.2761	1.2702	1.2637	1.2573
18	1.3028	1.2972	1.2905	1.2824	1.2778	1.2728	1.2672	1.2610	1.2542	1.2475
19	1.2961	1.2903	1.2834	1.2750	1.2703	1.2650	1.2592	1.2528	1.2457	1.2387
20	1.2901	1.2841	1.2770	1.2684	1.2634	1.2580	1.2520	1.2454	1.2379	1.2306
21	1.2847	1.2786	1.2712	1.2624	1.2573	1.2517	1.2455	1.2386	1.2309	1.2233
22	1.2798	1.2735	1.2659	1.2569	1.2516	1.2459	1.2395	1.2324	1.2244	1.2166
23	1.2754	1.2689	1.2612	1.2518	1.2465	1.2406	1.2340	1.2267	1.2185	1.2104
24	1.2713	1.2647	1.2568	1.2472	1.2418	1.2357	1.2290	1.2215	1.2130	1.2046
25	1.2675	1.2608	1.2527	1.2430	1.2374	1.2312	1.2244	1.2167	1.2080	1.1993
26	1.2640	1.2572	1.2490	1.2391	1.2334	1.2271	1.2201	1.2122	1.2033	1.1944
27	1.2608	1.2539	1.2455	1.2355	1.2297	1.2232	1.2161	1.2080	1.1989	1.1898
28	1.2579	1.2508	1.2423	1.2321	1.2262	1.2196	1.2123	1.2041	1.1948	1.1854
29	1.2551	1.2479	1.2393	1.2290	1.2230	1.2163	1.2089	1.2005	1.1910	1.1814
30	1.2525	1.2452	1.2365	1.2260	1.2199	1.2132	1.2056	1.1971	1.1874	1.1776
40	1.2338	1.2258	1.2163	1.2046	1.1979	1.1903	1.1817	1.1719	1.1606	1.1488
60	1.2152	1.2065	1.1959	1.1830	1.1754	1.1669	1.1571	1.1457	1.1321	1.1173
120	1.1966	1.1871	1.1754	1.1611	1.1526	1.1428	1.1314	1.1178	1.1007	1.0804
∞	1.1783	1.1678	1.1550	1.1390	1.1293	1.1180	1.1045	1.0875	1.0640	1.0242

그림 1 와이블 확률지

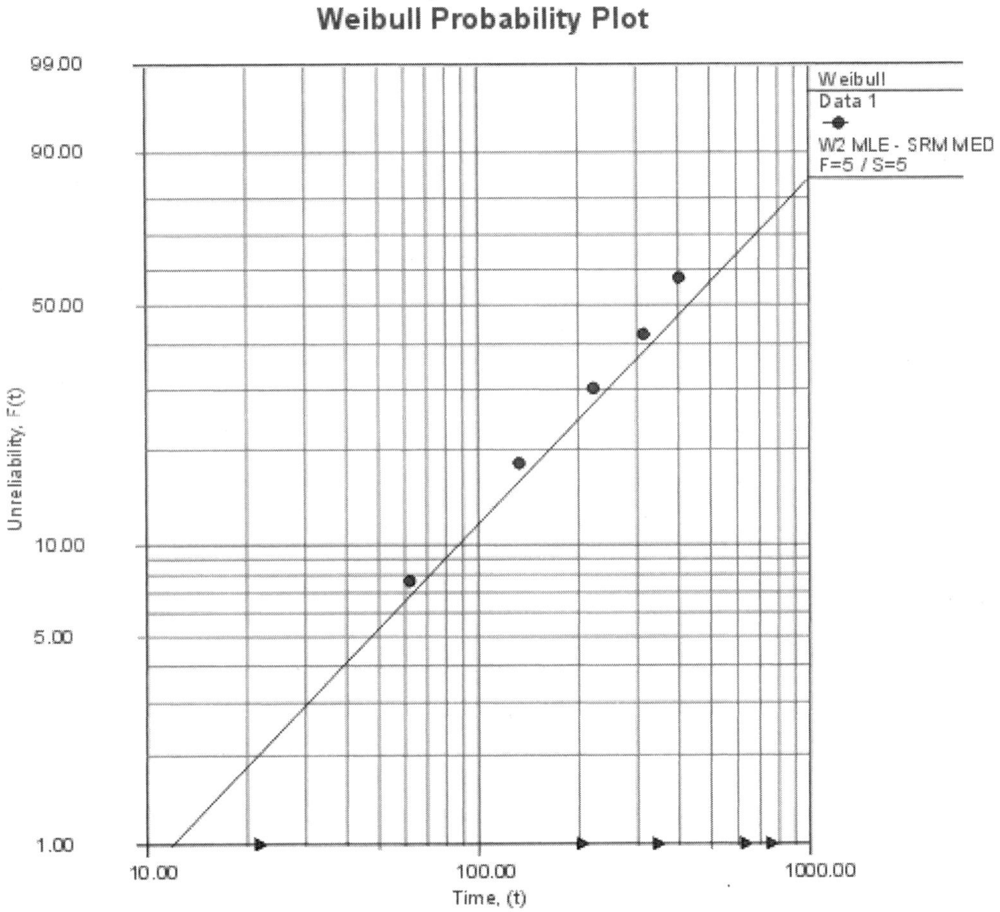

β=1.1815, η=586.2054

그림 2 정규 확률지

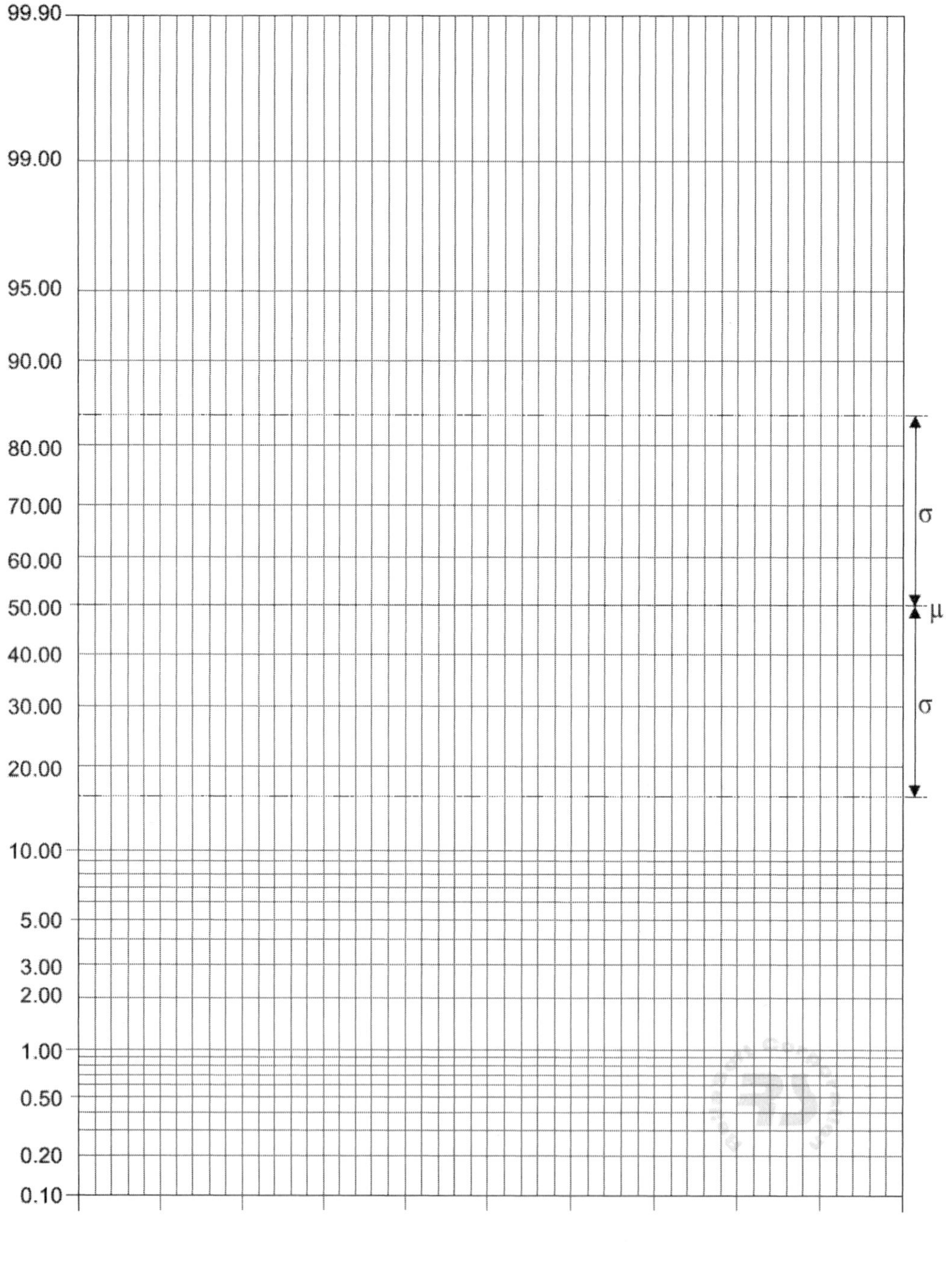
99.90
99.00
95.00
90.00
80.00
70.00
60.00
50.00
40.00
30.00
20.00
10.00
5.00
3.00
2.00
1.00
0.50
0.20
0.10
σ
μ
σ

참고문헌

Ahmad, I.A.(1992), "A new test for mean residual life time", *Biometrika*, vol.79, pp.416–419.

Aly, E.A.A.(1990), "Test for monotonicity properties of the mean residual life function", *Scandinavian Journal of Statistics*, vol.17, pp.189–200.

Bain, L.J.(1978), *Statistical Analysis of Reliability and Life Testing Models*, Dekker, New York & Basel.

Bain, L.J. and Engelhardt, M.(1991), *Statistical Analysis of Reliability and Life–Testing Models : Theory*, Marcel Dekker, New York.

Bandyopadhyay, D. and Basu, A.P.(1990), "A class of tests for exponentiality against decreasing mean residual life alternatives", *Commnun. in Statist. : Theory and Methods*, vol.19, pp.905–920.

Barlow, R.E. and Proschan, P.(1965), *Mathematical Theory of Reliability*, John Wiley & Sons, Inc., New York.

Barlow, R.E. and Proschan, P.(1981), *Statistical Theory of Reliability and Life Testing : Probability Models*, To Begin With, Silver Springs, Md.

Bergman, B. and Klefsjö, B.(1989), "A family of test statistics for detecting monotone mean residual life", *Journal of Statistical Planning and Inference*, vol.21, pp.161–178.

Bickel, P.(1969). "Tests for monotone failure rate II", *Annals of Mathematical Statistics*, vol.161–178.

Bickel, P. and Doksum, K.(1969), "Tests for monotone failure rate based on normalized spacings", *Annals of Mathematical Statistics*, vol.40, pp.1216–1235.

Brown, M.(1983), "Approximation IMRL distributions by exponential distributions, with applications to frst passage times", *Annals of Probability*, vol.11, pp.419–427.

Bryson, M.C. and Siddiqui, M.M.(1969)m "Some criteria for aging", *Journal of the American Statistical Association*, vol.64, pp.1472–1483.

Chen, Y.Y., Hollander, M. and Langberg, N.A.(1983), "Tests for monotone mean residual life, using randomly censored data", *Biometrics*, vol.39, pp.119-127

Deshpande, J.V.(1983). "A class of test for exponentiality against increasing failure rate average alternatives", *Biometrika*, vol.70, pp.514-518.

Deshpande, J.V. and Suresh, R.P.(1990), "Non-monotonic anaing", *Scandinavian Journal of Statistics*, vol.17, pp.257-262.

Dhillon, B.S.(1979), "A hazard rate model", *IEEE Transactions on Reliability*, vol.28, pp.150-150.

Dhilon, B.S.(1981), "Life distributions", *IEEE Transactions on Reliability*, vol.30, pp.457-460.

Ebrahimi, N.(1991), "On estimating change point in a mean residual life function", *Sankya, A*, vol.53, pp.206-219.

Ebstein, B. and Soble, M.(1953), "Life testing", *Journal of American Statistical Association*, vol.48, pp.486-502.

Ebstein, B. and Soble, M.(1954), "Sone theorems relevant to life testing from an exponential distribution", *Annals of Mathematical Statistics*, vol25, pp.373-381.

Elsayed, E.A.(1996), *Reliability Engineering*, Addison Wesley Longman, Inc., New York.

Glaser, R.E.(1980), "Bathtub and related failure rate characterization", *Journal of the American Statistical Association*, vol.75, pp.667-672.

Greenwood, J.A. and Durand, D.(1960), "Aids for fitting the gamma distribution by maximum likelihood", *Technometrics*, vol.2, pp.55-65.

Guess, F., Hollander, M. and Proschan, F.(1986), "Testing exponentiality versus a trend change in mean residual life", Annals of Statistics, vol 14, pp.1388-1398.

Guess, F. and Proschan, F.(1988), "Mean residual life : Theory and applications", Handbook of Statistics, 7, Reliability and Quality Control, Edited by P.R.Krishnaiah and C.R.Rao, pp.215-224.

Hjorth, U.(1980), "A reliability distribution with increasing, decreasing, constant and bathtub-shaped failure rates", *Technometrics*, vol.22, pp.99-107.

Hollonder, M. and Proschan, F.(1972), "Testing whether new is better than used", *Annals of Mathematical Statistics*, vol.43, pp.1136-1146.

Hollander, M. and Proschan, F.(1975), "Tests for the mean residual life", *Biometrika*, vol.62, pp.585-593.

Hollander, M., Park, D.H. and Proschan, F.(1986). "A class of life distributions for aging", *Journal of the American statistical Association*, vol.81, pp.91-95.

Kao, J.H.K.(1959), "A graphical estimation of mixed weibull parameters in life-testing of electron tubers", *Technometrics*, vol.1, pp.389-407.

Kaplan, E.L. and Meier, P.(1958), "Nonparametric estimation from incomplete observations", *Journal of the American Statistical Association*, vol.53, pp.457-481.

Kapur, K.C. and Lamberson, L.R.(1977), *Reliability in Engineering Design*, John Wiley and Sons, Inc., New York.

Kececioglu, D.(1991), *Reliability Engineering Handbook*, vil.1, Prentice Hall, Englewood Clifis, NJ.

Klefsjo, B.(1988), "Testing against a change in the NBUE-property", *Lulea University department of Mathematics Technical Report.*

Koul, H.L.(1977), "A test for new better than used", *Commun, in Statist.; Theory and methods*, vol.A6, pp.563-574.

Hoeffdings, W.A.(1948), "A class of statistics with asymptotically normal distribution", *Annals of Mathematical Statistics*, vol.19, pp.293-325.

Leemis, L.M.(1995), Reliability : *Probabilistic Models and Statistical Methods*, Prentice Hall, Englewood Cliffs, NJ.

Lieblein, J. and Zelen, M.(1956), "Statistical investigation of the fatigue life of deep-groove ball bearings", *Journal of Research of the National Bureau of Standards*, vol.57, pp.273-316.

Lim, J.H. and Park, D.H.(1993), "Test for DMRL using censored data", *Journal of Nonparametric Statistics*, vol.3, pp.167-173.

Lim, J.H. and Park, D.H.(1993), "Trend change in mean residual life", IEEE Transactions on Reliability, vol.44, pp.291-296.

Park, D.H.(1988), "Testing whether failure rate changes its trend", IEEE

Transactions on reliability, vol.37, pp.375-378.

Proschan, F. and Pyke, R.(1967), "Tests for monotone failure rate", *Proc. Fifth Berkeley Symp. Math, Statist. Prob*, vol.3, pp.293-312.

Zackw, S.(1992), *Introduction to Reliability Analysis : Probability Models and Statistical Methods*, Springer-Verlag, Inc., New York.

정해성, 권영일, 박동호(2005), *신뢰성 시험 분석 평가*, 영지문화사.

박동호, 백재욱, 이우준, 박정원(2005), *신뢰성공학*, 한국방송통신대학교출판부.

찾아보기

| ㅈ |

| ㅊ |

| ㅋ |

| ㅍ |

저자 약력

■ 박동호

서울대학교 공과대학 응용수학과 학사(1968)
서울대학교 대학원 응용수학전공 석사(1971)
미국 Florida 주립대학 통계학과 박사(1982)
미국 Temple 대학 통계학과 조교수(1982~1983)
미국 Nebraska 대학 수학·통계학과 조교수(1983~1989)
미국 Nebraska 대학 수학·통계학과 부교수 및 종신교수(1989~1995)
한국 공학통계연구회 회장(2000~2004)
한국신뢰성학회 회장(1999~2005)
한림대학교 통계학과 교수(1993~2012)
한국과학기술한림원 정회원(2010~현재)

■ 남경현

충북대학교 사범대학 수학교육과 졸업(1982)
충북대학교 대학원 수학과 졸업(1985)
미국 몬타나 주립대학 대학원 통계학석사(1990)
미국 네브라스카 주립대학 대학원 통계학박사(1995)
미국 미시건 주립대학 통계학과 방문교수(2000)
샘 휴스톤 주립대학 수학통계학과 방문교수(2009~2010)
산업표준심의회 신뢰성(IEC/TC56) 전문위원(2001~현재)
한국신뢰성학회 회장(2013~2014)
한국통계학회 부회장(2015~현재)
한국품질경영학회 편집위원장(2006~2008), 포상위원장(2006~현재)
한국화학융합시험연구원 이사(현재)
경기대학교 응용정보통계학과 교수(현재)

■ 임재학

충남대학교 계산통계학과 졸업(이학사)
충남대학교 대학원 졸업(이학석사)
University of Nebraska-Lincoln 졸업(이학박사)
한국전자통신연구원 신뢰성공학연구실 선임연구원
한국신뢰성학회 부회장(현재)
한밭대학교 경영회계학과 교수(현재)

■ 정기문

동국대학교 통계학과 졸업(이학사)
동국대학교 대학원 통계학과 졸업(이학석사, 이학박사)
조선대학교 BK21사업단 계약교수(신뢰성공학 분야)
영국 University of Southampton 연구원
International Journal of Reliability Applications 편집위원장(현재)
한국신뢰성학회, 한국품질경영학회 이사(현재)
경성대학교 정보통계학과 교수(현재)

신뢰성 이론과 수명분포 응용

| 저　　자　박동호 · 임재학 · 남경현 · 정기문
| 발 행 인　김지영
| 발 행 처　자유아카데미
| 주　　소　경기도 파주시 회동길 37-42
　　　　　　파주출판도시
| 전　　화　031-955-1321
| 팩　　스　031-955-1322
| 홈페이지　www.freeaca.com
| 전자우편　main@freeaca.com(대표)
　　　　　　editor@freeaca.com(편집)
　　　　　　crm@freeaca.com(영업)
| 등　　록　제406-2003-017호, 1980. 7. 12
| 제1판1쇄　2015년 10월 30일 발행
| 제1판2쇄　2022년 1월 5일 발행
| 정　　가　24,000원

저자와의
협의하에
인지생략

ISBN 979-11-5808-044-0 93310